畜产品
安全消费问答

主 编

周景明 刘海燕

副主编

李 平 孟维珊 崔 毅

编著者

郭立宏 李亚立 霍明东

王 林 郭士玲 刘学华

王嘉厚 徐艳霞 韩 鹏

张 颖 单玉兰

金盾出版社

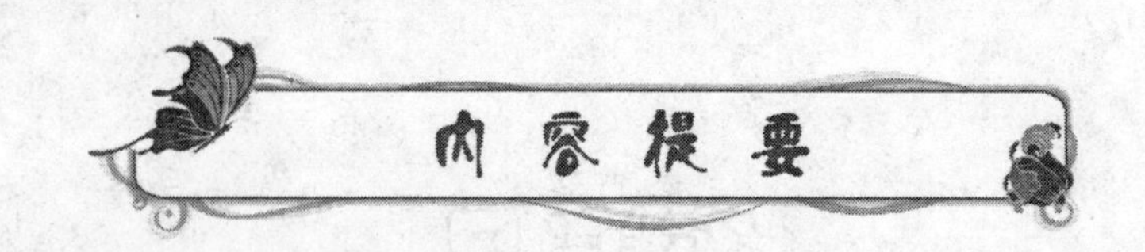

畜产品的安全问题关系到人类的健康，贯穿于生产、流通到消费各个环节。加强质量意识，擦亮识别慧眼，不做雾里看花的消费者就从这本书开始。本书对影响畜产品安全消费的方方面面：质量标志、法律法规标准、原料质量鉴别、营养价值、贮存条件、烹饪技巧、食用禁忌等做了详细解读，对提高人们的消费安全认识，增强营养保健意识很有裨益。本书内容丰富，科学实用，适合广大畜产品消费者和生产者阅读。

图书在版编目(CIP)数据

畜产品安全消费问答/周景明，刘海燕主编．-- 北京 ：金盾出版社，2012.8

ISBN 978-7-5082-7561-1

Ⅰ.①畜…　Ⅱ.①周…②刘…　Ⅲ.①畜产品—食品安全—问题解答　Ⅳ.①TS201.6-44

中国版本图书馆 CIP 数据核字(2012)第 083530 号

金盾出版社出版、总发行

北京太平路 5 号(地铁万寿路站往南)

邮政编码：100036　电话：68214039　83219215

传真：68276683　网址：www.jdcbs.cn

封面印刷：北京精美彩色印刷有限公司

正文印刷：北京万博诚印刷有限公司

装订：北京万博诚印刷有限公司

各地新华书店经销

开本：850×1168 1/32　印张：8　字数：223 千字

2012 年 8 月第 1 版第 1 次印刷

印数：1～8 000 册　定价：15.00 元

前言

QIANYAN

“民以食为天”,“食以安为先”。食品是人类生存和社会发展的物质基础,其中畜产品因营养丰富、口味鲜美而在广大居民的膳食结构中占有不可或缺的位置。随着我国国民经济的快速增长和人民生活水平的日益提高,肉、蛋、奶等畜产品的消费量不断增加。但是,当消费方法不当或畜产品质量发生问题时,就会对消费者的身体健康造成一定程度的影响和危害,有时甚至可能危及生命。如何吃得营养、吃得健康,已经成为当前广大消费者热议和关心的话题。

为了普及畜产品安全消费知识,编者应金盾出版社之邀,编著本书。在编写过程中,查阅了大量的文献资料,取精用宏,归纳整理,以问答的形式对畜产品的安全消费知识进行了详细的介绍,内容包括标志篇、法律法规标准篇、肉产品篇、蛋产品篇、乳产品篇、水产品篇、蜂产品篇及其他一些相关内容,并附有常见食物和常见病患者的饮食禁忌。真诚地希望本书能够给广大读者带来帮助,并能成为广大读者饮食生活中的一本工具书。

虽编者努力为之,但不当之处在所难免,敬请专家和读者不吝赐教。

编著者

目录

MULU

一、标志篇

二、法律法规标准篇

三、肉品篇

四、蛋品篇

五、乳品篇

六、水产品篇

七、蜂产品篇

八、其他

附录 饮食禁忌

一、标志篇

1. 什么是食品标签？

食品标签，是指在预包装食品容器上的文字、图形、符号，以及一切说明物。食品标签是对食品质量特性、安全特性、食用、饮用说明的描述。一般来说，食品标签中必须标注的内容包括食品名称、配料表、净含量及固形物含量、日期标志和贮藏指南、质量（品质）等级、产品标准号等。

食品标签的基本要求有以下几点：①食品标签不得与包装容器分开。②食品标签的一切内容，不得在流通环节中变得模糊甚至脱落；必须保证消费者购买和食用时醒目、易于辨认和识读。③食品标签的一切内容，必须清晰、简要、醒目。文字、符号、图形应直观、易懂，背景和底色应采用对比色。④食品名称必须在标签的醒目位置。食品名称和净含量应排在同一视野内。⑤食品标签所用文字必须是规范的汉字。可以同时使用汉语拼音，但必须拼写正确，不得大于相应的汉字。可以同时使用少数民族文字或外文，但必须与汉字有严密的对应关系，外文不得大于相应的汉字。⑥食品标签所用的计量单位必须以国家法定计量单位为准。

食品标签是依法保护消费者合法权益的重要依据。广大消费者可以借助食品标签来合理地选购食品。消费者通过查看标签内容，可以了解食品的组成、保质期以及生产厂家和食品的质量情况等。生产企业可以通过自己特有的食品标签标志来维护其合法权益，以防其他商家假冒。

2. 什么是食品的保质期?

保质期,是指预包装食品在标签指明的贮存条件下保持品质的期限。食品的保质期由生产者提供。在保质期内,食品的生产企业对该食品质量符合有关标准或明示担保的质量条件负责,产品完全适于销售,消费者可以安全食用。如果超过保质期,在一定时间内食品仍然可以食用。保质期不是识别食品是否变质的唯一标准,可能由于存放方式,环境条件的差异而导致食品过早变质。所以,食品应尽量在保质期未到期时及时食用。

3. 什么是食品的保存期?

食品的保存期,是指在标签上规定的条件下,食品可以食用的最终日期;超过此期限,产品质量(品质)可能发生变化,因此食品不再适于销售和食用。

4. 不法商家在食品的生产日期和保质期标注方面的不法行为主要有哪些?

消费者可以通过食品的生产日期和保质期来判断食品的新鲜程度。但是,某些不法商贩在经营过程中,经常采取加贴、补贴和篡改食品的生产日期和保质期等手段,使消费者的利益受到损害。所以,消费者在选购食品时应予以注意。以下介绍几种日常生活中比较多见的有关商家在食品生产日期和保质期方面的不法行为。

(1)将已过期的大包装食品化整为零,将其包装拆掉,当作零散食品出售。

(2)有些袋装食品既没有标注生产日期,也没有标注保质期;有的则只注明保质期,没有生产日期;有的写着生产日期见××处,却不见其踪影;部分食品的生产期、保质期字迹模糊,消费者难以辨认。

(3)有的商家随卖随贴产品标签,或用不干胶纸自行标注生产日期。

(4)将已过期的食品涂改生产日期,重新虚假标注。

5. 无公害农产品、绿色食品和有机食品的标志各有什么寓意？

我国农产品质量安全认证有无公害农产品、绿色食品和有机食品三种类型，它们的标志和寓意各有不同。

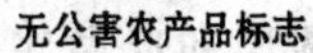
无公害农产品标志　　绿色食品标志　　有机食品标志

(1)无公害农产品标志图案由麦穗、对勾和无公害农产品字样组成，麦穗代表农产品，对勾表示合格，金色寓意成熟、丰收，绿色象征环保和安全。标志图案直观、简洁、易于识别，含义通俗易懂。

无公害农产品是经过农业部质量安全中心认证的，凡是认证的产品在市场上销售时一般要有全国统一的无公害农产品标志。一般来说，可以通过辨别标志的真伪，来判断该产品是否为无公害农产品。揭开或刮开全国统一的无公害农产品标志，通过标志上的 16 位防伪数码，用手机短信息查询或登录互联网查询。

(2)绿色食品标志是由绿色食品发展中心在国家工商行政管理总局商标局正式注册的质量证明标志。它由三部分构成，即上方的太阳、下方的叶片和中心的蓓蕾，象征自然生态；颜色为绿色，象征着生命，农业、环保；图形为正圆形，寓意为保护。绿色食品标志的整个图形描绘了一幅明媚阳光照耀下的和谐生机，告诉人们绿色食品是出自纯净、良好生态环境的安全、无污染的食品，能给人们带来蓬勃的生命力，同时还提醒人们要保护环境和防止污染，通过改善人与环境的关系，创造自然界新的和谐。AA 级绿色食品标志与字体为绿色，底色为白色；A 级绿色食品标志与字体为白色，底色为绿色。消费者可通过产品包装的四项标注内容来识别绿色食品，即图形商标、文字商标、绿色食品标志许可使用编号和“经中国绿色食品发展中心许可使用”字样。具体可登录 http://www. green food. org. cn 查询。绿色食品标志许可使用编号的含义,以 LB－XX－XX XX XX XX XX A 为例(X 代表数字),LB 为标志代码,连接符中间的两位数字为产品分类,后面的数字依次 1～2 位为批准年度,3～4 位为批准月份,5～6 位为省份国别,7～10 位为产品序号,A 为产品分级。

(3)有机食品标志采用人手和叶片为创意元素。我们可以感觉到两种景象:其一是一只手向上托着一片绿叶,寓意人类对自然和生命的渴望;其二是两只手一上一下握在一起,将绿叶拟人化为自然的手,寓意人类的生存离不开大自然的呵护,人与自然需要和谐美好的生存关系。有机食品概念的提出正是这种理念的实际应用,人类的食物从自然界中获取,人类的活动应尊重自然的规律,这样才能创造一个良好的可持续的发展空间。另外,标志的圆形和反白底图的 f 正是有机食品英文——organic food 的首个字母 of。具体可登录 http://www.ofcc.org.cn 查询。

6. 什么是中国名牌产品?

中国名牌产品是指实物质量达到国际同类产品先进水平,在国内同类产品中处于领先地位,市场占有率和知名度居行业前列,用户满意程度高,具有较强市场竞争力的产品。是由"中国名牌战略推进委员会"评选出来的。该称号的有效期为三年。该品牌自动列入"打击假冒,保护名优"活动中重点保护名优产品的范围。中国名牌产品标志是用象征经济发展指标的四个箭头图案,组合成汉字"中国名牌"的"名"字和"品评名牌"的"品"字,简洁、形象、直观地表达了"品评中国名牌"带动企业技术创新,增强企业国际竞争力,推动中国经济发展的评价宗旨。

中国名牌产品标志

7. 申请"中国名牌农产品"称号的产品应具备哪些条件?

(1)符合国家有关法律法规和产业政策的规定。

(2)在中国境内生产,有固定的生产基地,批量生产至少三年。

(3)在中国境内注册并归申请人所有的产品注册商标。

(4)符合国家标准、行业标准或国际标准。

(5)市场销售量、知名度居国内同类产品前列,在当地农业和农村经济中占有重要地位,消费者满意度高。

(6)质量检验合格。

(7)食用农产品应获得"无公害农产品"、"绿色食品"或者"有机食品"称号之一。

(8)是省级名牌农产品。

8. 食品生产许可证标志"QS"有什么含义?

根据国家质量监督检验检疫总局《关于使用企业食品生产许可证标志有关事项的公告》(总局2010年第34号公告),企业食品生产许可证标志以"企业食品生产许可"的拼音"Qiyeshipin Shengchanxuke"的缩写"QS"表示,并标注"生产许可"中文字样。与原有的食品质量安全标志"QS"(quality safety),表达意思有所不同。企业使用企业食品生产许可证标志时,可根据需要按式样比例放大或者缩小,但不得变形、变色。从2010年6月1日起,新获得食品生产许可的企业应使用企业食品生产许可证标志。实施食品质量安全市场准入制度的食品,出厂前必须在其包装或者标志上加印(贴)QS标志。没有QS标志的,不得出厂销售。

9. 什么是GAP?

GAP是Good Agricultural Practices的缩写,中文意思是"良好农业规范",是对农产品的产前、产中、产后全过程进行控制的规范。

从广义上讲,良好农业规范作为一种适用方法和体系,通过经济的、环境的和社会的可持续发展措施,来保障食品安全和食品质量。GAP是以危害预防(HACCP)、良好卫生规范、可持续发展农业和持续改良农场体系为基础,避免在农产品生产过程中受到外来物质的严重污染和危害。该标准主要涉及农作物种植、畜禽养殖、畜禽公路运输等农业产业等。

GAP 主要针对未加工和经最简单加工出售给消费者和加工企业的大多数果蔬的种植、采收、清洗、摆放、包装和运输过程中常见微生物的危害控制，其关注的是新鲜果蔬的生产和包装，包含从农场到餐桌的整个食品链的所有步骤。

另外，GAP 也是"中药材生产质量规范"的简称，是为确保中药材的质量而定。其要求从生态环境、种植到栽培、采收到运输、包装，每一个环节都要处在严格的控制之下。

10. 什么是 GMP?

GMP 是英文 Good Manufacturing Practice 的缩写，中文意思是"良好作业规范"或"优良制造标准"，是一种特别注重在生产过程中实施对产品质量与卫生安全的自主性管理制度。GMP 是一套适用于制药、食品等行业的强制性标准，要求企业从原料、人员、设施设备、生产过程、包装运输、质量控制等方面达到国家有关法规所规定的卫生质量要求，形成一套可操作的作业规范，帮助企业改善企业卫生环境，及时发现生产过程中存在的问题，并加以改善。简要地说，GMP 要求食品生产企业应具备良好的生产设备，合理的生产过程，完善的质量管理和严格的检测系统，确保最终产品的质量（包括食品安全卫生）符合法规要求。

目前，GMP 已经成为世界各国普遍采用的有效管理方式和国际上评价药品质量的一项重要内容。世界卫生组织规定，从 1992 年起出口药品必须按照 GMP 规定进行生产，药品出口必须出具 GMP 证明文件。GMP 在世界范围内已经被多数国家的政府、制药企业和医药专家公认为是制药企业和医院制剂室进行质量管理的优良、必备制度。

11. 什么是 HACCP?

HACCP，是英文 Hazard Analysis and Critical Control Point 的缩写，中文意思是"危害分析和关键控制点"。HACCP 现已成为全球食品行业包括饲料行业界的概念。国际标准《食品卫生通则（1997

修订3版)》(CAC/RCP-1)对HACCP的定义为:鉴别、评价和控制对食品安全至关重要的危害的一种体系。以HACCP为基础的食品安全质量体系,主要由7部分构成:危害分析,确定关键控制点,确定关键限值,建立关键控制点的监控程序,确立纠偏行为,建立验证程序,以及记录保持程序。

HACCP表示危害分析的临界控制点,确保食品在生产、加工、制造、准备和食用等过程中的安全,在危害识别、评价和控制方面是一种科学、合理和系统的方法。识别食品生产过程中可能发生危害的环节并采取适当的控制措施防止其发生。通过对加工过程的每一步进行监视和控制,从而降低危害发生的概率。

HACCP是20世纪60年代由皮尔斯伯公司联合美国国家航空航天局(NASA)和美国一家军方实验室(Natick地区)共同制定的,体系建立的初衷是为太空作业的宇航员提供食品安全方面的保障。

近些年来,随着世界范围内对食品安全卫生的日益关注,食品工业和其消费者已经成为企业申请HACCP体系认证的主要推动力。世界范围内食物中毒事件的显著增加激发了经济秩序和食品卫生意识的提高,在美国、欧洲、英国、澳大利亚和加拿大等国家,越来越多的法规和消费者要求将HACCP体系的要求变为市场的准入要求。一些组织,例如美国国家科学院、国家微生物食品标准顾问委员会以及WHO/FAO营养法委员会,一致认为HACCP是保障食品安全最有效的管理体系。

在HACCP管理体系原则的指导下,食品安全被融入到设计的过程中,而不是传统意义上的最终产品检测。在食品的生产过程中,通过对主要的食品危害,如微生物、化学和物理污染的控制,食品工业可以更好地向消费者提供消费方面的安全保证,降低食品生产过程中的危害,从而保障和提高广大消费者的健康水平。因而,HACCP体系是一种能够提供预防作用的体系,并且更能经济地保障食品的安全性。

12. 什么是SSOP?

SSOP,是英文Sanitation Standard Operation Procedures的缩

写，翻译成中文就是“卫生标准操作程序”，是食品加工企业为了保证其生产操作达到 GMP 所规定的要求，确保加工过程中消除不良因素，使其所加工的食品符合卫生要求而制定的，是用于指导食品生产加工过程中如何实施清洗、消毒和卫生保持的作业指导性文件。SSOP 的正确制定和有效执行，对控制危害是非常有价值的。企业可根据法规和自身需要建立文件化的 SSOP。SSOP 和 GMP 是进行 HACCP 认证的基础和前提条件。

13. 什么是 ISO？

ISO 是英文“International Organization for Standards”的缩写，代表意义是国际标准化组织。ISO 一词来源于希腊语“ISOS”，即“EQUAL”，是平等之意。ISO 是由各国际标准化团体（ISO 成员团体）组成的世界性联合会。制定国际标准工作通常由 ISO 的技术委员会完成。ISO 与国际电工委员会（IEC）在电工技术标准化方面保持密切合作的关系。ISO 和 IEC 作为一个整体担负着制定全球协商一致的国际标准的任务，ISO 和 IEC 都是非政府机构，二者所制定的标准均是自愿性的。我国是 ISO 的正式成员，代表我国的组织是中国国家标准化管理委员会（Standardization Administration of China，简称 SAC）。

14. 什么是 ISO 9000？

“ISO 9000”不是指一个标准，而是一族标准的统称，是由 TC176（质量管理体系技术委员会）制定的所有国际标准，是 ISO 发布的12000多个标准中最畅销、最普遍的标准。ISO 9000 族标准是国际标准化组织（ISO）在 1994 年提出的概念，该标准族可帮助企业实施并有效运行质量管理体系。ISO 9000 标准是以标准为中心的质量管理办法，它在形成过程中吸取了全面质量管理的优点，并且具有标准独有的科学性、系统性、严密性以及具有统一评价尺度、内外监督机制和便于贯彻实施等优点。由于 ISO 9000 标准的世界通用性，所以将其贯彻实施，有利于打破国际贸易壁垒，实现与国际经济接轨和创造外向型经济环境。

15. 什么是农产品地理标志？

农产品地理标志，是指标示农产品来源于特定地域，产品品质和相关特征主要取决于自然生态环境和历史人文因素，并以地域名称冠名的特有农产品标志。此处所称的农产品是指来源于农业的初级产品，即在农业活动中获得的植物、动物、微生物及其产品。

16. 什么是中国驰名商标？

中国驰名商标，是指经过有权机关（国家工商总局商标局、商标评审委员会或人民法院）依照法律程序认定为“驰名商标”的商标。驰名商标既具有一般商标的特性，又有很强的竞争力，知名度高，信誉好，影响范围广。驰名商标作为所有者的无形资产，是其商品或服务在质量与信誉上的象征。驰名商标依法受到优于普通注册商标的特别保护。

17. 什么是原产地域产品标志？

为了有效保护我国的原产地域产品，保证原产地域产品的质量和特色，1999 年，国家推行了原产地域产品保护制度，并对原产地域产品的通用技术要求和原产地域产品专用标志制定了国家强制性标准。凡国家公告保护的原产地域产品，在保护地域范围的生产企业，经国家质检总局审核并注册登记后可以将该标志印制在产品的说明书和包装上，以此区别同类型但品质不同的非原产地域产品。

原产地域产品标志

18. 什么是食品包装 CQC 标志？

食品包装 CQC 标志认证是中国质量认证中心（英文简称 CQC）

实施的以国家标准为依据的第三方认证，是一种强制性认证，分为食品包装安全认证（CQC 标志认证）和食品包装质量环保认证（中国质量环保认证标志）。CQC 标志认证类型涉及产品安全、性能、环保、有机产品等，认证范围包括百余种产品。消费者在购买食品时，大多只查看食品的生产日期、保质期、质量安全 QS 标志，却忽视食品包装的安全性。如果食品包装不合格的话，也会影响食品的质量。因此，购买食品时也需要查看食品包装上是否有 CQC 标志。

CQC标志认证

中国质量环保认证标志

19. 什么是定量包装商品“C”标志？

“C”（英文 CHINA 的第一个字母）标志是定量包装商品生产企业计量保证能力合格标志，商品通过认证贴上“C”标志，即表明其产品净含量是有保证的，这是生产企业对消费者的承诺，消费者可据此放心购买到足量的商品。对定量包装商品实施“C”标志管理是原国家质量技术监督局参照国际通行做法推出的一种全新的监督管理模式。定量包装商品生产企业获准使用“C”标志的前提条件是，企业在对其计量保证能力进行自我评价和自我声明的基础上，经过省级以上质量技术监督部门组织的必要考核，并向其颁发“定量包装商品生产企业计量保证能力证书”，允许在其生产的定量包装商品上使用全国统一的计量保证能力合格标志，即“C”标志。对于定量包装商品计量保证能力合格标志图形的使用，有如下规定：①计量保证能力合格标志图形外沿为正八边形，内沿为正方形。②使用“C”标志时，应清晰易见，在正常使用条件下，不可除去。③“C”标志应与净含量同时标出，标于净含量之后或之前。“C”标志字符高度与净含量字符规定高度相同，最小高度不少于 3 毫米。④标志颜色推荐为黑色，也可根据印刷需要选择其他颜色。

"C"标志的作用如下：一是表明生产该商品的企业，其计量保证能力达到了国家《定量包装商品生产企业计量保证能力评价规范》的要求；二是该商品的净含量符合《定量包装商品计量监督规定》的规定；三是各级质量技术监督部门在制定计量监督抽查计划时，对获证企业的定量包装商品应避免重复抽查或予以免检。

20. 什么是条形码？

条形码，是将宽度不等的多个黑条和空白，按照一定的编码规则排列，用以表达一组信息的图形标志符。国际上，包括中国，现在统称为条码。条形码技术是随着计算机与信息技术的发展和应用而诞生的，它是集编码、印刷、识别、数据采集和处理于一身的新型技术。条形码具有可靠性强、效率高、成本低、易于制作、构造简单和灵活实用等优点。常见的条形码是由反射率相差很大的黑条（简称条）和白条（简称空）排成的平行线图案。条形码可以标出物品的生产国、制造厂家、商品名称、生产日期、图书分类号、邮件起止地点、类别、日期等许多信息，因而在商品流通、图书管理、邮政管理、银行系统等许多领域都得到了广泛的应用。通用商品条形码一般由前缀部分、制造厂商代码、商品代码和校验码组成。

21. 在哪些情形下食品应当在其标志上标注中文说明？

（1）医学临床证明对特殊群体易造成危害的。

（2）经过电离辐射或者电离能量处理过的。

（3）属于转基因食品或者含法定转基因原料的。

（4）按照法律、法规和国家标准等规定，应当标注其他中文说明的。

22. 食品标志不得标注哪些内容？

（1）明示或者暗示具有预防、治疗疾病作用的。

（2）非保健食品明示或者暗示具有保健作用的。

(3)以欺骗或者误导的方式描述或者介绍食品的。

(4)附加的产品说明无法证实其依据的。

(5)文字或者图案不尊重民族习俗,带有歧视性描述的。

(6)使用国旗、国徽或者人民币等进行标注的。

(7)其他法律、法规和标准禁止标注的内容。

23. 哪些食品标志是违法行为?

(1)伪造或者虚假标注生产日期和保质期。

(2)伪造食品产地,伪造或者冒用其他生产者的名称、地址。

(3)伪造、冒用、变造生产许可证标志及编号。

(4)法律、法规禁止的其他行为。

24. 怎样识别肉类检疫印章?

(1)兽医验讫章:经检疫合格,认为品质良好,适于食用的生猪肉,盖以圆形、直径 5.5 厘米,正中横排“兽医验讫”四字,并标有年、月、日和畜别的印章。

(2)高温章:经检疫认定,含有某种细菌、病毒或寄生虫,必须按规定的温度和时间处理,才能出售的生猪肉,盖以内有“高温”二字的三角形印章。盖有这种印章的生猪肉不能直接上市出售。

(3)食用油章:经检疫认定,不能直接出售或食用,必须尽快炼成食用油的生猪肉,盖以长 4.5 厘米、宽 2 厘米,中间有“食用油”三字的长方形印章。

(4)工业油章:经检疫认定,不能直接出售或食用,只能炼成工业用油的生猪肉,盖以长 8 厘米、宽 3 厘米,中间有“工业油”三字的椭圆形印章。

(5)销毁章:经检疫认定,禁止出售和食用的生猪肉,盖以“X”形对角线,线长 6 厘米,内有“销毁”二字的印章。

二、法律法规标准篇

1. 什么是畜产品质量?

畜产品是农产品的重要组成部分,是指动物产品及其直接加工品,包括食用和非食用两个方面。本书中所说的畜产品,是指食用畜产品,是由人工养殖或自然生长的动物提供给人类食用的产品,包括猪肉、牛肉、牛奶、羊肉、禽肉、禽蛋、蜂蜜、鱼、虾等。食用畜产品因其丰富的营养、鲜美的口味自古以来就一直受到人类的青睐,在人们的膳食结构中占有不可或缺的位置。食用畜产品是人类生活中最主要的动物蛋白质来源,与人们的饮食营养水平密切相关。

畜产品质量是由各种要素组成的,这些要素被称为畜产品所具有的特性。不同的畜产品特性也不同,这些特性的总和构成了畜产品质量的内涵,也就是说,畜产品质量是指畜产品的固有特性满足人们明确的以及隐含的要求的能力。畜产品的一组固有特性满足要求的程度。这里所说的"要求"是指明示的、通常隐含的或必须履行的需求或期望。"明示的"可以理解为有表达方式的要求,如在畜产品标签、畜产品说明中阐明的要求,消费者明确提出的要求。"通常隐含的"是指消费者的需求或期望是不言而喻的,如畜产品必须保证食用者的安全,不能造成对人体的危害。"必须履行的"是指法律法规及强制性标准的要求。"要求"往往随时间而变化,与科学技术的不断进步有着密切的关系。"要求"可转化成具有具体指标的特性。"要求"可以包括安全性、营养性、可食用性、经济性等几个方面。畜产品的安全性是指畜产品在消费者销售、贮运、食用等过程中,保障人体健康和安全的能力。畜产品的营养性是指畜产品对人体所必需的各种营养物质、矿物质元素的保障能力。畜产品的可食用性是指畜产品可供消费者食用的能力。任何畜产品都具有其特定的可食用性。畜产品的经济性指畜产品在生产、加工等各方面所付出或所消耗成本的程度。

2. 什么是畜产品质量安全?

畜产品质量安全,就是指畜产品在保证本身固有性状的基础上,其质量状况对食用者安全、健康的保证程度。畜产品质量必须符合国家的法律、行政法规和强制性标准的要求,不得存在危及人体健康和人身安全的不合理危险以及消费者后代健康的隐患;不得出现因畜产品原料、包装问题或生产加工、运输、贮存、销售等过程中存在的质量问题对人体健康、人身安全造成或者可能造成不利影响。简单地说,就是畜产品的质量有安全保证,食用后不会引起急性、慢性中毒或引发疾病,不会对人类健康和生命构成直接或潜在的损害、危害或威胁。安全的食用畜产品主要包括无公害畜产品、绿色畜产品、有机畜产品。食用畜产品受污染的机会很多,污染的方式、来源及途径是多方面的,在生产、加工、运输、贮存、销售、烹饪等各个环节均可能出现污染。因此,影响食用畜产品质量安全的因素不仅仅局限于微生物污染、生物毒素、兽药残留及物理危害,还包括营养、标签及安全教育等问题。目前,在我国食用畜产品安全方面存在的问题,主要包括兽药残留超标和动物疫病造成的有毒有害物质超标及人为地掺杂使假等几个方面。

3. 保障畜产品质量安全有哪些重要意义?

畜产品质量的优劣直接影响到广大消费者的营养水平和食品安全。当畜产品的质量发生问题时,就会对消费者的身体健康造成一定程度的危害,有时还可能会影响到国际间的贸易,甚至会危及国家的公共安全体系建设和社会的稳定发展,其损失不可估量。近年国内外各大媒体先后曝光了一系列危害人们身体健康的食品事件,如欧洲的疯牛病、亚洲的口蹄疫、美国发生的李斯特菌等,这不但引起了广大消费者的普遍关注,也引起了各国政府部门高度重视。但是,这些事件恐怕仍只是冰山一角。据估测,发达国家对食品质量安全事件的漏报率为 90%，而发展中国家的漏报率为 95%。随着经济全球化与世界食品贸易率的增长，食源性疾病仍将呈现出流行速度快、影响范围广的特点。

我国作为世界上最大的发展中国家，保证畜产品质量安全意义尤为重大。随着人民生活水平的不断提高，我国城乡居民畜产品消费量逐年增多，畜产品的质量安全问题时有发生，并且呈逐年上升的态势。这些问题的发生已对畜产品的消费需求产生了很大的负面影响，并由此而引发了整个畜牧业行业的连锁反应。畜产品的质量安全问题影响的不仅仅是居民的正常消费需求和广大人民群众的身体健康，而且关系着畜牧业的生存与发展，影响着农业产业结构的战略性调整，乃至社会和谐与安定等问题。因此，保障畜产品质量安全是对保障广大消费者身体健康、维护社会稳定发展具有重大的现实意义和深远的历史意义。

4. 建立畜产品质量可追溯系统有哪些意义？

国际食品法典委员会(CAC)与国际标准化组织(ISO)把可追溯性的概念定义为：通过登记的识别码，对商品或行为的历史和使用或位置予以追踪的能力。由此可知，畜产品可追溯管理或其系统的建立、数据收集应包涵整个食物生产链的全过程，从原材料的产地信息、到产品的加工过程、直到终端用户的各个环节。在实践过程中，“可追溯性”指的是对畜产品供应体系中畜产品构成与流向信息的记录和保存。食品质量安全追溯系统作为保障食品安全的有效手段，在世界很多国家，特别是欧美等发达国家和部分发展中国家，受到了广泛的关注，欧盟、美国、日本等国纷纷建立食品质量安全追溯系统。建立畜产品质量可追溯系统的意义有以下几点。

(1)维护消费者对产品情况的知情权：为消费者提供产品安全方面准确、详细、清晰、透明、放心的信息，是食品企业应尽的义务，也是政府的责任。从其他各国进行的产品可追溯管理看，对产品可追溯管理是确保食品安全的有效工具，同时，也可减少消费者对食品安全的顾虑。

(2)提高食品安全突发事件的应急处理能力：让产品实现可追溯

管理，不仅是保护消费者的有效方式，也是对产品企业的有效自我保护。以“三聚氰胺”事件为例，在出现食品质量安全问题时，如果我们可以利用“可追溯性”系统，快速追本溯源，有效地控制病源食品的扩散，商家就可以减少对自身不利的影响。政府也可以由此对其危害性进行评估，并采取相应的措施迅速地把危害控制到最小。

(3)控制动物疾病，提高动物健康水平，减少食源性疾病的发生：可追溯系统对本地区动物品种、饲养、防疫的详细信息记录，为流行病学提供了直接的信息数据。对动物标志的可追溯管理，有助于对动物疫病进行监控，从而减少动物传染病的发生和传播，减少食源性疾病的发生，提高畜产品安全性。

(4)适应国际贸易与出口规则：为了提高消费者的信任度和畜产品的品牌优势，世界各国争相发展和实施家畜的标志制度和畜产品的追溯管理体系，有的国家还立法强制执行。要提高我国畜产品在国际贸易的地位，我们必须根据国际规则，借鉴发达国家的管理经验，创建一套适合我国国情的可追溯管理系统，保证畜产品的安全与卫生质量，以增强我国畜产品的国际市场竞争力。

目前，欧盟畜产品质量安全追溯的主要环节包括：①屠宰场标志转换。在屠宰场的屠宰环节，驻场检疫员使用识读设备识读畜禽标志，查验免疫、产地检疫等信息，检疫合格后由系统自动进行标志的转换，并以打印产品标签的方式附于动物胴体，随同产品出场。②超市标志分发。在超市畜产品分割柜台，售货员使用终端设备识读动物胴体标准商品编码，打印分割产品标签，附在最终消费者选购的商品包装上。③消费者查验畜产品质量。消费者通过追溯体系提供的查询窗口查询动物从出生到屠宰、从饲养地到餐桌的全程质量安全监管信息，实现畜产品的质量安全可追溯。

5. 什么是食品质量安全市场准入制度？

食品质量安全市场准入制度是，为保证食品的质量安全，具备规定条件的生产者才允许进行生产经营活动、具备规定条件的食品才允许生产销售的监管制度。因此实行食品质量安全市场准入制度是一种政府行为，是一项行政许可制度。

食品质量安全市场制度包括以下三项具体制度:

(1)对食品生产企业实施生产许可证制度:对于具备基本生产条件、能够保证食品质量安全的企业,发放食品生产许可证,准予生产获证范围内的产品;未取得食品生产许可证的企业不准生产食品。这就在一定程度上从生产条件方面保证了企业能生产出符合质量安全要求的产品。

(2)对企业生产的食品实施强制检验制度:未经检验或经检验不合格的产品不准出厂销售。对于不具备自检条件的生产企业强令实行委托检验。这项规定适合我国企业现有的生产条件和管理水平,能有效地把住产品出产安全质量关。

(3)对实施食品生产许可证的产品实行市场准入标志制度:对于检验合格的食品要加印(贴)市场准入标志——QS 标志,没有加贴 QS 标志的食品不准进入市场销售。这样做,便于广大消费者识别和监督,便于有关行政执法部门监督检查,同时,也有利于促进生产企业提高对食品质量安全的责任感。

6. 什么是畜产品污染?

畜产品污染是指畜产品在生产、销售、消费过程中,受到有害物质的侵袭,致使畜产品的质量安全性、营养性和(或)感官性状发生改变的过程。随着科学技术的不断发展,各种化学物质的不断产生和应用,有害物质的种类和来源也进一步繁杂,畜产品污染大致可分为:畜产品中存在的天然有害物,环境污染物,滥用食品添加剂,畜产品加工、贮存、运输及烹调过程中产生的有害物质或工具、用具中的污染物。根据污染物的性质,畜产品污染可分为以下 3 种类型。

(1)生物性污染:因微生物及其毒素、病毒、寄生虫及其虫卵等对畜产品的污染造成的畜产品质量安全问题为畜产品的生物性污染。这里所说的微生物及其毒素,主要是细菌及细菌毒素、霉菌及霉菌毒素等。

(2)化学性污染:因化学物质对畜产品的污染造成的畜产品质量安全问题为畜产品的化学性污染。目前,危害最严重的是化学农药、有害金属、多环芳烃类如苯并芘、N-亚硝基化合物等化学污染物,滥用畜产品加工工具、贮存容器、食品添加剂等也是引起畜产品化学污染的重要因素。

(3)物理性污染：畜产品的物理性污染通常指畜产品生产加工过程中的杂质超过规定的含量，或畜产品吸附、吸收外来的放射性核元素所引起的畜产品质量安全问题。

7. 有哪些食品禁止生产经营？

《食品安全法》第二十八条规定，禁止生产经营下列食品。

(1)用非食品原料生产的食品或者添加食品添加剂以外的化学物质和其他可能危害人体健康物质的食品，或者用回收食品作为原料生产的食品。

(2)致病性微生物、农药残留、兽药残留、重金属、污染物质以及其他危害人体健康的物质含量超过食品安全标准限量的食品。

(3)营养成分不符合食品安全标准的专供婴幼儿和其他特定人群的主辅食品。

(4)腐败变质、油脂酸败、霉变生虫、污秽不洁、混有异物、掺假掺杂或者感官性状异常的食品。

(5)病死、毒死或者死因不明的禽、畜、兽、水产动物肉类及其制品。

(6)未经动物卫生监督机构检疫或者检疫不合格的肉类，或者未经检验或者检验不合格的肉类制品。

(7)被包装材料、容器、运输工具等污染的食品。

(8)超过保质期的食品。

(9)无标签的预包装食品。

(10)国家为防病等特殊需要明令禁止生产经营的食品。

(11)其他不符合食品安全标准或者要求的食品。

8. 对食品生产经营人员有哪些要求？

《食品安全法》第三十四条规定，食品生产经营者应当建立并执行从业人员健康管理制度。患有痢疾、伤寒、病毒性肝炎等消化道传染病的人员，以及患有活动性肺结核、化脓性或者渗出性皮肤病等有碍食品安全的疾病的人员，不得从事接触直接入口食品的工作。

9. 食品生产经营过程必须符合哪些规定？

《食品安全法》第二十七条规定，食品生产经营应当符合食品安全标准，并符合下列要求。

(1)具有与生产经营的食品品种、数量相适应的食品原料处理和食品加工、包装、贮存等场所，保持该场所环境整洁，并与有毒、有害场所以及其他污染源保持规定的距离。

(2)具有与生产经营的食品品种、数量相适应的生产经营设备或者设施，有相应的消毒、更衣、盥洗、采光、照明、通风、防腐、防尘、防蝇、防鼠、防虫、洗涤以及处理废水、存放垃圾和废弃物的设备或者设施。

(3)有食品安全专业技术人员、管理人员和保证食品安全的规章制度。

(4)具有合理的设备布局和工艺流程，防止待加工食品与直接入口食品、原料与成品交叉污染，避免食品接触有毒物、不洁物。

(5)餐具、饮具和盛放直接入口食品的容器，使用前应当洗净、消毒，炊具、用具用后应当洗净，保持清洁。

(6)贮存、运输和装卸食品的容器、工具和设备应当安全、无害，保持清洁，防止食品污染，并符合保证食品安全所需的温度等特殊要求，不得将食品与有毒、有害物品一同运输。

(7)直接入口的食品应当有小包装或者使用无毒、清洁的包装材料、餐具。

(8)食品生产经营人员应当保持个人卫生，生产经营食品时，应当将手洗净，穿戴清洁的工作衣、帽；销售无包装的直接入口食品时，应当使用无毒、清洁的售货工具。

(9)用水应当符合国家规定的生活饮用水卫生标准。

(10)使用的洗涤剂、消毒剂应当对人体安全、无害。

(11)法律、法规规定的其他要求。

10. 什么是无公害农产品?

无公害农产品是指有毒有害物质控制在安全允许范围内,符合无公害农产品标准的农产品,或以此为主要原料并按无公害农产品生产技术操作规程加工的农产品。

在生产无公害农产品的过程中,允许按规定程序限量使用限定的农药、化肥和合成激素,但有害物质残留不超过允许标准。无公害农产品保障产品质量的基本安全,满足大众消费;产品以初级食用农产品为主;推行"标准化生产、投入品监管、关键点控制、安全性保障"的技术制度;采取产地认定与产品认证相结合的方式;认证属于公益性事业,不收取费用,实行政府推动的发展机制。无公害农产品的产品质量要优于普通农产品,比绿色食品档次低一级。在我国食品安全体系中,无公害农产品是食品安全的底线标准。

11. 什么是绿色食品?

绿色食品是指在无污染的生态环境中种植及全过程标准化生产或加工的农产品,严格控制其有毒有害物质含量,使之符合国家健康安全食品标准,并经专门机构认定,许可使用绿色食品标志的食品。

为适应我国国内消费者的需求以及当前我国农业生产发展水平与国际市场竞争,从 1996 年开始,在申报审批过程中将绿色食品分为 A 级和 AA 级。A 级绿色食品,是指在生态环境质量符合规定标准的产地,生产过程中允许限量使用限定的化学合成物质,按特定的操作规程生产、加工,产品质量及包装经检测、检验符合特定标准,并经专门机构认定,许可使用 A 级绿色食品标志的产品。AA 级绿色食品,是指在环境质量符合规定标准的产地,生产过程中不使用任何有害化学合成物质,按特定的操作规程生产、加工,产品质量及包装经检测、检验符合特定标准,并经专门机构认定,许可使用 AA 级绿色食品标志的产品。AA 级绿色食品标准已经达到甚至超过国际有机农业运动联盟的有机食品的基本要求。

12."纯天然"食品是绿色食品吗?

目前我国的产品标准中并无"纯天然"一项,国内相关的产品标准中也没有"纯天然"这一项。所谓的"纯天然"食品是经营者对消费者的误导。当前市场上许多食品的外包装印着"纯天然"、"绝对天然"等字样,一些消费者也常常把"纯天然食品"与"绿色食品"相混淆,认为凡是"纯天然"食品就一定是"绿色食品"。而实际上"纯天然食品"这一概念欠科学性。这是因为,"纯天然"并不完全代表洁净、卫生,许多天然植物本身就具有一定毒性,用得适量可发挥积极作用,过量使用则会引发不良后果。同时,天然物质也不都是"纯"的,即便是对人类有益的野生植物,在生长过程中也难免受到污染。不少商家打出"纯天然"的旗号,主要是让消费者错认为"绿色食品"。

专家认为,在自然生长状态下,真正纯净的物质并不多见,市场上名目繁多的"纯天然食品"其实只是经营者或厂家一种促销手段。因此,"纯天然"并不代表"绿色",也不代表绝对安全,消费者不要轻易被"纯天然"所迷惑。

13.什么是有机食品?

有机食品,是一种国际通称,是从英文 Organic Food 直译过来的,其他语言中又称天然食品或生物食品等,是指来自有机农业生产体系,不使用化学合成的农药、化肥、生长调节剂、饲料添加剂等物质,根据国际有机农业生产规范生产加工并通过独立的有机食品认证机构认证的一切农副产品及其加工品。有机食品是目前国际上对无污染天然食品比较统一的提法,包括谷物、果品、蔬菜、畜禽产品、调味品、油脂、蜂蜜等。有机食品有着广阔的发展前景。从国际市场的需求看,有机食品目前已成为发达国家的消费主流,而他们的有机食品基本上靠进口,德国、荷兰、英国、美国每年进口的有机食品分别占有机食品消费总量的60%、60%、70%和80%。国际上对我国有机食品的需求越来越大,我国有机食品的发展在国际市场有十分巨大的潜力,大豆、稻米、花生、蔬菜、茶叶、干果类、蜂蜜,以及绿色药品如中草药、生物药品，绿色纺织品如丝绸、棉花等颇受外商欢迎。

14. 无公害农产品、绿色食品、有机食品三者主要有哪些区别？

当前，我国农产品质量安全认证主要有无公害农产品、绿色食品和有机食品三种基本类型。从产品定位、产品结构、技术制度、认证方式和发展机制来看，三者各有其不同特点。总体上讲，无公害农产品、绿色食品和有机食品既有联系，又有区别。三者都属于农产品范畴，是农产品质量安全工作的重要内容。无公害农产品突出安全因素控制；绿色食品既突出安全因素控制，又强调产品优质与营养；有机食品注重对影响生态环境因素的控制。三者相互衔接，互为补充，各有侧重，共同发展。

15. 有机食品主要应具备哪些条件？

食品是否有污染，这是一个相对的概念，世界上不存在绝对不含有任何污染物质的食品。由于在生产有机食品的过程中不使用化学合成物质，所以有机食品中污染物质的含量一般要比普通食品低。但是过分强调其无污染的特性，会导致人们只重视终端产品污染状况的分析与检测，而忽视有机食品注重保持生态平衡和生产全过程质量控制的宗旨和理念。有机食品主要应具备以下几个条件。

（1）有机食品在生产和加工过程中必须严格遵循有机食品的生产、采集、加工、包装、贮藏、运输标准，禁止使用化学合成的农药、化肥、激素、抗生素、食品添加剂等，禁止使用基因工程技术和该技术的产物及其衍生物。

（2）有机食品在土地生产转型方面有着严格规定。考虑到某些物质在环境中会残留相当一段时间，所以土地从生产其他食品到生产有机食品需要两到三年的转换期，而生产绿色食品和无公害食品则没有转换期的要求。

（3）有机食品必须通过合法的有机食品认证机构的认证。

16.《动物防疫法》对畜禽屠宰检疫有哪些规定?

(1)从事动物屠宰的单位和个人不得拒绝或者阻碍动物疫病预防控制机构按照国务院兽医主管部门的规定对动物疫病的发生、流行等情况进行的监测。

(2)屠宰前,货主应当按照国务院兽医主管部门的规定向当地动物卫生监督机构申报检疫。动物卫生监督机构接到检疫申报后,应当及时指派官方兽医对动物、动物产品实施现场检疫;检疫合格的,出具检疫证明、加施检疫标志。实施现场检疫的官方兽医应当在检疫证明、检疫标志上签字或者盖章,并对检疫结论负责。

(3)从事动物屠宰活动的单位和个人,发现动物染疫或者疑似染疫的,应当立即向当地兽医主管部门、动物卫生监督机构或者动物疫病预防控制机构报告,并采取隔离等控制措施,防止动物疫情扩散。其他单位和个人发现动物染疫或者疑似染疫的,应当及时报告。接到动物疫情报告的单位,应当及时采取必要的控制处理措施,并按照国家规定的程序上报。

(4)依法进行检疫需要收取费用的,其项目和标准由国务院财政部门、物价主管部门规定。

(5)屠宰的动物,应当附有检疫证明;经营和运输的动物产品,应当附有检疫证明、检疫标志。

(6)屠宰动物未附有检疫证明,经营和运输的动物产品未附有检疫证明、检疫标志的,由动物卫生监督机构责令改正,处同类检疫合格动物、动物产品货值金额10%以上50%以下罚款。

17. 食品安全标准包括哪些内容?

《食品安全法》第十六条规定,食品安全标准应当包括下列内容。

(1)食品、食品相关产品中的致病性微生物、农药残留、兽药残留、重金属、污染物质以及其他危害人体健康物质的限量规定。

(2)食品添加剂的品种、使用范围、用量。

(3)专供婴幼儿和其他特定人群的主辅食品的营养成分要求。

(4)对与食品安全、营养有关的标签、标志、说明书的要求。

(5)食品生产经营过程的卫生要求。

(6)与食品安全有关的质量要求。

(7)食品检验方法与规程。

(8)其他需要制定为食品安全标准的内容。

18. 实行畜禽定点屠宰有哪些意义和作用?

(1)有利于把好家畜禽检疫关,确保检疫工作质量,杜绝病害、死淘畜禽进入屠宰和流通环节,保证畜产品质量安全,为人民群众的身体健康提供一定保障。

(2)避免了传统小作坊式的畜禽屠宰模式,便于整合检疫工作的人力资源,达到优化组合,改变了因检疫工作劳动强度过大不能保证检疫质量的不利局面。

(3)便于将粪便等废弃物进行集中无害化处理,解决了分散屠宰造成的粪便等废弃物造成的环境污染给周边居民生产生活的不利影响,使广大人民群众能够拥有良好的生活环境和生活质量。

(4)有利于屠宰设备的更新换代,实现屠宰工艺的现代化和标准化。

(5)对于建立无特定疫区具有重要意义。

19. 什么是食品添加剂?

食品添加剂,是指为改善食品的品质和色、香、味,以及为防腐和加工工艺的需要,加入食品中的化学合成物质或天然物质。食品添加剂作为辅助成分可直接或间接成为食品成分,但不能影响食品的特性,是不含污染物并不以改善食品营养为目的的物质。我国的《食品添加剂使用卫生标准》将其分为22类:防腐剂、抗氧化剂、发色剂、漂白剂、酸味剂、凝固剂、疏松剂、增稠剂、消泡剂、甜味剂、着色剂、乳化剂、品质改良剂、抗结剂、增味剂、酶制剂、被膜剂、发泡剂、保鲜剂、香料、营养强化剂和其他添加剂。此外,在食品加工和原料处理过程中,为使之能够顺利进行,还有可能应用某些辅助物质。这些物质本身与食品无关，如助滤、澄清润滑、脱膜、脱色、脱皮、提取溶剂和发酵用营养物等，它们一般应在食品成品中除去而不应成为最终食品的成分，或仅有残留，这类物质被称之为食品加工助剂。

20. 食品添加剂必须符合哪些要求？

(1)食品添加剂应按照《食品安全性毒理学评价程序》的规定进行评价，证明在使用剂量范围内长期摄入对人体安全无害。

(2)食品添加剂对食品的营养成分不应有破坏作用，不能在人体内分解或与食品作用后形成对人体有害的物质。

(3)食品添加剂应有严格的卫生标准和质量标准，其中有害物质不得超过允许限量。

(4)食品添加剂在达到一定使用目的后，能在食品的烹调加工过程中消失和破坏，以避免进入人体。

(5)食品添加剂进入人体后，最好能不被消化道吸收而排出体外。

21. 使用食品添加剂时应遵循哪些基本原则？

根据我国《食品安全法》及相关法律规定，在使用食品添加剂时应遵循的基本原则如下。

(1)鉴于有些食品添加剂具有毒性，所以应尽可能不用或少用，必须使用时应当严格控制使用范围和使用量；

(2)使用食品添加剂的目的在于保持和改进食品营养质量，不得破坏和降低食品的营养价值；

(3)使用食品添加剂不得用于掩盖食品的缺陷；

(4)使用食品添加剂应以减少食品消耗、改进贮存条件、简化工艺等为目的；

(5)婴幼儿食品中，未经卫生部门许可，不得使用任何食品添加剂；

(6)食品添加剂中的各单相物质必须符合食品添加剂的各项规定；

(7)进口的食品添加剂必须符合我国规定的品种和质量标准，并按我国进口食品卫生管理有关规定办理审批手续；

(8)不得经营和使用无卫生许可证、无产品检验合格及污染变质的食品添加剂；

(9)对使用食品添加剂的食品不得有夸大或虚假的宣传内容。

22. 什么是食品防腐剂？

食品在一般的自然环境中，因微生物的作用可能会失去原有的营养价值、组织性状以及色、香、味，变成不符合卫生要求的食品。食品防腐剂，是指为食品防腐和食品加工、贮运的需要，加入食品中的化学合成物质或天然物质，它能防止食品因微生物引起的腐败变质，使食品在一般的自然环境中具有一定的保存期。从广义上讲，凡是能抑制微生物的生长活动、延缓食品腐败变质或生物代谢的化学制品都是化学防腐剂，也称抗菌剂；而狭义的防腐剂是指经过毒理学鉴定，证明在使用范围内对人体无害，可直接添加到食品中起防腐作用的化学物质。狭义防腐剂主要是指山梨酸、苯甲酸等直接加入食品中、主要起防腐作用的食品添加剂。食品防腐剂的用途，就是减少、避免人类食品中毒的发生，或者说就是防止微生物作用而阻止食品腐败的有效措施之一。广义的防腐剂，包括食盐、糖、醋、香辛料等可以起到调味作用的物质；由于科学技术的发展，特别是分析检测方法的进步，人们对食品防腐剂的认识也越来越科学、全面，逐渐认识到过去使用的某些防腐剂（如硼砂、甲醛、水杨酸等）在发挥防腐功能的同时，还会给人体的健康带来一定的危害，所以这些防腐剂相继被停用。同时，科学家们又发现了一些新的防腐剂，其安全性更高、防腐更有针对性。可以说，防腐剂是一把双刃剑，一方面，适量添加防腐剂可以起到防腐保鲜作用；另一方面，过量添加防腐剂则可能对人体造成一定的不利影响。所以，在生产中应该严格按国家有关规定添加使用。

23. 我国对防腐剂的使用有哪些规定？

由于目前使用的防腐剂大多是人工合成的化学防腐剂，超标准使用会对人体造成一定危害，尤其是许多食品生产企业违规、违法乱用、滥用食品防腐剂的现象十分严重。因此，我国对防腐剂的使用有着严格的规定，明确其使用应该符合以下标准：①合理使用对人体健康无害。②不影响消化道菌群。③在消化道内可降解为食物的正常成分。④不影响药物特别是抗生素的使用。⑤对食品热处理时不产生有害成分。

目前，市场上很多食品都单独将“不含防腐剂”作为卖点来宣传。这在一定程度上误导了消费者，引起消费者对食品防腐剂的恐惧。消费者在市场上可以看到很多标注“不含防腐剂”的食品，其中有果汁饮料、茶饮料、罐头制品、调味品、蜜饯干果制品、方便面等，大多数品牌都在外包装上标注了“本品不含防腐剂”、“本产品不添加任何食品防腐剂”等字样。大多数消费者也认为标有“不含防腐剂”字样的食品比较安全，要优先选购。但是，目前市面上很多标有“不含防腐剂”字样的食品是含有一定量的防腐剂的，消费者不要过分迷信“不含防腐剂”的宣传。

24. 食品企业和销售者发现产品存在安全隐患时应采取哪些措施？

按《国务院关于加强食品等产品安全监督管理的特别规定》的规定，生产企业发现其生产的产品存在安全隐患，可能对人体健康和生命安全造成损害的，应当向社会公布有关信息，通知销售者停止销售，告知消费者停止使用，主动召回产品，并向有关监督管理部门报告；销售者应当立即停止销售该产品。销售者发现其销售的产品存在安全隐患，可能对人体健康和生命安全造成损害的，应当立即停止销售该产品，通知生产企业或者供货商，并向有关监督管理部门报告。

25.《国家重大食品安全事故应急预案》对报告范围、报告单位和责任报告人有怎样的规定？

(1)报告范围：①对公众健康造成或者可能造成严重损害的重大食品安全事故。②涉及人数较多的群体性食物中毒或者出现死亡病例的重大食品安全事故。

(2)责任报告单位:①食品种植、养殖、生产、加工、流通企业及餐饮单位。②食品检验机构、科研院所以及与食品安全有关的单位。③重大食品安全事故发生(发现)单位。④地方各级食品安全综合监管部门和有关部门。

(3)责任报告人:①行使职责的地方各级食品安全综合监管部门和相关部门的工作人员。②从事食品行业的工作人员。③消费者。

任何单位和个人对重大食品安全事故不得瞒报、迟报、谎报或者授意他人瞒报、迟报、谎报,不得阻碍他人报告。

26. 确保饮食安全的十条"黄金定律"的内容是什么?

世界卫生组织最近提出了确保食品安全的十条"黄金定律",内容如下。

(1)食物一旦煮好立即吃掉。食用在常温下已存放4～5小时的煮过的食物最危险,因为许多有害细菌在常温下可大量繁殖扩散。

(2)未经烧煮的食物通常有可诱发疾病的病原体,因此,食物必须彻底煮熟才能食用,特别是家禽、肉类和牛奶。彻底煮熟是指食物的所有部位的温度至少达到70℃。

(3)应选择已加工处理过的食品。例如,消毒牛奶、用紫外线照射过的新鲜或冷冻的家禽等。

(4)食物煮好后常常难以一次全部吃完,如果需要把食物存放4～5小时,应在高温(接近或高于60℃)或低温(接近或低于10℃)的条件下保存,但不要将尚未冷却的食物放入冰箱里。

(5)存放过的熟食必须重新加热(70℃以上)才能食用。

(6)不要让未煮过的食品与煮熟的食品接触,这样接触无论是间接的或直接的,会使煮熟的食品重新染上细菌。

(7)保持厨房的清洁。烹饪用具、刀叉餐具都应用干净的布揩干擦净。每块抹布的使用不应超过1天,下次使用前应把抹布在沸水中煮一下。

(8)处理食品前先洗手。上厕所或为婴儿换尿布后尤其要洗手。

手上如有伤口,应避免伤口与食品接触,可用绷带包扎起来。

(9)不要让昆虫、猫、狗和其他动物接触食品,它们通常带有致病的微生物。

(10)饮用水和准备食品时所需的水应清洁。如果怀疑水不清洁,应把水煮沸或进行消毒处理。

27."食品安全十二守则"的内容是什么?

食品安全十二守则,是指为维护消费者的身体健康和消费权益,国务院食品药品放心工程宣传推广的食品消费知识。具体内容如下:

(1)尽量选择到正规的商店、超市和管理规范的农贸市场去购买食品。

(2)尽量选择品牌有信誉,取得相关认证的食品企业的产品。

(3)不买腐败、霉烂、变质或过了保质期的食品。

(4)不买比正常价格过于便宜的食品,以防上当受骗。

(5)不买不吃有毒有害的食品,如河豚、毒蘑菇等。

(6)不买来历不明的死物。

(7)不买畸形的和与正常食品有明显色彩差异的鱼、蛋、瓜、果、禽、畜等。

(8)不买来源不明的反季节瓜果蔬菜等。

(9)不宜多吃国家卫生部门提醒的以下10种食物:皮蛋、臭豆腐、味精、方便面、葵花籽、菠菜、猪肝、烤牛羊肉、腌菜、油条。

(10)购买时查看食品的包装、标签和认证标志,看有无条形码,查看生产日期和保质期。对怀疑有问题的食品,不买不吃。

(11)买回的食品应按要求进行严格的清洗、制作和保存。

(12)厨房以及厨房内的设施、用具,按要求进行清洁管理。

28. 当消费者和经营者发生消费者权益争议时有哪些解决途径?

(1)与经营者协商和解。

(2)请求消费者协会调解。

(3)向有关行政部门申诉。

(4)根据与经营者达成的仲裁协议提请仲裁机构仲裁。

(5)向人民法院提起诉讼。

29. 什么是食品安全事故?

食品安全事故，指食物中毒、食源性疾病、食品污染等源于食品，对人体健康有危害或者可能有危害的事故。

30. 国家建立食品召回制度有哪些意义?

(1)防患于未然，充分保障消费者的身体健康和生命安全。

(2)体现食品经营者是保障食品安全的第一责任人。

(3)提高政府监管效能，变被动为主动。

食品召回可分为食品生产者的主动召回和监管部门强制召回两种。

31. 国家对食品广告有哪些要求?

(1)食品广告不得含有虚假夸大内容。

(2)食品广告不得涉及疾病预防、治疗功能。

(3)食品安全监管部门、食品检验机构、食品行业协会及消费者协会不得以广告形式向消费者推荐食品。

三、肉品篇

1. 什么是红肉、白肉和无色肉?

在现代饮食观念中,人们按照肉类颜色的有无、深浅,将其划分为以下三大类:①红肉,又称深色肉,如猪肉、牛肉、羊肉,以及由其加工制成的肉类产品。②白肉,又称浅色肉,如鸡肉、鸭肉、鹅肉及鱼肉等。③无色肉,即水生贝类动物肉,如蛤肉、牡蛎肉、蟹肉等,几乎无色。

从世界范围来看,红肉消费多的国家和地区,前列腺癌、心脑血管疾病的发生率也高;反之,发生率则相对较低。因此,营养专家建议人们每日的食肉量要适宜,并且做到尽量少食红肉、多食白肉或无色肉。另外,应多采用清蒸、水煮或炖的烹饪方式,这样处理出来的菜肴中所含有的有毒有害物质会相对少一些。

2. 怎样评定畜禽肉的品质?

肉品质主要受畜禽品种的影响,同时也受性别、日龄、饲料、饲养、运输、屠宰和加工等因素的影响。评定肉品质的主要指标有以下几点。

(1)肉色:肉的颜色是肌肉本身生理学、生物化学和微生物共同作用的综合结果,主要取决于肌肉中的色素物质——肌红蛋白和血红蛋白的含量。

(2)嫩度:肉的嫩度是指肉在食用时口感的老嫩,反映了肉的质地,由肌肉中各种蛋白质结构特性所决定。

(3)pH 值:pH 值不仅是肉酸度的直观表现,而且对肉品质有重要的影响作用,是肉品质测定的重要指标之一。

(4)风味：肉的风味包括滋味(主要指鲜味)和气味，风味的形成机制很复杂，是各种因素共同作用的结果。

(5)滴水损失：肉的保水性能是肉品质重要的性状，影响肉的色、香、味、营养成分、多汁性、嫩度等品质，从而影响肉的经济价值。

3. 猪肉有哪些营养价值？

猪肉一直是中国饮食文化中的主角，是人们餐桌上重要的动物性食品之一，也是人类摄取动物类脂肪和蛋白质的主要来源。猪肉性味甘咸平，含有丰富的蛋白质及脂肪、碳水化合物、钙、磷、铁等成分。猪肉是日常生活的主要副食品，具有补虚强身，滋阴润燥、丰肌泽肤的作用。凡病后体弱、产后血虚、面黄羸瘦者，皆可用之作营养滋补。一般人都可食用。成年人每天食用 80～100 克即可满足需要，儿童每天 50 克。

4. 为什么不宜偏食猪肉？

多年以来，在我国猪肉一直是人们餐桌上重要的动物性食品之一。纵观我国近年来的肉食消费情况，猪肉始终占 70%左右的比例。其实，这种单调的吃肉方式是不可取的。因为在肉类食品中，一般来说猪肉含脂肪较高，即使瘦猪肉中的脂肪含量也高达 30%，比牛、羊肉高 1.7 倍，比家禽肉高 14 倍，比兔肉高 70 多倍。因此，为避免动物性脂肪的摄入过多，膳食中应注意适当选一些脂肪含量低的肉食品，除猪、牛、羊等畜肉外，还应选用鸡、鸭、鱼等肉类，做到多样化。

5. 猪肉各部位适合怎样吃？

猪肉的不同部位肉质不同，一般可分为四级。特级：里脊肉；一级：通脊肉，后腿肉；二级：前腿肉，五花肉；三级：血脖肉，奶脯肉，前肘、后肘。不同肉质，烹调时有不同吃法。吃猪肉，不同位置肉的口感也不同。其中，里脊肉最嫩，后臀尖肉相对老些。炒着吃买前、后臀尖，炖着吃买五花肉，炒瘦肉最好是通脊，做饺子、包子的馅要买前臀尖。具体来说，根据烹调的需要，猪肉除去头、蹄(爪)、尾外，一般可分为14个部位。

(1)血脖：即耳至肩胛骨前颈肉，呈条形，肥瘦相同，韧性强。适于做香酥肉、叉烧肉、肉馅等。

(2)鹰嘴：位于血脖后、前腿骨上部的一块方形肉。肉质细嫩，前半部适于做酥肉，切肉丝、肉片，后半部适于做樱桃肉、过油肉、炸肉段、熘炒菜等。

(3)哈利巴：位于前腿扇形骨上的肉(包着扇形骨)，质老筋多。适于焖、炖、酱、红烧等。

(4)里脊：又称小里脊。位于腰子到分水骨之间的一长条肉，一头稍细，肉色发红。这块肉是猪瘦肉中最嫩的一块，适于熘、炒、炸等。

(5)通脊：又称外脊。位于脊椎骨外与脊椎骨平行的一长条肉。肉色发白，肉质细嫩。适于滑熘、软炸及制茸泥等。

(6)底板肉：后腿骨下部，紧贴臀部肉皮的一块长方形肉，一端厚，一端薄，肉质较老。适于做锅爆肉、清酱肉和切肉丝等。

(7)三岔：位于胯骨与椎骨之间的一块三角形肉，肉质比较嫩。适于做熘、炒菜及切肉丝、肉片等。

(8)臀尖：紧贴坐臀上的肉，浅红色，肉质细嫩。适于做肉丁、肉段及切肉丝、肉片等。

(9)拳头肉：又称榔头肉。包着后腿棒子骨的瘦肉，圆形似拳头。肉质细嫩。适于切肉丝、肉片和做炸、熘菜等。

(10)黄瓜肉：紧靠底板肉的一条长圆形内，形似黄瓜，质地较老，适于切肉丝。

(11)腰窝：后腿下部前端与肚之间的一块瘦肉，肥瘦相连，肉层较薄。适于炖、焖、炒等。

(12)罗脊肉：连着猪板油的一圈瘦肉，外面包一层脂皮。适于炖、焖或制馅。

(13)五花肉：位于前腿后、后腿前的腰排肉，肥瘦相间呈五花三层状，肋条部分较好称为上五花，又叫硬肋，没有肋条部分较差称为下五花，又叫软肋。上五花适于片白肉，下五花适于炖、焖及制馅。

(14)肘子：南方称蹄膀，即腿肉。结缔组织多，质地硬韧，适于酱、焖、煮等。

6. 什么是冷却排酸肉？

冷却排酸肉，简称冷却肉，是现代肉品卫生学及营养学所提倡的一种肉品后成熟工艺，是指经过严格检疫的生猪或肉牛等家畜屠宰后立即进入冷环境中，采用相关设备，使胴体在 24 小时内冷却至 0℃～4℃，使其完成成熟过程(亦称“排酸过程”)，然后进行分割、剔骨、包装，并保证始终在低温环境下进行加工、贮藏、配送和销售，直到进入消费者的冷藏箱或厨房，使肉温始终保持在 0℃～4℃。排酸肉在低温环境下表面形成一层干油膜，能够减少水分蒸发，阻止微生物的侵入和在肉的表面繁殖，同时肉毒梭菌和金黄色葡萄球菌等不再分泌毒素，并且肉中的酶发生作用，将部分蛋白质分解成氨基酸，确保了肉类的安全卫生。与普通冷却肉相比，排酸肉由于经历了较为充分的解僵过程，所以具有肉质柔软、弹性好、易熟、口感细腻、味道鲜美、易于切割且营养价值高等诸多优点。从现代肉品卫生学及营养学来讲，营养学家大力倡导广大消费者食用冷却排酸肉。早在 20 世纪 60 年代，发达国家即开始了对排酸肉的研究与推广，如今，冷却排酸肉在发达国家几乎达到了 100％的市场占有率。

由于生产、销售排酸肉需要冷却间、冷却库、冷藏运输车和冷藏展柜等冷藏、销售设备，同时为了保证排酸肉的高质量，在加工过程中，要执行严格的动物防疫监督标准和良好的作业规范。因此，排酸肉的成本要高于热鲜肉和冷冻肉，其售价比热鲜肉、冷冻肉都高。

7. 与冷却排酸肉相比普通肉有哪些缺点？

屠宰后未经任何降温处理的猪肉或牛肉有许多缺点。首先是滞留有害物质。一般情况下，动物体内会含有一些对人体有不良影响的微生物，如金黄色葡萄球菌等以及较多的酸性物质，并且动物在屠宰前因为惊恐紧张，造成大量激素类物质进入血液和体液，传统的“屠宰－上市”方式很容易使这些有害物质滞留在动物体内。其次，在贮运和包装等多道工序中，极易受到空气、苍蝇等污染，造成细菌大量繁殖，因此肉品很不卫生。再者，由于刚出宰的肉品，其肌肉细胞停止了氧的供应，所积存的乳酸会使肌球蛋白凝固，肌肉很快收缩变硬、关节固定，屠宰部门把这种肉品称为“不成熟肉”。以这样的肉品做成菜肴，嫩度降低，风味、口感不佳。另外，还有一种肉，即冷冻肉，是指宰杀后的牲畜肉，经预冷后，在－18℃以下速冻，使深层温度达－6℃以下的肉。冷冻肉虽然细菌较少，吃着比较安全，但在食用前需要解冻，会导致大量营养物质流失。

鉴别普通肉和排酸肉，单从外表上很难区分，两者在颜色、气味、弹性、黏度上有细微差别，需长期摸索得出经验。但在做成菜肴后，经过品尝就能明显感觉到它们的不同，排酸肉更嫩更香，做出的肉汤更为清亮醇香。

8. 为什么猪肉忌大块煮？

煮猪肉时，为了保存其营养成分，必须切小块煮，通常以 2～3 厘米半见方的小块为宜。其原因有二：一是大肉块烧煮时不易杀死猪肉中可能存在的沙门氏菌等病菌；二是大肉块烧煮，内外熟烂不一致，外面的营养成分消失较多，内部还未熟透，不能正常食用，且不易被人体吸收其营养成分。故煮烧猪肉以及牛肉、羊肉时，宜将肉块切小一点，易于杀菌和有利于营养成分的保护和吸收。如需要煮大块肉，应在皮里面剞深花刀。

9. 怎样辨别注水肉？

注水肉，是指临宰前向畜禽等动物活体内或在屠宰加工过程中向屠体内注水后的肉。注水肉不仅侵害了消费者的经济利益，而且严重地影响了肉品的卫生质量，是一种违法行为。在注水的同时，不法分子还有可能在水中加入一些有毒有害物质，如：注入阿托品，可扩张血管、多蓄水；注入血水可使肉色变深；注入矾水可起收敛作用；注入卤水能使肉色鲜艳、令蛋白质凝固而保水；注入工业色素使肉品长时间呈现鲜红色，更有甚者，为延长肉的存放时间，有的还在水中加入防腐剂。这些物质都会对广大消费者的身体健康造成不同程度的毒害作用。

凡注水肉,不论注入的水质如何、掺入何种物质,均予以没收,做无害化处理。通常情况下,可通过视检辨别其是否是注水肉。

(1)肌肉:注水肉由于含有多余的水分,致使肌肉色泽变淡,或呈淡灰红色,没有正常猪肉所具有的鲜红色和弹性,还有的偏黄,显得肿胀,从切面上看柔嫩而发胀,显得湿漉漉的,表面有水淋淋的亮光。正常的肉,手触有弹性,有黏手感;注水后的肉,手触弹性差,亦无黏性。用纸巾粘贴在肉的表面,可见纸巾立即变湿,易揭下,不能用火柴点燃;而非注水肉则表现为比较干燥,不易揭下,并且能够用火柴点燃。把肉从案板上提起来看案板是否潮湿,这也是判断是不是注水肉的有效方法。注水的冻猪瘦肉卷,透过塑料薄膜,可以看到里面有灰白色半透明的冰和红色血冰。砍开后可见有碎冰块和冰碴溅出,肌肉解冻后还会有许多渗出的血水。价格便宜的猪肉卷,多半是作分割肉的下脚料,常混有病变废弃物,购买时要当心。

(2)皮下脂肪及板油:正常猪肉的皮下脂肪和板油质地洁白;而注水肉的皮下脂肪和板油轻度充血,呈粉红色,新鲜切面的小血管有血水流出。

(3)心脏:正常猪的心冠脂肪洁白;而注水猪的心冠脂肪充血,心血管怒张,有时在心尖部可找到注水口,心脏切面可见心肌纤维肿胀,挤压时有水流出。

(4)肝脏:经心脏或大动脉注水后,肝脏严重淤血、肿胀,边缘增厚,呈暗褐色,切面有鲜红色水流出。

10. 怎样辨别母猪肉?

母猪肉,主要是指专门用来繁殖的、年老以后被淘汰的种母猪的肉,所以也可以称为“老母猪肉”。因饲养年限长,母猪肉肌纤维变粗,结缔组织增多,肌肉中脂肪含量少,煮后发硬,皮的适口性较差,其腥气味浓厚,更为严重的是母猪肉含有危害人体健康的物质——免疫球蛋白。另外,母猪肉中还含有大量的雌性激素,能诱发儿童的性早熟,尤其是处于哺乳期的母猪可能还会有很多药物残留在体内,所以人食用后会对健康产生一定的危害作用。如果食用病死的母猪肉则危害会更大。一般来说，母猪肉与普通猪肉相比具有以下几点显著特征：①色泽较深，呈深红色，且肌纤维较粗，肌间脂肪少，肥肉呈颗粒状。②皮肤粗糙、松弛而缺乏弹性，多皱襞，较厚，发黄，毛孔粗而深，皮肉接合处疏松，臀部上有大如米粒、小芝麻状的凹窝，小腿部皮肤多皱褶。③皮下脂肪呈青白色，皮与脂肪之间常见有一薄层呈粉红色，触摸时黏附于手指的脂肪少。④乳头长而硬，乳头皮肤粗糙，乳头四周毛孔粗，乳头孔很明显，横切乳头，两乳池明显，纵切乳房部，可见粉红色海绵状腺体，有的虽然萎缩，但有丰富的结缔组织填充，有的尚未完全干乳，可见有乳汁渗出。⑤排骨弯曲度大，背脊筋骨突出，骨粗，骨膜一般呈淡黄色，骨头易砍断。⑥蹄粗大且磨得扁平。⑦头大，嘴长，獠牙较长。⑧腥臊气味较重。⑨常散发出难闻的腥气味，在腮腺或颌下的切面上或在煮沸时更易闻到这种气味，烹饪时不易熟烂。

11. 瘦肉精对人体健康有哪些危害？

广义而言，瘦肉精是一类动物用药，有数种药物被称为瘦肉精，例如莱克多巴胺及克伦特罗等。狭义来讲，瘦肉精就是指盐酸克伦特罗。该药既不是兽药，也不是饲料添加剂，而是一种人用药品，医学上称为平喘药或克喘素，属于β-肾上腺素兴奋药，是一种用于治疗支气管哮喘、慢性支气管炎和肺气肿等疾病的药物。其化学物质稳定，需加热至172℃时才能分解失去毒性，一般加热处理方法不能将其破坏。

猪在饲喂盐酸克伦特罗后，可促进蛋白质的合成，加速脂肪的转化和分解，饲料转化率、生长速度、胴体瘦肉率明显提高，家畜提早上市，成本降低，故而称之为“瘦肉精”。饲喂瘦肉精的猪在宰后肌肉特别鲜红，后臀肌肉饱满，肥肉特别薄。但是，同时猪也可能会发生呼吸急促、四肢震颤无力、心肌肥大、心力衰竭等症状。瘦肉精的残留量高低，依次为肝、肾、肺、肌肉，一般情况下，肝的残留量为肌肉的200倍。

人在食入含有大量瘦肉精残留的动物产品后，如一餐食用含瘦肉精的猪肝 0.25 千克(或瘦肉精的食用量超过 20 毫克),约在 15 分钟后就会出现头晕、脸色潮红、心跳加速、胸闷、心悸、心慌、呕吐等症状,严重时可危及生命,特别对心律失常、高血压、青光眼、糖尿病和甲状腺功能亢进等患者以及老年人有极大危害。另外,如果孕妇中毒还可导致胎儿畸形等严重后果。

盐酸克伦特罗本来用于治疗人类的哮喘病。20 世纪 80 年代初,美国一家公司意外发现,它可使猪在代谢过程中促进蛋白质的合成,加速脂肪的转化和分解,提高猪肉的瘦肉率。20 世纪 90 年代,我国开始作为饲料添加剂引入并推广。但是,经过长期使用后,人们发现该药物会在动物体内蓄积,造成残留的药物浓度很高,人若食用了这样的畜产品后就会发生中毒,对人体健康危害严重。在一连串因食用含瘦肉精的食物中毒事件发生后,引起了人们的高度重视。经研究表明,瘦肉精实际上是一种激素,故盐酸克伦特罗成为世界上普遍禁用的添加剂。1999 年 5 月 29 日,我国国务院颁布的《饲料和饲料添加剂管理条例》中规定,生产饲料和饲料添加剂不得添加激素类药品。一般来说,猪在出栏前半个月时开始饲喂瘦肉精,效果很明显,非法者的“利润”非常可观。所以,一些不法者不惜铤而走险,贩卖、使用瘦肉精,这是目前的重点打击对象。

12. 怎样避免购买含有瘦肉精的猪肉?

当前,除了需要有关部门加强对药物、饲料及生猪安全饲养、销售等过程的监管外,作为饮食业和个体消费者也应提高自身的安全意识,注意防范。通常而言,应注意以下几点:应到有检验合格证明的摊点购买猪肉及其内脏,不买未经检验的猪肉及其内脏。购买时,应“察颜观色”,选择肉膘在 1 厘米以上、颜色不太鲜红的猪肉,如果脂肪层不足 1 厘米、肉色较深或肉色鲜艳光亮、后臀肌肉饱满或脂肪非常薄,脂肪与肌肉间的连接松散且其间有黄色液体流出,肥肉与瘦肉有明显分离,或将猪肉切成两三指宽,猪肉比较软,不能立于案上,则很可能是含瘦肉精的。不但这种肉不能购买,而且此摊点的猪内脏也不能购买。如食用猪肉或内脏类食物后出现不适,应尽快去医院就诊。

13. 怎样辨别黄疸肉与黄脂肉?

(1)黄疸是因疾病引起胆汁代谢障碍导致血液中胆红素增多而造成的,使全身组织特别是浅色无毛区皮肤,黏膜、浆膜、骨膜、眼结膜等呈黄色。其肉尸特点是不仅脂肪组织发黄,皮肤、黏膜、浆膜、巩膜、关节滑液、组织液、血管内膜、肌腱,甚至实质器官均被染成不同程度的黄色。

(2)黄脂主要是由饲料或脂肪代谢障碍引起的。一般认为与进食鱼粉、蚕蛹粕、鱼肝油下脚料等含有大量不饱和脂肪酸的饲料及南瓜、紫云英、胡萝卜等含全天然色素的饲料,或体内缺乏维生素 E 有关,有的也与遗传有关,如黄牛、更塞牛、娟姗牛的体脂多为黄色。部位仅见脂肪,尤其是皮下脂肪,胆无病变,吊挂 24 小时后颜色变浅或消失。

黄疸胴体不能食用,若系传染性疾病引起的黄疸,应结合具体疾病进行处理。黄脂肉若系饲料源引起,无其他不良气味,则可以食用,如伴有其他不良气味者,应慎用。

14. 怎样辨别白肌病肉和白肌肉?

(1)白肌病:是由于硒-维生素 E 缺乏引起的以心肌和骨骼肌变性、坏死为特征的一种营养缺乏病。该病主要发生于猪、牛、羊和马以及鸡、鹅等畜禽,且多见于幼龄动物。该病的发生率在我国高达 10%～30%。就拿猪来说,病变常发生于病猪肩胛部及臀部肌肉和心肌等。病变部位的骨骼肌呈白色条纹状或斑块,严重的整个肌肉呈弥漫性黄白色,切面干燥,似鱼肉样外观,常呈对称性损害。个别病例变性坏死的肌纤维发生机化,剖面呈线条状,俗称“线猪肉”。心肌损伤主要发生于心内膜下,乳头肌及中隔,病变部呈灰白色条纹状或斑块。也可波及其他部位心肌,呈现肌纤维变性、坏死和钙化。组织病变为典型的蜡样坏死。

(2)白肌肉:即 PSE 肉,也称水煮样肉,是由宰前应激所引起,与遗传、品种等因素有关。其特征是肌肉苍白、质地松软、切面有液汁渗出。病变多发生于背最长肌、半膜肌、股二头肌和腰肌等。组织学检查时，可见肌纤维收缩变粗，呈结节状和波纹状。白肌肉仅见于猪。

对全身肌肉有病变的白肌病胴体，作工业用或销毁，病变轻微的胴体，经修割后，无病变部分可供食用。白肌肉可食用，但不宜作腌、腊制品的原料。

15. 怎样辨别羸瘦肉和消瘦肉？

（1）羸瘦肉：畜体明显瘦小，但外表健康，没有明显的代谢障碍，皮下、体腔和肌肉间脂肪锐减或消失，肌肉组织萎缩，但器官和组织中不见任何病理变化。其发生与饲料不足或饲喂不合理、牲畜年老等因素有关。

（2）消瘦肉：是一种病理状态，它与某些病理过程或疾病有关，既可以较快地出现，也可以缓慢发生。消瘦时，可见到脂肪耗减和肌肉萎缩。除此之外，还伴有其他组织器官病变。

饥饿和年老形成的羸瘦肉，当内脏器官没有病理变化时，不受限制出厂。严重羸瘦肉需进行沙门氏杆菌检查，当检查结果为阴性时，可直接利用；若为阳性，则应高温处理。具有明显病变的病理性消瘦肉，则应作工业用。

16. 怎样辨别病死猪肉与变质猪肉？

（1）看表皮：健康猪肉表皮无任何斑痕；病死猪肉表皮上常有紫色出血斑点，甚至出现暗红色弥漫性出血，也有的会出现红色或黄色隆起疹块。

（2）看外观：新鲜猪肉表面有一层微干或微湿的外膜，呈暗灰色，有光泽，切断面稍湿、不粘手，肉汁透明；变质猪肉表面外膜极度干燥或粘手，呈灰色或淡绿色、发黏并有霉变现象，切断面呈暗灰或淡绿色、黏度增大，肉汁严重浑浊。

（3）看脂肪：健康猪的脂肪呈白色或乳白色，具有光泽，有时呈肌肉红色，柔软而富有弹性；病死猪肉的脂肪呈红色、黄色或绿色等异常色泽;变质猪肉脂肪表面污秽、有黏液,霉变呈淡绿色,脂肪组织很软,具有油脂酸败气味。

(4)看肌肉:健康猪的肌肉一般为红色或淡红色,光泽鲜艳;变质猪肉则发暗,严重者有液体流出。

(5)看弹性:新鲜猪肉质地紧密而富有弹性;变质猪肉的弹性则较差,且可能出现不同程度的腐烂,用指头按压后凹陷,不能复原,严重时手指还可以把其戳穿。

(6)闻气味:新鲜猪肉具有正常的气味;变质猪肉不论在肉的表层还是深层均有腐臭气味。

(7)查淋巴:质量合格的猪肉淋巴结大小正常,肉切面呈鲜灰色或淡黄色;病死猪肉的淋巴结是肿大的,多数淋巴结边缘有网状出血或小出血点,切面呈大理石状,且呈红黑色。

(8)看肉汤:新鲜猪肉做成的肉汤透明、芳香,汤表面聚集大量油滴,油脂的气味和滋味鲜美;变质猪肉做成的肉汤极为浑浊,汤内漂浮着有如絮状的烂肉片,汤表面几乎无油滴,且具有难闻的腐败臭味。

17. 猪肉“发光”主要有哪些原因?

猪肉“发光”是指一种猪肉在暗处发出绿色或蓝色荧光的现象。近些年来,有很多媒体相继曝出猪肉“发光”的相关资讯,这引起了广大消费者对猪肉质量的忧虑,甚至恐慌。为此,现将猪肉“发光”的主要原因总结如下:

(1)发光菌污染:生猪可能在屠宰、贮存、运输、销售等过程中污染了荧光假单胞菌。有研究人员从污染猪肉中分离出发光菌,通过形态和培养特征的观察、生化特征研究及基因序列分析,对菌株进行了鉴定。根据研究结论,这种发光菌是荧光假单胞菌,是革兰氏阴性球杆菌,适宜生长的温度为 18℃～22℃,在 4℃～10℃仍可生长繁殖,在肉及肉制品、禽蛋类等蛋白质丰富的食品中易生长繁殖。该菌在 42℃停止生长,超过 70℃,只需数秒钟即可被杀死。该菌是存在于人的肠道的正常细菌,对正常人群不具有致病性。因此,即便污染了荧光假单胞菌的猪肉,只要猪肉本身没有腐败变质,可以通过焯、炒、煮等方式将猪肉熟制后食用，不会对人体健康产生影响。

(2)残留磷超标：因为磷具有较好的吸水性，所以有些不法商贩为了方便给猪注水，就在猪饲料中添加了过量的磷。而且，肉制品加工过程中不可避免地会用到磷酸盐等添加剂，使用不当也有可能造成磷超标。有关卫生专家表示，少量食用“夜光肉”不会对身体造成危害，但长期食用或过量食用，会给身体带来一定危害。磷是生命物质的一个组成成分，正常成年人体内含磷为600～700克，这些磷主要在人体骨骼和牙齿上。如果长期食用过量的磷，可能会引发高磷血症和磷中毒。

另外，如果猪肉中重金属含量过高，产生导电现象，也会引起猪肉发光。通常来说，这种可能性相对来说要较小一点。这类猪肉不可食用。

18. 猪肉不宜与哪些食物同食？

(1)牛肉：猪肉和牛肉不共食的说法由来已久，《饮膳正要》指出，“猪肉不可与牛肉同食”。这主要是从中医角度来考虑，从中医食物药性来看，猪肉酸冷、微寒，有滋腻阴寒之性，而牛肉则气味甘温，能补脾胃、强筋骨，有安中益气之功。二者一温一寒，性味有所抵触，故不宜同食。

(2)羊肝：中医云：“猪肉共羊肝和食之，令人心闷”。这主要是因为羊肝气味苦寒，有补肝、明目，治肝风虚热之功效。“猪肉滋腻，入胃便作湿热”。从食物的药性上来讲，二者配伍不宜。羊肝有膻气，与猪肉共同烹炒，则易生怪味，从烹饪角度讲，亦不相宜。

(3)大豆：从现代营养学观点来看，豆类与猪肉不宜搭配。这是因为豆中植酸含量较高，60%～80%的磷是以植酸的形式存在的。植酸可与蛋白质和矿物质元素形成复合物，而影响二者的可利用性，降低利用效率。再者，就是因为豆类可与瘦肉、鱼类等荤食中的矿物质如钙、铁、锌等结合，从而干扰和降低人体对这些元素的吸收。

(4)香菜：香菜又名芫荽，可去腥味，与羊肉同吃相宜。芫荽辛温，耗气伤神。猪肉滋腻，助湿热而生痰。古书有记载：“凡肉有补，唯猪肉无补”。一耗气，一无补，故二者配食，对身体有损害。

19. 猪蹄有哪些营养价值?

猪蹄,又叫猪脚、猪手,含有丰富的胶原蛋白质,脂肪含量也比肥肉低。猪蹄能防治皮肤干瘪起皱、增强皮肤弹性和韧性,对延缓衰老和促进儿童生长发育都具有特殊意义。为此,人们把猪蹄称为“美容食品”和“类似于熊掌的美味佳肴”。猪蹄对于经常性的四肢疲乏、腿部抽筋、麻木、消化道出血、失血性休克及缺血性脑患者有一定辅助疗效。同时,也有助于青少年生长发育和减缓中老年妇女骨质疏松。传统医学认为,猪蹄有壮腰补膝和通乳之功,可用于肾虚所致的腰膝酸软和产妇产后缺少乳汁之症,而且多吃猪蹄对于女性具有丰胸作用。因此,猪蹄适合于大多数人食用,尤其是老人、妇女和手术、失血者的食疗佳品。胃肠消化功能减弱的老年人每次不可食之过多。患有肝胆病、动脉硬化和高血压病的人应当少吃或不吃。晚餐吃得太晚或临睡前不宜吃猪蹄,以免增加血黏度。猪蹄不可与甘草同吃,否则会引起中毒。

20. 怎样清洗猪内脏?

(1)洗猪肠、猪肚时,加一些小苏打或食醋,反复揉搓,即可去除里外的黏液和恶臭味。

(2)洗猪肺时,可将气管套在自来水管上,用流水冲洗数遍洗净污物,直至肺叶呈白色即可。

(3)洗猪舌时,可放入沸水中氽烫一下,捞起后用凉水浸泡,刮去舌苔和白皮,再用清水冲洗干净即可。

(4)猪脑一般很嫩,容易破损,所以应将其放置在水中轻轻漂洗,用牙签剔去猪脑上的血丝和薄膜,然后洗净即可。

(5)猪肝、猪心有一股腥膻味,可用面粉揉搓后,再用清水冲净,然后切成大块,放入淡盐水中浸泡 20～30 分钟。在浸泡时,可加入适量的醋。另外,在炒时用大蒜炝锅,放入青蒜、蒜薹等配菜,可起到很好的去腥效果。

(6)清除猪肾脏的腥味,将猪肾脏洗干净,除去外层薄膜及腰油,然后把猪肾脏从中间切成两个半片，将半片内层向上放在砧板上，用手拍打四边，使猪肾脏内层中间白色部位突出，去除白色的腰臊即可。此外，也可用白酒等调料去除猪肾脏的腥味。

21. 猪皮有哪些营养价值？

有些人认为肉皮中所含的营养成分很少，所以吃肉时往往随手丢掉，这是很可惜的。因为肉皮的营养价值实际上也是很高的。据分析，每 100 克猪皮中含蛋白质 26.4 克、脂肪 22.7 克、碳水化合物 4 克，并且还含有钙、磷、铁等无机盐成分。

有研究发现，胶原蛋白与结合水的能力有关，人体内如果缺少这种属于生物大分子胶类物质的胶原蛋白，会使体内细胞储存水的机制发生障碍。细胞结合水量明显减少，人体就会发生“脱水”现象，轻则使皮肤干燥、脱屑，失去弹性，皱纹横生，重则影响生命。猪皮中所含蛋白质的主要成分是胶原蛋白，约占 85%，其次为弹性蛋白。猪皮中的胶原蛋白在烹调过程中可转化成明胶。明胶具有网状空间结构，它能结合许多水，增强细胞生理代谢，有效地改善机体生理功能和皮肤组织细胞的储水功能，使细胞得到滋润，保持湿润状态，防止皮肤过早褶皱，延缓皮肤的衰老过程。此外，猪皮还有滋阴补虚、清热利咽的功用。以猪皮为原料加工成的皮花肉、皮冻、火腿等肉制品，不但韧性好，色、香、味、口感俱佳，而且对人的皮肤、筋腱、骨骼、毛发都有重要的生理保健作用。

一般人群均可食用猪皮，但外感咽痛、胃寒下痢者忌食，患有肝病疾患、动脉硬化、高血压病的患者应少食或不食为宜。

22. 猪血对人体健康有哪些营养功效？

猪血，富含维生素 B_2、维生素 C、蛋白质、铁、磷、钙、尼克酸等营养成分，具有解毒清肠、补血美容的功效。猪血中的血浆蛋白被人体内的胃酸和消化酶分解后，产生可解毒、滑肠的物质，此物质能与侵入人体的粉尘、有害金属微粒发生生化反应，变成不易被人体吸收的废物，排出体外。因此，猪血是排毒养颜的理想食物。长期接触有毒有害粉尘的人，特别是每日驾驶车辆的司机，应多吃些猪血。另外，因猪血中富含铁，所以对因贫血而致面色苍白者有一定的改善作用。

23. 牛肉有哪些营养价值？

牛肉是中国人的第二大肉类食品，仅次于猪肉。牛肉营养丰富，味道鲜美，深受广大消费者喜爱，享有“肉中骄子”的美称。牛肉中含有丰富的蛋白质，氨基酸的组成比猪肉更接近人体需要，能提高机体抗病能力，对生长发育及手术后、病后调养的人在补充失血、修复组织等方面比较适宜。牛肉中的肌氨酸含量较高，所以牛肉具有增肌健美的作用。寒冬食牛肉，有暖胃的作用，为寒冬补益佳品。中医认为，牛肉有补中益气、滋养脾胃、强健筋骨、化痰息风、止渴止涎的功效。因此，牛肉适于中气下陷、气短体虚，筋骨酸软、贫血久病及面黄目眩之人食用。牛肉中的肌肉纤维较粗糙不易消化，且有一定量的胆固醇和脂肪，故老人、幼儿及消化力弱的人不宜多吃（但可适当吃些嫩牛肉）。一般认为，清炖牛肉会使其中的营养成分保存得比较好。

24. 怎样合理消费牛肉？

牛肉根据部位的不同一般可分成 13 种之多。每一个部位的柔软度与脂肪含量多少都因肉质而不同。一般来说，牛肉的等级大都是按部位划分的：特级，里脊；一级，上脑、外脊；二级，仔盖、底板；三级，肋条、胸口；四级，脖头、腱子。宜选用短脑（肩胛骨上部）、脖头、哈力巴（牛胯骨）等部位做馅，特点是肥瘦兼有，肉质干实，易搅打酱油，比嫩肉部位出馅率高 15%。适宜清炖用的牛肉有：胸肉熟后食之脆而嫩，肥而不腻；筋多肉少，熟后色泽透明、美观；肋条筋肉丛生，熟后肉质松嫩；腱子肉呈深红色，熟后鲜嫩松软。这些部位的肉比较适合于炖、煮、扒、焖。溜、炒、炸宜选用瘦肉、嫩肉，如里脊、外脊、上脑、三岔、仔盖、郎头等肉。因此，应根据不同的烹调方式，选择不同部位的肉，再加上煎、烤、卤、煮等制作方法适宜，这样才能保证牛肉的风味和口感。

青少年及重体力劳动者，不但食量大、营养需求也大，而且在口感上对精致度的要求不太在意，所以选择腿部的肉，尤其是后腿部分较为合适。相对而言，劳心劳神少劳力者，或是娇生惯养、肠胃消化功能较逊色的人，或是中老年人，肠胃循环日益老化者，则以腰背部的牛肉较为适宜。

25. 怎样烹制能使牛肉软嫩？

(1)要顺纹切条，横纹切片，再加酱油、料酒、白糖、蛋液和湿淀粉，用清水调成液汁，与切好的牛肉拌匀，腌渍 15 分钟。

(2)烧煮牛肉时，放进一点冰糖，可使牛肉很快酥烂。

(3)如果先在牛肉上涂一层干芥末，次日再用冷水冲洗干净，即可烹调，这样处理后的牛肉肉质细嫩容易熟烂。

(4)将生姜捣碎取汁，生姜渣留作调料用，将姜汁拌入切好的牛肉中，每 500 克牛肉加 1 汤匙姜汁，在常温下放置 1 小时后即可烹调，可使肉鲜嫩可口，香味浓郁。

(5)加些酒或醋(按 1 千克牛肉放 2～3 汤匙酒或 1～2 汤匙醋的比例)炖牛肉，可使肉更软嫩。

(6)在肉中放几个山楂或几片萝卜，即令牛肉熟得快，而且可以驱除异味。

(7)将少量茶叶用纱布包好，放入锅中与牛肉同炖煮，肉不仅熟得快，而且味道清香。

26. 什么是“肥牛”？

“肥牛”一词来源于国外，其英文是 beef in hot pot，直译为“放在热锅里食用的牛肉”。它既不是指牛的品种，也不是指肥育后屠宰的牛，更不是指肥胖的牛，而是指经过排酸处理后切成薄片在火锅内涮食的牛肉，被称为“肥牛”。它要经过严格的挑选和先进的排酸工艺，通常选择优质的腰背部的“背最长肌”和腹部去骨肌肉修割成形，制成“肥牛坯”送往餐厅，再经专用机械加工刨成薄片，然后在火锅内涮熟，再蘸以美味的调料，这时吃到嘴里的才是真正的“肥牛”。

27. 什么是小白牛肉？

小白牛肉是指小公牛出生后，用初乳喂养3～5天，然后用全乳或代乳粉喂养3～6个月，当体重达到130～180千克时屠宰加工生产出的犊牛肉，因其肉色较淡，故称之为“小白牛肉”。与一般牛肉相比，小白牛肉肉质鲜嫩多汁，蛋白质含量高，脂肪少，富含人体所需的维生素、氨基酸、微量元素，肉味鲜美，极易消化、吸收，非常适合现代消费需求，在国际市场上的售价远远高于普通肥育牛肉，被认为是牛肉中的极品。

据中国农业科学院畜牧所2008年的调查显示，目前我国星级宾馆和高档饭店对小白牛肉的年消费量已达到2万吨以上，其中五星级宾馆使用小白牛肉占到了总比例的76.3%。北京已经有几家企业开始以小白牛肉替代进口牛肉。但目前国产小白牛肉替代进口产品比例仅为1%左右，长期依赖进口，故市场前景极其广阔。

28. 为什么老年人不宜吃牛内脏？

牛内脏包括牛肚(牛胃)、牛心、牛肺、牛肝等，它们在市场上都有销售。牛内脏含维生素和矿物质较多，如牛肝内含维生素A183 000单位，仅次于羊肝，在食用原料中含维生素A的量位于第二位，牛肝、牛心等含钙、磷、铁较多。中医认为，以脏补脏，如《本草纲目》一书中有“以胃治胃，以心治心，以血导血，以骨入骨，以髓补髓，以皮治皮”之说，可见内脏有补虚损、健脾胃的功效。但在牛的内脏中除含有上述营养物质外，还含有较多的胆固醇。老年人的消化功能较弱，尤其是心、脑、血管很易发生病变，这时摄入过多的牛内脏会使胆固醇在其体内聚集，导致高胆固醇等疾病的发生，对心脑血管不利，有碍身体健康。所以，老年人要吃内脏可选用其他动物类，而牛内脏类食物忌多吃。

29. 羊肉有哪些营养价值?

羊肉是我国人民食用的主要肉类之一。羊肉有山羊肉、绵羊肉、野羊肉之分,古时称为羖肉、羝肉、羯肉,为全世界普遍的肉品之一。羊肉较猪肉的肉质要细嫩,较猪肉和牛肉的脂肪、胆固醇含量都要少。中医认为,羊肉性热,有补肾壮阳、暖中祛寒、温补气血、开胃健脾、通乳滞带等作用。羊肉历来被当作冬季进补的重要食品之一。寒冬常吃羊肉可益气补虚,促进血液循环,增强御寒能力。羊肉还可增加消化酶,保护胃壁,帮助消化。一般人都可以食用,尤其适用于体虚胃寒者。由于羊肉性温偏热,故凡外感、发热、牙痛、心肺火盛者不宜食用。

30. 山羊肉和绵羊肉有哪些不同?

从口感上来说,绵羊肉比山羊肉要更好一些,这是由于山羊肉脂肪中含有一种叫 4-甲基辛酸的脂肪酸,这种脂肪酸挥发后会产生一种特殊的膻味。不过,从营养成分来说,山羊肉并不低于绵羊肉。相比之下,绵羊肉比山羊肉脂肪含量更高,这就是为什么绵羊肉吃起来更加细腻可口的原因。山羊肉的一个重要特点就是胆固醇含量比绵羊肉低,因此,可以起到防止血管硬化以及心脏病的作用,特别适合高血脂患者和老人食用。山羊肉和绵羊肉还有一个很大的区别,就是中医上认为,山羊肉是凉性的,而绵羊肉是热性的。因此,后者具有补养的作用,适合产妇、病人食用;前者则病人最好少吃,普通人吃了以后也要忌口,最好不要再吃凉性的食物和瓜果等。买肉时,绵羊肉和山羊肉有以下几个鉴别方法:一是看肌肉。绵羊肉粘手,山羊肉发散,不粘手;二是看肉上的毛形。绵羊肉毛卷曲,山羊肉硬直;三是看肌肉纤维。绵羊肉纤维细短,山羊肉纤维粗长;四是看肋骨。绵羊的肋骨窄而短,山羊的则宽而长。从吃法上来说,山羊肉更适合清炖和烤羊肉串。近几年来,由于山羊肉的胆固醇、脂肪含量低,还用它开发出了很多保健食品。

31. 烹饪时羊肉去膻的方法有哪些?

羊肉的营养价值很高,色鲜味美,很受消费者欢迎,但羊肉的膻味影响了一些人的食欲。羊肉膻味主要来自羊肉中的挥发性脂肪酸,若在烹调前设法将其除掉或缓解,便可去除或减轻羊肉膻味。

(1)萝卜:将白萝卜戳上几个洞,放入冷水中和羊肉同煮,滚开后将羊肉捞出即可。

(2)米醋:将羊肉切块放入水中,加点米醋,待煮沸后捞出羊肉,再继续烹调,可去除羊肉膻味。

(3)橘皮:炖羊肉时,在锅里放入几片干橘皮,煮沸一段时间后捞出弃之,再放入几片干橘皮继续烹煮,可去除羊肉膻味。

(4)核桃:选上几个质好的核桃,将其打破,放入锅中与羊肉同煮,可去膻。

(5)山楂:山楂与羊肉同煮,除膻效果甚佳。

(6)大蒜:每 500 克羊肉加入蒜头 25 克,同时入锅炒数分钟,然后加水炖。

32. 选购牛羊肉时有哪些注意事项?

(1)为防止买到病死的牛、羊肉,所以消费者应到正规的商店、超市去选购,不要购买私屠滥宰的牛、羊肉。

(2)选购时,先要注意查看卫生防疫标志,再看肉体有无光泽,红色是否均匀,脂肪的色泽和质地是否正常和有无异味等。

(3)识别注水肉除了用眼睛观察肉质外,还可用指压法来判断。鲜肉弹性强,经指压后凹陷能很快恢复;注水肉弹性较差,指压后不但恢复较慢,而且能见到液体从切面流出。

(4)选择销售环境整洁卫生、井然有序,最好是在具备冰箱、冰柜等制冷设备的地方购买。

(5)购买熟肉制品时,要仔细查看标签(品名、厂名、厂址、生产日期、保质期、执行的产品标准、配料表和净含量等各种标志),而且要尽可能选择透明性的包装。

33. 吃羊肉时有哪些禁忌？

羊肉性温热，常吃容易上火。因此，吃羊肉时宜搭配凉性和甘平性的蔬菜，以起到清凉、去火的作用。如羊肉和豆腐就是最佳搭配，它不仅能补充多种微量元素，其中的石膏还能起到清热泻火、除烦、止渴的作用。另外，羊肉和萝卜也是一对美味搭档，它能充分发挥萝卜性凉，可消积滞、化痰热的作用。凉性蔬菜一般有冬瓜、丝瓜、油菜、菠菜、白菜、金针菇、蘑菇、莲藕、茭白、笋、菜心等。烹调羊肉的时候，调料的搭配作用也不可忽视。最好放点不去皮的生姜，因为姜皮辛凉，有散火除热、止痛祛风湿的作用，与羊肉同食还能去掉膻味，应少用辣椒、胡椒、丁香、小茴香等辛温燥热的调味品；放点莲子心，可以起到清心泻火的作用。羊肉甘温大热，过多食用会促使一些病灶发展，加重病情；大量食入蛋白质和脂肪后，如肝脏有病不能全部有效地完成分解、吸收等代谢，并会使其负担加重，故肝炎病人忌吃羊肉。此外，传统中医还认为，羊肉不可与醋、西瓜、茶、南瓜等食物一起食用。

34. 驴肉有哪些营养价值？

民间素有“天上龙肉，地上驴肉”的说法。驴肉中蛋白质的含量比牛肉、猪肉高，而脂肪含量比牛肉、猪肉低，是典型的高蛋白质低脂肪食物。另外，驴肉中还含有动物胶、骨胶朊和钙、硫等成分。驴肉具有补气血、益脏腑等功能，对于积年劳损、久病初愈、气血亏虚、短气乏力、食欲不振者皆为补益食疗佳品。一般来讲，肉驴中以黑驴肉吃起来口感最佳。一般人都可食用，身体瘦弱者更宜。驴肉虽有补血益气的作用，但根据前人经验，怀孕妇女应当忌食驴肉。驴肉多作为酱菜、卤菜凉拌食用。驴肉不能与荆芥、猪肉同煮食。平素脾胃虚寒、有慢性肠炎、腹泻者忌食驴肉。

35. 吃狗肉时有哪些注意事项?

狗肉营养丰富,含有蛋白质、脂肪及多种维生素等多种营养成分,在东北朝鲜族居住区,人们特别爱吃狗肉。体质虚弱、患腰痛及关节炎的人在冬天多吃些狗肉能增加热量,可增强御寒能力。但是,狗常吃被污染的杂食、动物、人畜粪便,有的狗还带有狂犬病或旋毛虫病。人若食用这样的狗肉,就会损伤身体,甚至丧失劳动能力。因此,在吃狗肉时要做到以下几点:①不吃疯狗、死狗的肉。②狗肉必须煮透烧熟。③做狗肉前,要把狗肉放在盐水中浸一下,除去附着的污物和土腥味。

36. 为什么心脑血管病患者忌吃狗肉?

狗肉是营养丰富的食品,而且别具风味,但并非适宜所有人食用,如心脑血管疾病患者就不可食用狗肉。这是因为心脑血管疾病患者一般均伴有动脉硬化、高血压等症状,狗肉性热,滋补功效强,食后会使血压升高,甚至导致脑血管破裂出血,进而危及生命。

37. 兔肉有哪些营养价值?

兔肉质地细嫩,味道鲜美,营养丰富,其中瘦肉占95%以上,有"荤中之素"的说法。兔肉质地细嫩,结缔组织和纤维少,比猪肉、牛肉、羊肉等肉类容易消化吸收,特别适合老年人食用。兔肉中富含大脑和其他器官发育不可缺少的卵磷脂,有健脑益智的功效,是儿童、少年、青年大脑和其他器官发育不可缺少的物质。同时,对于高血压患者来说,常吃兔肉还可以阻止血栓的形成,并且对血管壁有明显的保护作用,故兔肉又叫"保健肉"。兔肉和其他食物一起烹调,会融入其他食物的滋味,所以又有"百味肉"的说法。兔肉兼有动物性食品和植物性食品的优点,经常食用,既能增强体质,使肌肉丰满健壮、抗衰老,又不至于使身体发胖,而且它还能保护皮肤细胞活性、维护皮肤弹性,所以深受人们尤其是青年女性的青睐,被称为"美容肉"。传统中医认为，兔肉性凉，有滋阴凉血、益气润肤、解毒祛热的功效。

38. 为什么不宜用绞肉机铰肉馅？

有的家庭备有绞肉机，包饺子、做包子、吃馅饼时，为了省事，就用绞肉机将肉绞碎做肉馅用，或者有的到食品店购买绞肉机绞碎的肉馅用。这样虽然省事，节省时间，但是从营养学的角度来看，却是不科学的。这是因为肉在绞肉机中被强力撕拉、挤压，很多肌肉细胞被破坏碎裂，使细胞内的蛋白质和氨基酸大量流失，所以这种肉馅鲜味会降低，营养会流失。手工刀切时，肌肉纤维被刀刃反复切割剁碎，肌肉细胞受到破坏程度较小，其肉汁流散损失比用绞肉机少，味道和营养得到一定保证。因此，吃肉馅还是用刀剁馅为宜。

39. 为什么不宜用肉摊上的绞肉机绞肉？

家里做菜要用到肉馅时，有的人图省事，就在肉摊上买了肉，让商家用绞肉机现场加工。然而，这种做法存在着一定的卫生隐患。首先，一些摊点周围没有洁净水源，商家会重复使用一盆水来清洗待加工的肉品，有的甚至直接将肉放入绞肉机，这样，黏附在肉表面的灰尘，以及刀具、砧板上附着的不洁物和致病菌，就会随之带入肉馅中。其次，每次绞肉后，多少都会有一部分肉屑存留在绞肉机内，在下次绞肉时会被带入新肉中。由于每次绞肉的时间间隔不固定，肉屑存留在绞肉机内的时间长短不一，如果肉屑长时间存留，一些致病菌等微生物在适宜温度下很容易生长繁殖，甚至会产生毒素。如果加工者不能做到每日收工后彻底清洗绞肉机，那么更容易污染肉馅。再者，加工者需要不定期地给绞肉机加入少量润滑油，但大多数情况下会使用不能食用的机械润滑油。如果添加时操作不当，或绞肉机老化，都可能会有微量润滑油混入肉馅。上述情况，均会使肉馅受到不同程度的生物性危害（致病菌）及化学性危害（致病菌毒素或润滑油）的污染。致病菌在加热不彻底的情况下会残留在食物中，导致消费者出现胃肠道不适症状，甚至食物中毒。因此，不宜用肉摊上的绞肉机绞肉。

40. 肥肉对人体健康有哪些益处？

肥肉中含有大量的动物脂肪。有些人担心吃肥肉会引发高血压、高血脂、冠心病、动脉硬化等心脑血管疾病，因此对肥肉避而远之。特别是一些年轻女性，害怕吃肥肉会使身体发胖，而且嫌肥肉太过油腻，所以向来不吃肥肉。

脂肪是人体的重要组成部分，对维持人体生理功能具有重要作用。例如，脂肪是人体热能的重要来源，正常人每天需要摄入 30～40 克脂肪才能满足身体的需要，而对于体力劳动者来说，对脂肪的需求量将会提高。动物脂肪中含有一种叫高密度脂蛋白（HDL-胆固醇）的物质，它非但不会引发动脉粥状硬化，反而可预防心血管疾病。而且，人体所必需的一些维生素，如维生素 A、维生素 D、维生素 E 和维生素 K 等，只有溶解在脂肪中才能被人体吸收。另外，大脑发育所必不可少的脑磷脂和卵磷脂，也只有通过摄入脂肪才能获取。如果婴幼儿时期脂肪摄入量不足，将会影响大脑和整个身体的生长发育。最后，血中胆固醇含量过低，还可能诱发某些癌症。

总之，在日常的膳食中应适当吃一些肥肉，以获取必需的营养物质，这样有利于身体健康。

41. 为什么胆囊炎患者忌吃肥肉等油腻食物？

胆囊是贮存胆汁的器官。健康人食用肥肉等油腻食物后，先在胃里初步消化，然后进入小肠，在胆汁的作用下，使脂肪乳化、水解，进而被人体吸收。由于胆囊炎患者的胆管内壁经常充血水肿，再加上胆囊炎患者还多伴有胆石症，胆道常被堵塞，胆汁排不出去。肥肉等油腻食物可以促进缩囊素的产生，从而增加胆囊收缩的次数，造成胆囊内压力升高，使胆囊扩张，致使病人疼痛加剧。所以，胆囊炎患者忌吃肥肉。

42. 为什么关节炎患者忌吃肥肉？

关节炎是一种常见病、多发病，属于中医的痹证范畴。此病发作，导致关节疼痛。肥肉容易影响脾胃的消化功能而生湿，中医称为阴湿，可加重脾胃的病症。

有人曾做过试验，让16名关节炎患者每天尽情吃肥肉和其他高脂肪食品，结果病情显著加重；然后停止他们吃这些东西，病情明显好转；之后又让他们继续吃肥肉等高脂肪食物，病情再度重复加重。这是因为脂肪在体内消化过程中，会产生一种叫酮体的物质，酮体对关节有刺激作用。进食的脂肪越多，体内产生的酮体也越多，对关节的刺激也就越重，病情就越严重。因此，关节炎患者对肥肉等高脂肪油腻食物要戒口，尽量少吃或不食，同时多吃蔬菜、水果等清淡类食物，以免使病情恶化。

43. 为什么风湿病患者应少吃猪牛羊肉？

这是因为，猪、牛、羊肉等动物脂肪中含有大量容易引起关节发炎的物质，过多进食富含动物脂肪的食物会加重患者病情。所以，猪肉、牛肉、羊肉等红肉以及香肠等食品每周最多吃1～2次。鸡蛋和动物内脏也是风湿患者慎食的食品。低脂牛奶、奶制品和鱼肉是风湿患者的理想食品，尤其是鱼肉可以缓解风湿病患者由于关节肿胀带来的疼痛感。

44. 瘦肉都是低脂肪吗？

许多人都认为瘦肉中的脂肪含量低，多吃无妨。其实，这种认识是不全面的。瘦肉的脂肪含量比肥肉的脂肪含量低，这是毫无疑问的，但绝不能笼统地认为瘦肉都是低脂肪的。要确定瘦肉中的脂肪含量，首先要看是什么动物的肉。一般来讲，兔瘦肉中的脂肪含量是所有动物肉中最低的，只有0.5%～2%；鸡瘦肉（不带皮）的脂肪含量也比较低；牛瘦肉的脂肪含量一般在10%以下；羊瘦肉中的脂肪含量为 10%～15%；而猪瘦肉的脂肪含量最高，可达 25%～30%。总体来说，瘦肉不等于低脂肪，食用过量，体内脂肪的摄入量也会不断增高。另外，新的研究发现，过多吃瘦肉，同样会发生动脉硬化。医学家们发现，瘦肉中的蛋氨酸含量较高，而蛋氨酸是合成某些激素和保护表皮健康不可缺少的营养成分，蛋氨酸在人体内某些酶的催化作用下，可产生一种叫做同型半胱氨酸的物质。动物实验证明，同型半胱氨酸直接损害动脉内皮细胞，使血液中的胆固醇、甘油三酯等物质沉积并渗入动脉壁，形成典型的粥样动脉硬化斑。显然，吃瘦肉过多，蛋氨酸就会增多，同型半胱氨酸相应就会增加，引起动脉硬化的可能性就会加大。此外，大量进食瘦肉也会增加肝脏和肾脏的负担。因此，吃瘦肉要适可而止，尤其是肝、肾功能不好者更应注意。

45. 为什么不宜用自来水直接炖肉？

目前，我国居民大都用加氯消毒的自来水。若直接用这种自来水炖肉，水中的氯会破坏肉中的维生素 B_1 等营养成分，降低肉的营养价值，而且菜肴的味道也会受到一定影响。若用烧热或烧沸的水炖肉，不但会使肉块表面的蛋白质迅速凝固，而且水中的氯也大都挥发了，这样煮出的肉营养损失少，味道也会更鲜美。同样道理，也不宜用这种自来水来煮饭。

46. 为什么炖肉不宜一直用旺火？

一直用旺火炖出的肉，无论从营养价值还是口感上，都是不能让人满意的。因为用旺火炖肉时，火力大，肉受温高，其中的香味物质就会过早挥发。其次，一直用大火炖肉，肉中的蛋白质和脂肪成分在凝固后继续受热就会老化。另外，大火猛炖时肉中的氮类物质不易释放，也会使肌纤维不易煮烂，所以长时间旺火炖出的肉，吃起来会感觉有些硬。炖肉的正确方法是焯后用热水下肉，用大火尽快把水烧开，然后改用文火慢炖。

47. 熬肉汤应注意哪些事项?

(1)宜用砂锅:熬汤时,砂锅能均衡而持久地把外界热能传递给里面的原料,而相对平衡的环境温度,又有利于水分子与食物的相对渗透,这种相互渗透的时间越长,鲜香成分逸出得越多,熬出的汤滋味就越鲜醇,原料的质地就越酥烂。

(2)火候适当:熬汤的要诀是:旺火烧沸,小火慢煨。这样才能让原料内的蛋白质浸出物等鲜香物质尽可能地溶解出来,使熬出的汤更加鲜醇味美。只有文火才能使营养物质溶出得更多,而且汤色清澈,味道浓醇。

(3)合理添水:水温的变化、用水量的多少,对汤的营养和风味有着直接的影响。用水量一般是熬汤的主要食品重量的 3 倍,而且要使食品与冷水共同受热。熬汤不宜用热水,如果一开始就往锅里倒热水或者开水,肉的表面突然受到高温,外层蛋白质就会马上凝固,使里层蛋白质不能充分溶解到汤里。此外,如果熬汤的中途添加凉水,会使肉中的蛋白质不能充分溶解到汤里,汤的味道就不够鲜美,而且汤色也不够清澈。另外,还需注意,不宜使用未经处理的自来水,因其中含有氯。

(4)时间适中:汤里的主要成分是蛋白质,如果炖得时间过长,加热温度过高,蛋白质就会发生热解变性,会使其中的营养成分遭到破坏,不能达到最佳的进补效果,同时还会使蛋白质分解为其他成分,有些成分可能再发生一系列变化,生成对人体有害的物质甚至是致癌物质。所以,炖汤时间不能过久。一般来说,煲汤猪肉蹄膀 90 分钟,煲鸡肉 60 分钟,煲鱼肉 60 分钟。

此外,还要注意,煲鸡、鸭、排骨等肉类汤时,需先将肉在开水中氽一下,这样不仅可以除去血水,保证汤味道醇正,并可去除一部分脂肪,避免过于肥腻。

不适宜加碱的食物还有米、面、各种豆类、蔬菜。用玉米面煲粥或蒸馒头时,应适量加入碱,它能使玉米中对人体健康有益的维生素 B_3 大量释放出来。

48. 喝骨头汤可以补钙吗?

很多人认为喝骨头汤能补钙,对骨骼生长有好处。其实这是一种认识误区,并没有科学根据,实际上喝骨头汤的补钙效果并不好。有研究显示,1 千克骨头熬 2 小时后,汤中的钙含量仅有 20 毫克,这与人每天所需的 1 000 毫克钙摄入量相差甚远。而且,骨头汤中的脂肪含量比较高,长期食用容易引发肥胖。牛奶、豆浆及各种豆制品中的钙含量最为丰富,日常饮食中多食用这些食物对补钙有好处。

49. 为什么宜用冷水炖骨头汤?

骨头汤味道鲜美,无论对老人还是处在发育期的儿童及孕产妇,都很有益处。这是因为骨头汤中含有大量的蛋白质和脂肪等营养成分。但是,有一点需要注意,就是在炖骨头汤时,应用冷水下锅煮,使其逐渐升温,待煮沸后再用小火继续炖煮。这样,骨头中的蛋白质和脂肪等营养物质才能被充分溶解出来。另外,还须谨记,在炖骨头汤的过程中不能向其中添加冷水,否则会使汤的温度骤然降低,骨头表面的空隙会急骤收缩,骨髓中的蛋白质和脂肪等成分不能被充分溶解出来,汤的味道也必然大为逊色。因此,为保证骨头汤的营养和口味,应一次加足冷水,即使在中间过程中需要加水,也应添加热水。同样道理,在炖肉时也不宜在中间过程中添加冷水。

50. 为什么骨头汤不宜久煮?

不少人有喝汤的习惯,而且很多人认为熬汤的时间长一些,味道会更好,营养会更丰富,对滋补身体更有效。其实不然,动物骨骼中所含的钙质是不易分解的,不论多高的温度,也不能将骨骼中的钙质溶化,反而会破坏骨头中的蛋白质。另外,骨头上总会带些肉,故熬出来的汤中脂肪含量很高。因此,熬骨头汤的时间太长不但无益反而有害。正确的熬骨头汤方法是,用压力锅熬至骨头酥软即可。这样,熬的时间不会过长,汤中的维生素等营养成分仅损失一部分,骨髓中所含的钙、磷等也易被人体吸收。

51. 为什么炖骨头汤不宜加醋？

很多人认为，炖骨头汤时加点醋，有利于骨头中钙、磷、铁等矿物质的逸出，尤其是钙离子的逸出更多，可在喝骨头汤时摄入更多的钙。事实上，这种做法并无科学依据，其结果往往事与愿违。在炖骨头汤时不加醋，逸出的各种矿物质元素都是以有机络合物形式存在；若加醋，则尽管可使骨头中的矿物质元素逸出量略有增加，但所逸出的大部分元素在酸性环境中将转变为无机离子的形式，而机体对无机离子形式的矿物质元素的吸收利用率大大降低。据有关科学实验证明，矿物质元素的有机络合物的吸收率要比无机离子大 3～4 倍。所以，在炖骨头汤时不宜加醋。

52. 为什么肉在油炸时宜挂糊上浆？

食物在经过油炸之后，维生素残剩无几，不利于人体从饮食中获取充足的维生素。当油温为 163℃时炸牛肉，维生素 B_1 损失约为 40%。如果喜欢吃油炸的食物，可以在食物外面挂糊或上浆后炸，这样可以起到保护膜的作用，减少肉中维生素的损失。而且，用这种方式炸出来的食物，还会保持原料中的蛋白质和鲜味，也就解决了补充维生素和享受油炸美食的两难问题。

53. 为什么烹饪肉时不宜放碱？

有些人喜欢在烹饪肉的时候加进一些碱，觉得这样做肉容易熟烂。碱的确具有使食物膨化易烂的作用，但是也并不适用于所有食物。此外，碱对人体有一定的伤害作用，不宜过多摄入，大部分的食品中都不提倡用碱。肉中的蛋白质是由氨基酸组成的高分子化合物，这些分子中含有氨基酸和羟基，当加入碱时，肉中的氨基酸就会与碱发生反应，使蛋白质因沉淀变性而失去营养价值。同时，脂肪也会发生水解，利用率降低。另外，肉中的维生素 B_1、维生素 B_2 和烟酸及钙、磷等矿物质，也会因碱的作用，使人体对其吸收和利用减少。即使锅内温度不高时，碱对这些营养物质的破坏作用也是相当大的。因此，烹饪肉时放碱，从营养学角度来讲，是不可取的。

54. 为什么家畜的甲状腺不能食用？

甲状腺是一种内分泌腺体，位于家畜胸腔入口处的正前方，与气管的腹侧面相连，为成对器官。牛、羊、猪等家畜的甲状腺重量不等，但一般都在3克以上。甲状腺所含的主要成分是甲状腺素和三碘甲状腺氨酸，理化性质稳定，一般蒸煮不易破坏，需要加热至600℃时才能被破坏。人食用后会造成体内甲状腺激素增加，从而干扰人体正常的内分泌功能，出现类似甲状腺功能亢进的一系列症状，如头晕、头痛、面红、心悸、口干等，重者还会出现恶心、呕吐、腹痛、腹泻，甚至出现高热、神昏、心绞痛等。人体食用1.8～3克的甲状腺就会发生中毒。任何一种家畜的甲状腺都大大超过了中毒量。因此，家畜宰杀时必须将甲状腺摘除后再上市销售。消费者在购买时，也要注意辨别，防止因误食而造成中毒。

55. 公鸡、母鸡的食疗功效有哪些不同？

鸡肉不仅味道鲜美，而且营养丰富，被誉为“能量之源”。它更是凭借其高蛋白质、低脂肪的特点赢得人们的青睐，成为病后体虚患者的首选补品。然而，消费者在选择鸡肉时往往比较注重鸡的品种及新鲜程度，对于鸡的雌、雄却不太关心。

其实，公鸡和母鸡的肉虽然都具有上述特点，但其食疗功效还是有所不同的。中医认为，鸡肉虽然都具有温中益气、补精填髓、益五脏、补虚损的功效，但在选择时还是应注意雌、雄有别：公鸡肉属阳，温补作用较强，比较适合阳虚气弱患者食用，对于肾阳不足所致的小便频密、耳聋、精少精冷等症有很好的辅助疗效。母鸡肉属阴，可用于脾胃气虚引起的乏力、胃脘隐痛、产后乳少以及头晕患者的调补，特别适合阴血虚患者如产妇、年老体弱及久病体虚者食用。从祛风补气补血的功效来看，母鸡愈老，功效越好。因为老母鸡肉多，钙质多，用文火熬汤，适宜贫血患者及孕妇、产妇和消化力弱的人补养。

除了做菜外，鸡肉还可以制成多种药膳，消费者可以根据需要合理选择。

56. 鸡肉有哪些营养价值？

鸡肉中蛋白质的含量比例较高，种类多，而且消化率高，很容易被人体吸收利用，有增强体力、强壮身体的作用。鸡肉含有对人体生长发育有重要作用的磷脂类物质，是中国人膳食结构中脂肪和磷脂的重要来源之一。鸡肉对营养不良、畏寒怕冷、乏力疲劳、月经不调、贫血、虚弱等有很好的食疗作用。我国传统医学认为，鸡肉味甘性温，有温中益气、补虚固精、健脾胃、活血脉、强筋骨的功效，一般人群均可食用，尤其适合于老人、病人、体弱者。每餐 100 克为宜。

57. 怎样去除鸡肉的腥味？

刚宰杀的鸡有一股腥味，如果将宰杀好的鸡放入盐、胡椒和啤酒的混合液体中浸 1 小时，烹制时就没有腥味了。另外，刚从市场上买来的冻鸡，会有一些从冷库里带出来的怪味。只要在烧煮前，先用姜汁浸 3～5 分钟，就能起到返鲜作用，怪味即除。

58. 为什么孕妇不宜常吃黄芪炖鸡？

黄芪是一味具有补肺益气功效的中药，同鸡一起炖食，不但味美，而且补益作用更好，适用于体虚表弱者补养身体。不过一些孕妇为了增加营养，也经常食用黄芪炖鸡，这是不科学的。

常吃黄芪炖鸡对孕妇健康不利，而且容易造成难产。首先，黄芪益气，有升提、固涩之功效，经常服用会干扰晚期胎儿的正常下降。其次，黄芪本身有“气壮筋骨、长肉补血”的作用，再加之鸡肉又是高蛋白质的食品，两者协同滋补，会使胎儿的筋骨发育过早，从而容易造成难产。再次，黄芪又有利尿作用，能促进产妇排尿，这就会使羊水相对减少，从而导致产程的延长，也容易导致难产，给孕妇带来痛苦，且有可能损伤胎儿。

因此，为了自己和宝宝的健康，孕妇不宜常吃黄芪炖鸡。

59. 怎样判断烧鸡是否由病死鸡加工成的？

通常来讲，很多病死鸡死亡原因不明。虽然经过高温加工后，几乎可以杀死鸡体内的全部病原微生物，但对于一些耐热的毒素或由于药物过量所导致死亡的情况，则很难通过高温变得安全，特别是一些死后已经变质的鸡，吃后对人的危害更大。因此，病死的鸡，尤其是死因不明的鸡，绝对不能食用。一般来说，可以通过以下几种方法进行辨别。

（1）看眼睛：如果烧鸡的眼睛是半睁半闭的，且眼球明亮，则说明是健康鸡做成的；如果眼睛是闭着的，同时眼眶下陷，则说明是病死鸡做成的。

（2）看肉色：挑开烧鸡外皮，如果肌肉呈白色，则说明是健康鸡做的；如果肉色呈紫色，则说明是病死鸡做成的（因为病死鸡未经过放血）。

（3）闻气味：由健康鸡所做成的烧鸡，其气味清香，无异味；而由病死鸡做成的烧鸡则具有一定的腥味。

（4）看鸡冠：健康鸡做成的烧鸡，鸡冠湿润，血红匀细、清晰；反之，则为病死鸡做成的。

60. 鸡血有哪些营养价值？

鸡血中含铁量较高，而且以血红素铁的形式存在，容易被人体吸收利用，具有补血养血之功效。同时，由于鸡血中含有微量元素钴，故对恶性贫血也有一定的防治作用。鸡血还能为人体提供优质蛋白质和多种微量元素，对营养不良、肾脏疾患、心血管疾病和病后的调养都有益处。鸡血中还含有凝血酶，凝血酶能使血溶胶状态纤维蛋白质迅速生成不溶性纤维蛋白，使血液凝固，因此有止血作用。近年的研究表明，鸡血对支气管炎、功能性子宫出血、溃疡病和慢性肝炎等也有一定疗效。此外，鸡血还具有利肠通便的作用，可清除肠腔的沉渣浊垢，对尘埃及金属微粒等有害物质具有一定的净化作用，可避免积累性中毒。因此，它被誉为人体的“清道夫”。在日本和欧美许多国家的食品市场上出现的以动物血为原料的香肠、点心等，都很受消费者的青睐。在国内，人们喜欢用血豆腐制作菜肴，并称之为“液体肉”。一般人均可食用，尤其适合于贫血患者、老人、妇女和从事粉尘、纺织、环卫、采掘等工作的人，但高胆固醇血症、肝病、高血压和冠心病患者应少食。烹调时，应配有葱、姜、辣椒等佐料。

61. 哪些人不宜喝鸡汤？

(1)高胆固醇者：血液中胆固醇含量较高的病人，多喝鸡汤，会促使血胆固醇的进一步升高，使其在血管内膜沉积，引起动脉硬化、冠状动脉粥样硬化等疾病。

(2)高血压患者：经常喝鸡汤，除可引起动脉硬化外，还会使血压持续升高，难以下降。而长期高血压，又可引起心脏的继发性病变，如心肌肥厚、心脏增大等高血压性心脏病。

(3)肾脏功能较差者：患有急性肾炎、急慢性肾功能不全或尿毒症的患者，由于其肾脏功能较差，肾脏对鸡汤内含有的一些小分子蛋白质分解产物不能及时处理，如多喝鸡汤就会引起高氮质血症，从而进一步加重病情。

(4)胃酸过多者：鸡汤有较明显的刺激胃酸分泌的作用，所以患有胃溃疡、胃酸多或近阶段有胃出血病史的人，一般也不宜多喝鸡汤。

(5)胆道疾病患者：胆囊炎和胆石症经常发作者，不宜多喝。因为鸡汤内脂肪的消化需要胆汁的参与，喝后会刺激胆囊收缩，从而加重病情。

62. 为什么产妇不宜喝老母鸡汤？

民间有为产妇用老母鸡炖汤喝的说法，认为它的营养价值比较高。其实，老母鸡由于含有较多的鸡油，因此用来煲汤的话，汤的味道会更加鲜美一点，但是这并不代表其营养价值更高，反而会因为脂肪含量过高而影响人体健康。老母鸡汤之所以受到很多人的推崇，主要是从中医上来说，母鸡的肉属阴，比较适合产妇、年老体弱及久病体虚者食用。而老母鸡由于饲养时间长，鸡肉中所含的鲜味物质和脂肪要比仔鸡多，这是使鸡汤味道更鲜美的主要原因。事实上，从营养上来说，仔鸡肉中的营养成分要比老母鸡高得多。首先，仔鸡的肉里含蛋白质较多，而老母鸡肉中蛋白质含量较少。其次，老母鸡与仔鸡相比，其肌肉纤维和结缔组织老化，尽管汤味鲜美，但是肉质却粗糙，也不易煮烂，口感不好，其中的营养也不容易被人体吸收。

针对喝老母鸡汤有利于产妇滋补的说法，最近也有研究表明，刚刚生产的妇女不宜喝老母鸡汤。这主要是因为母鸡体内含有较多雌激素（母鸡越老，其体内雌激素的含量相对来讲就越高），被产妇吸收后会抑制催乳素的分泌，从而造成产妇乳汁不足，甚至无奶。因此，产妇滋补时完全没有必要迷信老母鸡炖汤的作用。

另外，也有观点认为多喝鸡汤有害健康。这是因为经过了长期的煲汤过程，鸡汤里含有从鸡油、鸡皮、肉与骨中溶解出来的水溶性小分子物质以及脂肪，并且嘌呤的含量也很大。客观上来说，营养价值并不高。多喝鸡汤，其实质就是摄取更多的动物性脂肪和嘌呤的过程，尤其是对心血管疾病和痛风病患者来说，饮用大量的鸡汤对身体是很不利的。在炖鸡汤时，鸡肉已经被炖得很烂，容易消化也利于营养被吸收。因此，要想获得丰富的营养，还是应该多吃汤里的鸡肉，适当喝一些汤当作调味，这才是科学有效的滋补。

63. 婴儿腹泻时可以喝鸡汤吗？

婴儿腹泻时，有的父母为了给孩子补充营养，会熬鸡汤给孩子喝。殊不知，这是一个误区。尽管鸡汤作为一种营养食品，对人体有一定的补益作用，但是有研究表明，在腹泻时喝鸡汤，容易引发高钠血症。鸡汤进入人体后，蛋白质的合成量就会显著增多，而人体每合成1克的蛋白质就需要0.45毫克的钾的支持，由于钾不断进入细胞组织，人体为维持平衡，就会同时使大量的钠进入细胞组织，因为腹泻，人体本来就缺水，钠的大量进入，势必会造成体液高渗，从而导致高钠血症。而对于体质较弱的婴儿，高钠血症更为易发，对健康的危害也更大。

64. 鸭肉有哪些营养价值？

鸭肉的营养价值较高，其中蛋白质含量16%～20%，比猪肉(13.3%)高，而脂肪含量(19.7%)比猪肉(37%)低。鸭肉是含B族维生素和维生素E比较多的肉类，且钾、铁、铜、锌等元素也都较为丰富。鸭肉味甘、咸、性凉，具有滋阴养胃、利水消肿的作用，适用于小便不利、遗精、月经不调等，特别适宜夏秋季节食用，既能补充过度消耗的营养，又可祛除暑热给人体带来的不适。在各个品种鸭中，乌骨鸭的药用价值较大，结核病患者食用，可以减轻潮热、咳嗽等症。老母鸭能补虚滋阴，对久病体虚者或虚劳吐血者均有补益作用。此外，鸭血具有补血、清热解毒之功效，而鸭蛋也具有滋阴补虚、清热润燥之功效。烹制前，一定要把鸭尾两侧的臊豆(腔上囊)去掉。另外，尽量用酱、卤的方法烹制，煮、炖都不易去掉鸭腥味。

65. 老鸡老鸭怎样炖得快？

(1)在煮鸡的汤里，放入黄豆一两把，与老鸡同煮。

(2)老鸡宰杀前，先灌一汤匙醋，然后再杀，烹饪时用慢火炖煮。

(3)在炖老鸡的汤里，放几粒凤仙花籽，或三四个山楂。

(4)将几只螺蛳一同入锅与老鸭烹煮。

66. 鸡鸭鱼头能吃吗？

俗话说："舍猪舍牛，不舍鸡头。"不少人把鸡头、鸭头等当成美味。可是还有一句民谚——"十年鸡头赛砒霜"。

从营养学上看，鸡头、鸭头并不含有比其他部位更好的营养成分，而鸡脑、鸭脑的脑髓里面含有更多的胆固醇。其次，鸡在啄食过程中会吃进不少含有害重金属的物质，而这些重金属物质主要就储存在鸡的脑组织中，鸡的年龄越大，储存量就越多，毒性也就越强，这也就是"十年鸡头赛砒霜"的来历。食用者在享受鸡头美味的同时，也摄入了重金属等毒性物质，如果食用过多，就可能会引起中毒反应。所以，老龄鸡头不宜食用。在烹饪前应先将鸡头去掉，以免其中的毒素浸入鸡肉和鸡汤中。鸭头、鹅头等也不宜食用，其道理相同。当然，现在养殖的鸡、鸭没有年头很久的，但吃头的时候还是谨慎为好。

那么鱼头呢？现代科学研究发现，鱼体内有两种不饱和脂肪酸，即 DHA 和 EPA。这两种不饱和脂肪酸对清理和软化血管、降低血脂以及健脑、延缓衰老都非常有好处。DHA 和 EPA 在鱼油中的含量要高于鱼肉，而鱼油又相对集中在鱼头内。从这个意义上讲，多吃鱼头对人的健康的确有益。

在日常生活中，有的消费者对鱼头有特殊偏爱，喜食。正常情况下，鱼头内不会有毒素存在，吃鱼头是安全的。但是，由于近些年生态环境的不断恶化，导致水源污染加剧，使有毒有害物质侵入鱼体，尤其是肉食或杂食鱼类处在水体食物链的最上端，使这些有毒有害物质在鱼体内大量蓄积。因为鱼头部血管丰富，所以是残留这些有毒有害物质的密集部位。另外，有些不法养殖者和商贩，在饲料里添加化学物质，更加重了鱼体内的有毒有害物质的蓄积。人在食用了这样的鱼头后，就会对人体造成毒害作用，危害人体健康。若是长期食用，就会发生各种疾病，甚至会导致死亡。所以，鱼头不宜常吃、多吃，用餐时最好还是多吃鱼肉。同时，为保证食用安全，消费者应尽量从正规的、有监管的集贸市场购买鲜鱼和其他水产品。

综上所述，鸡鸭鱼头不宜多吃。

67. 鹅产品有哪些营养价值和功效？

鹅肉含有人体生长发育所必需的各种氨基酸，其组成成分接近人体所需氨基酸的比例，化学结构很接近橄榄油，对心脏健康有益。从生物学价值上来看，鹅肉是全价优质蛋白质，并富含钾、钠等十多种矿物质元素，对人体健康十分有利，是理想的高蛋白质、低脂肪、低胆固醇的营养健康食品。中医认为，鹅肉具有养胃止渴、解五脏之热、补阴益气、暖胃开津和缓解铅毒之功效。2002 年，联合国粮农组织将鹅肉列为 21 世纪重点发展的绿色食品之一。鹅肥肝营养丰富，鲜嫩味美，被公认为是世界三大美味之一。鹅头、鹅翅、鹅蹼、鹅舌、鹅肠、鹅肫也是餐桌上的美味佳肴。鹅脂肪质地柔软，熔点低，其中不饱和脂肪酸的含量高达66.3%，特别是亚麻酸含量高达4%，易被人体消化吸收。鹅胆汁具有清热、止咳、消除痔疮之功效，且其中的脱氧胆酸是治疗人胆结石的主要原料。鹅血具有解毒、消坚、增强免疫、抗癌之功效，其中含有抗氧化、防衰老作用的SOD，医用价值高。

68. 烹饪时怎样处理鹅肠？

许多人喜欢吃鹅肠。但是，如果烹饪时处理鹅肠的方法不对，就会影响菜肴的正常味道。有些人习惯用盐将鹅肠搓擦，用清水冲洗后再烹饪，而此时鹅肠的脂肪和水分已去掉，这是菜肴变韧影响口感的原因之一。正确的处理方法是，将鹅肠放入清水中浸泡一段时间，使鹅肠吸水而膨胀，用小刀将污秽刮去，洗净，多余脂肪可除去。鹅肠洗净后，切短、沥干，先将配料炒熟，然后再将鹅肠入锅，迅速炒匀，立即勾芡。这样，炒成的鹅肠就美味可口了。

69. 鸽肉有哪些营养价值？

鸽子，又名白凤，肉质细嫩，肉味鲜美，营养丰富，还有一定的辅助医疗作用。著名的中成药乌鸡白凤丸，就是用乌骨鸡和鸽子为原料制成的。古话说“一鸽胜九鸡”，鸽子营养价值较高，对老年人、体虚病弱者、手术病人、孕妇及儿童非常适合。鸽肉的蛋白质含量在15%以上，鸽肉消化率可达97%。此外，鸽肉所含的钙、铁、铜等元素及维生素A、维生素E及B族维生素等比鸡、鱼、牛、羊肉的含量都高。鸽肝中含有疗效上佳的胆素，可帮助人体很好地利用胆固醇，防治动脉硬化。民间称鸽子为“甜血动物”，贫血的人食用后有助于恢复健康。乳鸽的骨内含有丰富的软骨素，可与鹿茸中的软骨素相媲美，经常食用，具有改善皮肤细胞活力、增强皮肤弹性、改善血液循环等功效。鸽肉中还含有丰富的泛酸，对脱发、白发和未老先衰等均有很好的疗效。中医认为，鸽肉易于消化，具有滋补益气、祛风解毒的功能，对病后体弱、血虚闭经、头晕神疲、记忆衰退有很好的补益治疗作用。通常以鸽子每次半只(80～100 克)、鸽蛋每天 2 个为宜。鸽肉适合多种烹调方法,尤以清蒸或煲汤为宜,这样能使营养成分保存得较为完好。

70. 鹌鹑肉有哪些营养价值?

俗话说:“要吃飞禽,鸽子鹌鹑。”鹌鹑肉味道鲜美,营养丰富,是典型的高蛋白质、低脂肪、低胆固醇食物,特别适合中老年人以及高血压、肥胖症患者食用。鹌鹑可与补药之王人参相媲美,誉为“动物人参”。医学界认为,鹌鹑肉适宜于营养不良、体虚乏力、贫血头晕、肾炎水肿、泻痢、高血压、肥胖症、动脉硬化症等患者食用。鹌鹑肉中所含丰富的卵磷脂,可生成溶血磷脂,有抑制血小板凝聚的作用,可阻止血栓形成,保护血管壁,阻止动脉硬化。鹌鹑肉中富含的卵磷脂和脑磷脂是高级神经活动不可缺少的营养物质,具有健脑作用。鹌鹑肉一般人都可食用,是老幼病弱者、高血压患者、肥胖症患者的上佳补品。

71. 选购禽肉时有哪些注意事项?

(1)健康活禽,应精神活泼,羽毛丰密而油润,眼睛有神、灵活,冠与肉髯色泽鲜红,冠挺直,肉髯柔软,两翅紧贴禽体,羽毛有光泽,爪壮而有力,行动自如;而病禽则委靡不振,羽毛蓬乱,两翅下垂,冠与肉髯多呈淡红色或发黑,用手触摸其胸肌和嗉囊,可感觉到膨胀有气体或积食发硬,行动无力,站立不稳。

(2)健康的禽类宰杀后,皮肤呈淡黄色或黄色,表面干燥,有光泽,且脂肪透明,质地坚实而富有弹性;病禽宰后,多表现为表皮粗糙、暗淡无光,甚至有青紫色的斑块。

(3)新鲜的冷冻禽肉,表皮油黄色,眼球有光泽,肛门紧缩;变质的冻禽肉,在解冻后,皮肤呈灰白色、紫黄色或暗黄色,触摸有滑腻感,且眼球浑浊或紧闭,有臭味。

另外,也可通过感官来判断其老嫩。如老禽的爪磨损光秃,脚掌皮厚而且发硬,脚趾间的凸出物较长;嫩禽的爪尖磨损不大,脚掌皮薄，无僵硬现象，脚趾间的凸出物也较小。

72. 可以爆炒畜禽肉吗？

很多人喜欢快火爆炒畜禽肉，认为这样做出的菜肴色泽和口感都很好。其实，这是一种不卫生、不科学的烹饪方法。畜禽肉尤其是动物内脏携带大量畜禽病毒、病菌。爆炒的时间一般都比较短，这样，病毒、病菌不易被杀死（畜禽肉中有的病毒、病菌要烧煮10分钟以上才能杀死），吃了这样的食物，极易发生人兽共患病。同时，这种方法烹制出来的菜肴中的营养成分也不利于人体消化、吸收。所以，畜禽肉还是烧熟、烧透吃才安全、科学。

73. 动物的哪些器官（部位）不能吃？

（1）禽臀尖，即鸡、鸭、鹅等禽类屁股上端长尾羽的部位，学名“腔上囊”，是淋巴腺体集中的部位，同时也是贮存细菌、病毒和致癌物质的“大仓库”。因为淋巴中的巨噬细胞具有很强的吞噬能力，能吞噬大量的细菌、病毒等有害物质。但是，巨噬细胞并不能将这些有害物质分解，而是暂时贮存在淋巴腺内。长期下去，禽臀尖里的有害物质就会越积越多，即使煮熟禽肉也不能将其破坏。如果大量食用禽臀尖，这些有害物质就可能进入人体，引发各种疾病。所以，禽臀尖不宜食用，烹饪禽肉时应将其割下扔掉，以免吃了感染疾病。

（2）畜三腺，是指猪、牛、羊等动物体上的甲状腺、肾上腺、病变淋巴腺，食用这些物质后会出现恶心、呕吐、心痛、腹泻等症状。

（3）猪血脖，是猪脖子下面颜色发红的部分，此部位含有较多的淋巴结，有害物质和病原微生物的含量较其他部位多。另外，猪脖子的肉疙瘩，即称为“肉枣”的东西，也不能吃。食用时，应将这些灰色、黄色或暗红色的肉疙瘩去除，因为它们含有很多细菌和病毒，若食用则易感染疾病。牛羊的血脖亦不能吃。

（4）羊悬筋，又称蹄白珠，一般为圆珠形、串粒状，是羊蹄内发生病变的一种组织。人若误食，会感染病毒而发病。

（5）蟹腮，俗称蟹棉絮，即蟹的呼吸器官，上面吸附着各种病菌和寄生虫，故不能食用。此外，蟹肠、蟹心和蟹胃也不能食用。

(6)淋巴结，是动物体的免疫器官之一，是阻止病原微生物及毒物向体内扩散的一道屏障。当食用动物发生恶性病变时，也是病变最明显的地方之一。淋巴结中含有的细菌、病毒、某些化学药物、代谢的毒性产物、变性的组织成分及异物等，都能使人患病。

(7)虾线，指虾身体背部的一道黑线，是虾的消化肠道，俗称"沙线"，里面有虾的消化残渣以及泥沙、病菌和寄生虫等，不能食用。烹饪前，把牙签插入虾背，轻轻一挑一拽，即可将虾线拽出来。如果是清水煮虾，也可在吃虾时用牙签剥离。

(8)禽肺脏，鸡、鸭等家禽的肺泡细胞具有很强的吞噬功能，能够吞噬吸入肺内的微小灰尘颗粒中含有的各种致病细菌等病原微生物。虽然有些病原微生物在进入家禽肺泡内可能会被中性粒细胞消灭，但肺泡中仍可能残留部分存活着的病原微生物。在烹饪过程中，通过加热虽然能够杀死部分病原微生物，但对有些嗜热病原微生物却不能完全被杀死或去除。这样的肺一旦被人食用，就有可能造成人体病变，危害人体健康。另外，鸡、鸭等家禽的肺营养价值较低，口感也较差。

74. 肉在烹调过程中会产生杂环胺吗?

杂环胺是食物中的蛋白质的热分解产物，具有较强的致癌、致突变作用。畜禽肉、鱼肉等含蛋白质丰富的食物在烧烤、煎炸，甚至煮食时都会产生大量的杂环胺。食物烹饪时间越长、烹饪温度越高，产生的致癌物越多。食物与明火或灼热金属表面接触会提高杂环胺类的生成量。所有的肉食，包括鸡肉和鱼肉在烧烤时都会产生大量的致癌物——杂环胺。

人体摄取的杂环胺越多，患癌症的几率就越高，尤其是乳腺癌和结肠癌。作为一种已知的诱变剂，杂环胺可直接与 DNA 交联而导致突变，进而引发癌症。

为了避免杂环胺类化合物的产生，应注意不要用过高的温度烹调食物，含蛋白质丰富的食物不应炸焦、烤煳。此外，因膳食纤维可吸附致癌物，新鲜蔬菜水果汁液可抑制杂环胺类的致癌性，所以在膳食中应获取充足的蔬菜、水果和富含膳食纤维的食物。

75. 鲜肉有哪些包装方式？

(1)托盘包装：托盘包装是超市冷柜中冷却肉最常用的销售形式，一般冷却肉在工厂经真空包装，到超市销售前再临时打开真空包装袋，切分后用泡沫聚苯乙烯托盘包装，上面用聚乙烯塑料膜覆盖。

(2)真空包装：真空包装是指除去包装内的空气，然后应用密封技术，使包装袋内的食品与外界隔绝。

(3)气调包装：气调包装是指在密封性能好的材料中装进食品，然后注入特殊的气体或气体混合物，再把包装密封，使其与外界隔绝，抑制微生物生长，抑制酶促腐败，从而达到延长货架期的目的。

76. 什么是冷却肉的货架期？

冷却肉的货架期，是指从冷却肉包装入库到产品感官或质量上不能被接受(色泽变褐、气味变劣和表面发黏等)的一段贮存期，这段时间包括产品在厂内冷库贮存时间、运输时间、超市货架摆放时间以及消费者购回家中的存放时间。冷却肉的质量因素应包括色泽、脂肪稳定性、微生物数量、保水性、组织结构、多汁性以及风味等。其中控制微生物生长、保存鲜红色泽的稳定、延缓脂肪的氧化是对延长冷却肉货架期最基本的要求。影响冷却肉货架期的因素很多，主要包括冷却肉最初污染的微生物种类和数量、冷却肉的贮存温度、包装材料的透气性、包装袋内的气体比例等。

77. 什么是冷冻肉？

冷冻肉是把宰后的肉先放入－30℃以下的冷库中冻结，然后在－18℃保藏的肉。采用低温冷冻法保存肉品，能够抑制微生物生长，保存肉品的风味、营养成分以及肉品原有的性状和新鲜度。但是，随着冷冻时间的延长，肉的营养成分会有所下降，而且做成菜肴的口感也会不尽如人意，所以保存时间越短越好，不要过长。一般来说，冷藏温度越低，贮藏时间越长。一般来说，在－18℃条件下，冷冻肉可保存 4 个月；在－30℃条件下，可保存 10 个月左右。过长时间的冷冻保存，也会导致肉品不能食用。有报道指出，肉的冷冻时间和冷冻次数，与其滋生致癌物质的浓度成正比。如果肉的某一处看起来发黄、发干，就说明其已经不新鲜，就不要购买。当肉从低温冷冻状态被解冻后，其细胞膜会因细胞质的增长而破裂，出现汁液及营养损失，如再次冷冻，会令肉品品质下降。日常生活中，可将肉在放入冰箱前先分割成若干小块。这样，既可吃多少取多少，避免造成肉的二次冷冻，同时也不用高温解冻。

78. 怎样化解冻肉？

有的人为了尽快给冻肉解冻，喜欢用水甚至是热水浸泡。其实，这种做法是错误的。用水浸泡解冻肉，在浸泡过程中肉中的蛋白质和水溶性维生素等营养物质会溶解在水中，造成营养成分流失；同时，浸泡后肉的纤维组织膨胀，含水分较多，不便于切配和烹饪；而且，还可能会使肉被水中的细菌污染。

如果将冻肉放在高温环境中解冻，如用微波炉高功率或蒸的方式，会使肉中的水分不能被细胞吸收而流失，导致质量下降；同时冻肉的表面还会结成硬膜，影响热量向肉的内部扩散，为细菌的繁殖创造有利条件，使肉品容易腐败变质；另外，高温条件下肉中常会生成一种称为丙醛的致癌物，对人体健康不利。

综上所述，化解冻肉的适宜方法是将其放在室内凉爽的地方或放置在冰箱冷藏室内，使其慢慢解冻。这样，细胞组织液慢慢融化后会逐渐地渗回到组织细胞内，以免营养成分的流失。

79. 肉在加工至半熟后冷冻好吗？

为了方便省事，许多人喜欢把一大块肉先加工至半熟，然后冷冻起来，要食用时再切取部分加工至全熟，认为这样既节省时间又可以在两次加工的过程中充分地杀菌消毒，一举两得。实际上，这种做法是不科学的。将肉第一次加工至半熟时，其实只是表面和耐热性差的细菌被杀死，而大量的细菌则存活了下来，并在冷冻后有的仍可以继续繁殖。在第二次加工中，可能由于时间短、不充分，而难以杀死所有的致病菌。这样二次加工处理过的肉制品，是很容易吃坏肚子的。因此，肉类不可加工至半熟后冷冻。

80. 熟肉制品有哪些？

熟肉制品，是指以猪、牛、羊、鸡、兔、狗等畜、禽肉为主要原料，经酱、卤、熏、烤、腌、蒸、煮等任何一种或多种加工方法而制成的可以直接食用的肉类加工制品，由于其营养丰富，食用方便，深受广大消费者青睐。

熟肉制品主要分为酱卤肉制品、熏烧烤肉制品、熏煮香肠火腿制品三类。

(1)酱卤肉制品又可分为白煮肉类、酱卤肉类和肉松、肉干类。白煮肉、酱卤肉类品种很多，形成许多地方特色产品，例如无锡酱排骨、南京盐水鸭、符离集烧鸡、德州扒鸡、上海白斩鸡、北京酱肘子等。肉松主要有太仓肉松和福州肉松两个品种。太仓肉松原产于江苏太仓，产品带有光泽、絮状。福州肉松是用猪瘦肉、红糟、白糖、酱油、熟油精制成的细丝状食品，食之酥甜脆，油而不腻。

(2)熏烧烤肉制品分为熏烤肉类、烧烤肉类和肉脯类。熏烤是利用燃料没有完全燃烧产品的烟气对肉制品进行加工，烧烤有明烤和暗烤之分，还有电烤和蒸汽烤的方法。典型产品有北京烤鸭、广东叉烧肉等。肉脯属于干制品，不经过煮制，直接烘烤干燥熟化。

(3)熏煮香肠火腿制品分熏煮香肠类和熏煮火腿类。熏煮香肠有红肠、烤肠、维也纳香肠和法兰克福香肠等，火腿肠也属于熏煮香肠。熏煮火腿是由西方传入我国，又叫西式火腿。目前，我国市场上销售的主要有方火腿和圆火腿，按肉块大小又可分为块肉火腿、碎肉火腿和肉糜火腿。

81. 选购肉制品时应注意哪些事项？

(1)尽量到一些信誉比较好的大商场、大超市购买，并选购知名品牌的产品,这些产品的生产企业规模大,质量控制严格,产品质量比较有保障。

(2)选购时,首先要选择有"QS"标志的产品,其次要注意看产品的标志、标注是否规范,注意看品名、厂名、厂址、生产日期、保质期、执行的产品标准、配料表、净含量等。

(3)酱、卤肉类制品,可靠感官判断其优劣。质量优良者,外观为完好的自然块,洁净,新鲜润泽,呈现肉制品应该有的自然色泽。例如,酱牛肉应为酱黄色;叉烧肉表面为红色,内切面为肉粉色,并具有产品应具有的肉香味,无异味。

(4)肠类制品外观应完好无缺,不破损,洁净无污垢,肠体丰满、干爽、有弹性,组织致密,具备该产品应有的香味,无异味。从色泽上看,经过熏制的肉制品一般为棕黄色,并具有烟熏香味。红肠为红曲色,小泥肠为乳白色或米黄色。

(5)对于包装的熟肉制品,要看其外包装是否完好,胀袋的产品不可食用。对于以尼龙或 PVDC 为肠衣的灌制品,例如市场上销售的西式火腿、肠类产品,在选购时,如发现有胀气或破损等现象,也不能选购。

(6)质量好的香肠,长短和粗细一致,肠衣干燥完整且紧贴肉馅,无黏液和霉点,有弹性,肠馅结实,切面肉馅有光泽,瘦肉鲜红,肥肉洁白或微带红色,用竹签插入香肠内,旋转一圈拔出后闻之,具有香肠固有的浓郁芳香风味。质量差的香肠,长短和粗细不一致,肉身松软,无弹性,指压凹痕不易恢复,肠衣湿润或发黏,易与肉馅分离,表面稍有霉点,质地发软而无韧性,瘦肉呈咖啡色或灰暗无光,肥肉发黄,肥肉有轻度酸败味或有其他异味,有时肉馅带有酸味。

(7)质量好的咸肉,其表面为红色,切面肉呈鲜红色,色泽均匀,无斑点,肥膘稍有淡黄色或白色,外表清洁,肌肉结实,肥膘较多,肉上无猪毛、霉菌和黏液等污物,气味正常,烹调后咸味适口;变质的咸肉,外表呈现灰色,瘦肉为暗红色或褐色,脂肪发黄、发黏,有霉斑或霉层,生虫并有哈喇味,有腐败或氨臭的气味,肉质失去弹性。

(8)质量良好的腊肉,刀工整齐,薄厚均匀,瘦肉坚实且有一定硬度、弹性和韧性,无杂质,清洁,每条长度 35 厘米左右,外观为金黄色并有色泽,瘦肉红润,肥膘淡黄色,无斑污点,有腊制品的特殊香味,蒸后鲜美爽口。如果腊肉有严重的哈喇味或者已经变色，则不能食用。

(9)腊肠是以猪肉为原料，加入食盐、白砂糖或酱油、酒等调味料，经腌制，以天然肠衣灌制、晾晒、烘焙等工序加工而成。腊肠不能添加色素、淀粉、豆粉、血粉等外来填充物。消费者应选购信誉好、规模大、质量有保证的名牌产品，选择在贮存、冷藏条件好的商场购买，不要贪图便宜购买低档、来历不明的腊肠。同时，也要注意不要挑选色泽太艳的产品，过分漂亮的颜色很可能是超量添加了发色剂硝酸盐、亚硝酸盐或违法添加了色素。

(10)在选购肉松产品时，注意看产品的配料表，如果配料表中列出了淀粉，则产品为肉粉松，肉粉松的蛋白质等营养成分相对普通肉松要少；选购火腿肠时，也要注意标签上明示的产品级别，级别越高的产品，含肉的比例越高，蛋白质的含量也较高。另外，也要选择摸上去弹性好的产品，因其中肉的比例也较高。

(11)一次购买量不宜过多，最好是现吃现买。

最后，还需注意，火腿肠在购买后不能放在冰箱中冷冻贮存。如将火腿肠放在冰箱低温冷冻贮存，会使其水分结冰、脂肪析出，结块或松散，口感变差，取出后又易酸败变质。所以，火腿肠不能放进冰箱冷冻贮存，而应冷藏保存。

82. 为什么吃香肠要适量？

香肠是一种日常的方便食品，以鲜肉混合各种香料制成，味道极佳，所以有的人就大吃特吃。其实，这是一个误区。这是因为，香肠虽然美味，但是其中的营养成分极不均衡，脂肪、蛋白质含量极高，并且缺乏人体所必需的维生素。人如果长期大量食用香肠，就容易患上营养不良、肥胖等病症。另外，为了方便保存，香肠中的盐分往往也很高。有的香肠中还会添加一定比例的防腐剂，其主要成分是亚硝酸钠，亚硝酸钠能够与蛋白质中的胺结合，形成有致癌作用的亚硝胺毒素，人食用过量会产生很大危险。

因此，在吃香肠时，最好能同时吃一些富含维生素的水果蔬菜，尤其是富含维生素 C 的水果蔬菜，因为维生素 C 能够阻断亚硝酸钠和胺的结合，从而避免有毒物质的产生。

83. 煎炸咸肉有利健康吗?

咸肉煎炸食用味道虽然很好,但是从健康角度来讲,这却是一种有害的饮食习惯。因为在咸肉、香肠、火腿等肉类加工品中,大都含有微量的亚硝酸胺,煎炸过后会产生亚硝基吡咯烷,它是一种能够致癌的化学物质,会对人体健康产生危害。在煎炸咸肉食品时,可加入适量的醋,以分解亚硝酸盐。此外,还有一点需要注意,10 岁以内的小孩最好不要吃腌制品。其原因有二:一是腌制品(咸鱼、咸肉、咸菜等)含盐量太高,高盐饮食易诱发高血压病;二是腌制品中含有大量的亚硝酸盐,它和黄曲霉素、苯并芘是世界上公认的三大致癌物质,有研究表明,10 岁以前开始吃腌制品的孩子,成年后患癌的可能性比一般人高 3 倍,特别是咽癌的发病危险性高。

84. 为什么食用腊肉要有节制?

从营养和健康的角度看,腊肉对很多人,特别是高血脂、高血糖、高血压等慢性疾病患者和老年朋友而言,实在不是一种合适的食物。第一,腊肉的脂肪含量非常高。从重量上看,100 克腊肉中脂肪含量高达 50 克;不仅如此,腊肉中还含有相当数量的胆固醇——每 100 克含胆固醇 123 毫克,比猪肉中的胆固醇含量高出 50%。很多证据表明,饱和脂肪和胆固醇正是导致高血脂的"危险因素"。第二,腊肉营养损失多。在制作过程中,肉中很多维生素等营养成分几乎丧失殆尽,如维生素 B_1、维生素 B_2、烟酸、维生素 C 等含量几乎为零。第三,腊肉中含盐量较高。100 克腊肉的钠含量近 800 毫克,超过一般猪肉平均含量的十几倍。第四,腊肉中含有大量的亚硝酸盐等有毒有害物质。因为腊肉在加工过程中加入了亚硝酸盐,亚硝酸盐在肉类食品中会与肌红蛋白发生一连串化学反应形成亚硝基肌红蛋白,从而令腊肉有其独特的红色外貌,并且有独特的腊肉风味,同时能抑制细菌生长,特别是防止肉毒杆菌的繁殖及其毒素的分泌。但经常食用含有亚硝酸盐的食物,会增加患食管癌、胃癌甚至肠癌的机会。因此,食用腊肉要有节制,特别是患有高血压等心血管病的人更应注意。

85. 火腿可以放在冰箱内吗？

有的消费者为了使火腿保存的时间长些，而将其放入冰箱内贮存。其实，这种做法的结果是适得其反的。这是因为火腿中的氯化钠含量较高，冰箱内温度较低，火腿中的水分极易冻结成冰，从而促进火腿内脂肪的氧化作用，而这种氧化作用，又具有催化作用，使氧化反应的速度大大加快，火腿质量明显下降，使贮存期缩短。所以，正确的贮存方法是将火腿挂在凉爽、避光、通风的地方，这样便可在一定程度上防止火腿中脂肪的氧化酸败，适当延长其贮存时间。

86. 烹制火腿时有哪些注意事项？

(1)不要使用刺激性较强的调味品：这是因为火腿味厚馨香、鲜美醇正，如果用辣油、咖喱等厚味品调制，会遮盖火腿的本味，使其风味受到影响。

(2)不要干炒：烹制时如果干炒，火腿的鲜味就不易挥发出来。另外，火腿本来含水分就较少，如再经过干炒，质地会变得干硬，使菜肴口感不佳。

(3)不用酱油：否则，会改变火腿原有的特殊风味，使其芳香、鲜味皆无，口味愈重，色泽也会愈黝黑难看。

87. 表面发霉的火腿能吃吗？

火腿的制作分整修、腌制、洗晒、整形、发酵、堆叠、分级等工序，质好的火腿生产周期约需 10 个月。火腿腌制对温度条件的要求颇为严格，各个阶段的温度要求均不同。其中腌制阶段适宜气温应低于 8℃，所以腌制时间必须在冬季进行；发酵阶段后期的气温必须维持在 28℃～35℃；保藏期库内温度宜在 30℃以下，高温季节必须采取降温措施，否则会变味、滴油，影响质量。如果火腿在发酵阶段后期及保藏期内的温度、湿度过高，火腿表面就会发霉。但在表面生长少量霉菌并不会影响火腿的内在质量，如果刮去表面这层霉菌后，肌肉切面为深玫瑰色、桃红色或暗红色，脂肪呈白色、淡黄色或淡红色，具有光泽，组织结实而致密，具有弹性，指压凹陷能立即恢复，基本上不留痕迹，切面平整、光洁，并具有正常火腿所特有的香气，则表明该火腿仍能正常食用。如果有酸败味或哈喇味，则不可食用。

88. 为什么不宜多吃午餐肉？

午餐肉在腌制过程中，需加入一定量的防腐剂（硝酸钠、亚硝酸钠）等化学物质，使其不易腐败变质。硝酸钠和亚硝酸钠是对人体有害的化学物质，它可使血液中的低铁血红蛋白氧化成高铁血红蛋白，失去运输氧的能力而引起组织缺氧性损害。尤其是在胃肠功能障碍时，肠内硝酸盐还原菌过度繁殖情况下，食入过量的午餐肉，或亚硝酸钠残留超过0.1%的午餐肉，均可引起程度不同的亚硝酸盐中毒症状，如头痛、嗜睡、呕吐、腹痛、发热、呼吸急促等，对儿童危害更大。所以，午餐肉不宜多吃。

89. 为什么肉干、鱼干要限量食用？

肉干和鱼干，就是肉或鱼经过调味和干燥制成的产品。随着水分含量的降低，其中的营养物质得到浓缩，蛋白质含量高达45%以上，所以它们可以作为补充蛋白质的食物。比如在正餐缺乏蛋白质食品时，或是用面包、凉皮、方便面之类充饥时，加点肉干、鱼干来佐餐，可以有效地补充营养。出门旅游的时候适当吃一些，也有利于维持体能。不过，肉干和鱼干也并非食用得越多越好，应尽量少吃，其原因如下。

(1)不利减肥：肉干是热能较高的食品，多吃会增加饱和脂肪酸的摄入量，对减肥不利。

(2)致癌物多：肉干、鱼干在加工过程中添加的亚硝酸盐以及在贮存过程中产生的硝酸盐等物质也会在被人体食入后对人体健康产生毒害作用。另外，鱼干、鱿鱼丝之类食品中含有较多的“亚硝胺”，它是蛋白质分解产物和亚硝酸盐结合的产物，是一种强致癌物。偶尔少量食用，还不至于发生什么危害，但如果经常大量地吃鱼干，或是加工鱼干的原料不新鲜，就很可能导致上述有毒有害物质的过量摄入。

(3)盐分含量大：为便于保存，肉干和鱼干里都加了大量的盐分。如果多食，就相当于摄入了大量的盐分。这对于老年人来说，就在一定程度上增加了心脑血管疾病的发生率。如果是在夏天食用，还会造成口渴，甚至脱水。

(4)增加废物：肉干和鱼干中所含的大量蛋白质，只在一定程度上对人体有好处。如果蛋白质太多，超过了人体的利用能力，就会在体内形成氨、尿素等一系列代谢废物，增加肝、肾等器官的负担。消化吸收不完的蛋白质还会促进肠道腐败菌的增殖，在肠中形成粪臭素，甚至是致癌物质。

鉴于上述原因，在食用肉干、鱼干的同时，应当多喝水或绿豆汤，并适当增加蔬菜、水果的食用量，以缓解和避免可能出现的不适症。

90.“风干”的肉制品可长期贮存吗?

水分是微生物赖以存活的物质条件之一。在绝对无水的情况下，任何生物都无法存活。水分多少与微生物的存活和繁殖密切相关，在有水分的情况下微生物中的酶才有活性，所以水分是食物腐败的主要因素之一。脱水保藏的原理在于把食品中水分降低到足以抑制微生物的生长繁殖和酶的活性，从而防止腐败。脱水主要是去除自由水和溶解水，降低水活性。“风干”是脱水保存的一种方法，即在没有阳光直射的条件下自然干燥的方法。“风干”制品中水分较低，减慢了其中的微生物生长，抑制了食品腐败的过程，延长了保存期。但“风干”肉制品并非绝对无水分，且肉制品本身有一定的营养，在自身酶缓慢地作用下也会变质，所含的脂肪会酸败，所以“风干”肉制品的保存期虽然较长，但也有一定的保存期限，并非可长期保存。作为食品，加工至食用的期限还是越短越好。

91.“油渣”可以食用吗?

油渣，是指动物肥肉或者板油烹炸炼油后剩下的残留物。有的人认为这些残留物能够食用，且富含营养。其实不然，这些“油渣”不但没有营养，而且其中还含有大量的有害物质，会危害人体健康。这是因为，在炼油时，高温会使炼油原料分解出大量的具有强致癌作用的多环芳烃类物质。这些炼油剩下的“油渣”，其中的多环芳烃含量很高，因此是切忌食用的。

92. 食用动物肝脏时有哪些注意事项?

动物肝脏含有丰富的蛋白质、维生素、微量元素和胆固醇等营养物质，对促进儿童的生长发育，维持成人的身体健康都有一定的益处。但是，肝脏是动物的最大解毒器官，动物体内的各种毒素，大多要经过肝脏来处理、转化、结合，因此，动物肝脏也是各种毒素比较集中的地方。在日常生活中，因食用动物肝脏而发生食物中毒的屡见不鲜。动物体内其他组织发生病变时，有时肝脏也会首先发生肿大、淤血。由于肝脏贮血较多，血量丰富，所以进入动物体内的细菌、寄生虫，往往在肝脏中生长繁殖。此外，肝脏本身也容易发生病变，如动物的肝炎、肝硬化、肝癌等。因此，一定要科学食用动物肝脏。

(1)要选择健康肝脏。肝脏淤血、异常肿大、内包白色结节、肿块或干缩、坚硬，或胆管明显扩张，流出污浊的胆汁或见有虫体等，都可能为病态肝脏，不宜食用。

(2)肝脏是解毒器官，各种有毒代谢产物和饲料中的某些有毒物质，都会留在肝脏中，并经它解毒后进入肾脏，再通过小便排出体外。因此，烹制前必须彻底消除肝内毒物。一般的方法是反复用水浸泡3～4小时。如需急用，也可在肝表面切上数刀，以增加浸泡效果，彻底去除肝内积血之后，方可烹饪食用。烹饪时要充分加热，使之彻底熟透，不可半生食用。

(3)忌与维生素C和酶制剂同服。维生素C易被氧化破坏，尤其是遇到某些微量元素时氧化更为迅速。猪肝中铜元素含量较高，它可与维生素C结合，使维生素C失去原来的功能。常见的酶制剂有胃蛋白酶、胰酶、淀粉酶、多酶片等，猪肝中的铜可与酶蛋白质、氨基酸分子的酸性基因形成沉淀物，影响药效。

(4)当心鱼类肝脏中毒。鱼类中的鲅鱼、鲨鱼、旗鱼和硬鳞脂鱼等鱼的肝脏，经常引发中毒事件。这些鱼类中大型品种的肝脏，更易使人中毒。鲨鱼等鱼肝中毒的原因，有两种说法，一种认为是摄入过量维生素 A 所致，另一种则认为是鱼油毒素引起。预防措施是，水产经营部门在批发、零售水产品时，应先去除上述这些鱼类的肝脏。

(5)动物肝脏富含胆固醇，因此胆固醇高所引起的疾病患者要少吃或不吃肝脏，如高脂血症、动脉粥样硬化、冠心病及动脉硬化引起的高血压患者。

肝脏含有大量维生素 A，虽然维生素 A 有益于身体健康，但是一次性的大量摄入亦会中毒。每天摄入过量维生素 A 时，还会引发骨质疏松症。另外，动物肝含胆固醇、嘌呤较高，患有高脂血症、高尿酸血症或痛风的病人应尽量避免食用。

93. 为什么孕妇不宜食用动物肝脏？

我国传统的饮食习惯认为，动物肝脏营养丰富，特别是含有丰富的维生素 A，所以提倡孕妇多吃肝脏。但现代科学研究发现，孕妇吃肝脏易引起胎儿维生素 A 中毒，影响其健康发育，甚至致畸。所以，有专家倡议：孕妇食肝需慎重。

英国学者通过调查发现，在外耳缺陷、头面形态异常、唇裂、腭裂、眼睛缺陷、神经系统缺陷、胸腺发育不良等先天性遗传病患儿中，有 87%是其母在孕期常食用动物肝脏。维生素 A 过量的致畸作用在动物试验中也已得到证实，因此很多国家都设有维生素 A 服用的安全量。我国规定，孕妇服用的安全量是每日＜6 000 单位。食用动物肝脏很易超过这个剂量而引起胎儿维生素 A 急性中毒、慢性中毒或致胎儿畸形。因此，孕妇最好不要吃动物肝脏，若偶尔吃一次也不要超过 50 克。药厂生产的维生素 A 胶丸剂，每丸含 5 000 单位或 2.5 万单位。孕妇若服用很容易超量，故也需慎重服用。

94. 吃肉时可以吃蒜吗？

民谚有“吃肉不吃蒜，营养减一半”。这是因为虽然在动物肉食品中，尤其是瘦肉中含有丰富的维生素 B_1，然而维生素 B_1 在体内停留的时间很短，会随小便大量排出。如果在吃肉时再吃点大蒜，肉中的维生素 B_1 能和大蒜中的大蒜素结合，这样可使维生素 B_1 的含量提高 4～6 倍，而且能使维生素 B_1 溶于水的性质变为溶于脂的性质，从而延长维生素 B_1 在人体内停留的时间。此外，吃肉时吃大蒜，还能促进血液循环，提高维生素 B_1 在胃肠道的吸收率和体内的利用率，对尽快消除身体各器官的疲劳、增强体质和预防大肠癌等都具有十分重要的意义。另外，大蒜中含有一种叫“硫化丙烯”的辣素，其杀菌能力可达到青霉素的 1/10，对病原菌和寄生虫都有良好的杀灭作用，可以预防流感、防止伤口感染、治疗感染性疾病和驱虫。因此，吃肉时吃点蒜能达到事半功倍的营养效果。

需要注意的是，大蒜必须是生食才有效果。这是因为大蒜素遇热会很快失去作用，而且遇咸也会失效。因此，如果想吃蒜达到保健效果，食用大蒜最好捣碎成泥，或切成片状，厚度约两毫米，并先放 10～15 分钟，使其被空气氧化，让大蒜中的蒜氢酸和蒜酶在空气中结合产生大蒜素后再食用。

但是，如果长期过量地食用大蒜，尤其是眼病患者和经常发烧、潮热盗汗等虚火较旺的人过多吃蒜，会有不良影响，故民间有“大蒜百益而独害目”之说。眼病患者在治疗期间，必须禁食蒜、葱、洋葱、生姜、辣椒这五辛和其他刺激性食物，否则将影响疗效。另外，肝病患者、非细菌性腹泻者不宜食用，重病服药者忌食。此外，多食大蒜还有杀灭精子的作用，对生育有不利影响，故育龄青年不宜多食。

95. 动物性蛋白质摄入过多会导致钙质的大量流失吗？

哈佛大学营养学系教授沃尔特·威廉研究证实：动物性蛋白质的摄取量越多，钙质排出体外的机会就相对增加。

而现代人的日常饮食中，蛋白质的摄取量已经太多了。含动物性蛋白质的食物主要是鸡、鸭、鱼、猪、牛、羊肉等肉类，熟肉的蛋白质含量更会高达 60%左右。因此，如果一天吃 100 克左右的肉，所摄取的蛋白质就已经达到了 60 克左右。而正常的蛋白质需要量为每千克体重 1 克，也就是说，一个成年人每天的摄入量最好少于 150 克。

实验证明，每天摄入 80 克动物蛋白质，会造成 37 毫克的钙流失；当蛋白质的摄入量增加到每天 240 克，这时即使再补充 1 400 毫克的钙，最后总的钙流失量还是会达到每天 100 多毫克。这说明，补钙并不能阻止由高蛋白质饮食所造成的骨质流失。所以，吃肉要适量，不宜过多，尤其是处于生长发育期的青少年更应注意。

96. 吃火锅有哪些注意事项？

(1)宜在秋冬季吃：涮火锅用的绝大部分肉品为羊肉和牛肉。而羊肉和牛肉属于温补食品，所以经常吃火锅的人易上火，会出现咽喉肿痛、声音嘶哑、口腔溃疡、口唇干裂、小便赤黄等症状。因此，火锅在秋冬季食用为佳，夏天最好少吃或者不吃，以防上火。春夏季吃火锅应首选清淡火锅，喜欢麻辣口味的以微辣为宜。

(2)不宜过多吃肉：很多人认为，吃火锅就是为了吃肉，而且无过多烹饪程序，一烫即熟，既有高汤的鲜甜，又有肉的鲜嫩。因此，常会食用过量的肉类。肉类摄入过多除了易使人发胖外，还会因为缺少粗纤维的摄入而容易引起便秘，因此吃火锅时要适可而止，吃肉不可过多。同时，因海鲜类不易消化，所以在进食其他食物之前，应先选择海鲜类先吃，让胃酸对其进行消化。如果海鲜过量摄入，会加大对胃酸和胃蛋白酶的需求而增加胃的工作强度，导致胃肠道系统紊乱，并引起腹泻。另外，海鲜类食物富含蛋白质，过多摄入也会给肾脏带来负担。

(3)肉菜搭配防上火：在享受肉、鱼及动物内脏等食物美味的同时，还应放入一定量的蔬菜。蔬菜含有大量维生素及叶绿素，其性多偏寒凉，不仅能消除油腻、补充维生素，还有清凉、解毒、去火的作用。但要注意以下两点，一是放入的蔬菜不要久煮，以免破坏其中维生素；二是肉和蔬菜要交替食用，避免荤素比例失衡。另外，豆腐中含有石膏，火锅内适当放入豆腐，不仅能补充多种微量元素，而且可以发挥石膏清热、泻火、除烦、止渴的作用。

(4)保证把肉涮熟：有些人吃火锅为了鲜嫩，不等肉菜煮熟就吃，这样很不卫生。一些人兽共患病如布氏杆菌病、结核病、旋毛虫病等可通过不熟的肉传染给吃火锅的人，所以吃火锅时应注意肉类的清洁卫生，特别是涮肉片时，一定要等到肉的颜色由鲜红变为灰白即熟透时再吃。肉片和蔬菜涮的时间也不要过长，否则会引起营养的丢失。

(5)适时喝汤：一些人以为涮火锅的汤汇聚了羊肉、肥牛、豆制品、海鲜等食品的精华，味道鲜美而且营养丰富。但是，事实恰恰相反。反复沸腾过的涮羊肉汤不仅营养成分的含量大大降低，而且含有一些对身体有毒有害的物质。这是因为在涮羊肉的过程中，同一锅汤要反复沸腾，其中的营养物质大都已被破坏。此外，吃涮羊肉持续的时间比较长，火锅里多种食品相互混杂，彼此之间可能发生一些不良的化学反应，甚至还会产生对人体有害的物质，如大量的嘌呤类物质。所以，吃火锅时喝汤宜早不宜迟。因火锅汤里的油脂含量较高，故高血脂、高血压、糖尿病患者更应注意。

(6)忌烫食：有的人喜欢吃很烫的食物，其实这种习惯很不好。过烫的食物易损伤口腔黏膜，引起充血、溃疡，而且会引起牙龈过敏及其他多种过敏性疾病。过烫的食物会刺激食管黏膜增生，留下瘢痕和炎症，长久下去还可能会诱发食管癌。专家指出，食管癌的发生可能与吃过烫的食物有关。另外，养成吃过烫食物的习惯还会破坏味觉，影响味觉神经，减退食欲。因此，刚从火锅中取出滚烫的食物，不宜马上送入口中，应放在碗中稍凉一下再吃。同样道理，喝汤时，汤也不可过热，可将汤从火锅中盛入小碗内，片刻后待汤稍凉时再喝。

(7)不可忽略主食：很多人在吃火锅时往往不吃主食，或者在肉残汤浓的时候才下一点面条或饺子。而这种做法的结果就是肉类吃得过量，主食严重不足，会对健康不利。正确的做法是在吃点肉后，再吃适量主食。这样既可控制食量、平衡营养，又可保护胃肠健康、促进消化。

(8)因病而异吃火锅：消费者应根据自己的身体情况选择不同种类的火锅。①患有慢性咽炎、口腔炎、胃病、溃疡病、皮肤病、痔疮、肛裂和经常流鼻血、牙龈出血者以及属于“热体质”者、孕妇等忌食川味火锅。②肝功能不好慎吃狗肉、羊肉火锅。狗肉、羊肉是冬令强力御寒的滋补佳品，但甘温而大热，吃后可导致某些慢性疾病复发或使病情加重，尤其是肝炎、肝脏疾病患者。此外，高血压、牙痛、疮疖患者也不宜多吃这类火锅。③糖尿病、高血压、高血脂、痛风患者，对海鲜过敏者忌食海鲜火锅。④“热体质”、素有痰火、感冒初期、服用泻药、急性扁桃体炎、急性咽炎、急性鼻炎、急性支气管炎、肝脏疾病及疮疖患者忌食羊肉火锅。⑤菌类火锅几乎适合于各类人群，但对菌类过敏者、慢性胃炎患者忌食。

(9)保证通风良好：一般来说，火锅的加热源有三种，即炭块、固体酒精和电。其中酒精最不健康，电加热最健康。这是因为：利用废酒精制成的固体酒精燃料中可能含有多种有机溶剂，加热时可产生致癌的甲醛以及大量杂醇挥发物等有毒有害气体；炭块加热可产生少量一氧化碳；而电加热不会产生任何有害物质。在使用炭块、固体酒精作为热源时，尤其是在冬季，如果室内通风条件不好，火锅产生的水蒸气以及二氧化碳、一氧化碳等有害气体散发不出去，并且在室内越聚越多，会使人出现头晕、耳鸣、眼花、四肢无力甚至恶心、呕吐等症状。因此，在吃火锅时一定要注意室内通风问题。

(10)其他：要避免一边吃火锅一边喝冰镇饮料，这样冷热交替会对肠胃产生不良刺激，所以建议吃火锅时最好饮用常温饮料。吃辣味火锅时，不宜喝白酒，而在喝啤酒时，也应选择室温的啤酒。火锅汤底以简单为好，里面加一点葱、姜等香料，无须添加油脂。即使是用清水涮锅，在煮过一些肉后，也会有相当部分脂肪溶到汤里。另外，建议使用个人式火锅，这样既卫生也方便。

97. 吃烧烤有哪些注意事项?

(1)避免烤焦：在烧烤过程中，会产生杂环胺、苯并芘等致癌物。温度越高，这些有毒有害物质含量越高。因肉中的蛋白质含量丰富，肉烧焦后，高分子蛋白质就会裂变成低分子的氨基酸，并形成可致突变的化学物质。食用这样的烤肉，对人体健康危害极大。所以，烧烤时应严格控制温度，避免焦煳。烧焦了的肉，就要扔掉，绝不能食用。当然，也要注意不能温度过低或烧烤时间过短而致肉未能熟透，使人消化不良甚至可能感染布氏杆菌病和寄生虫等疾病。另外，还要尽量少吃露天烧烤，这是因为露天烧烤的温度往往无法控制，肉与烤盘接触的地方易出现焦煳、发黑，致癌物质的产生难以避免。为减免有毒有害物质的产生，在自制烤肉时，可提前用蒜汁、柠檬汁调味，并刷上番茄酱，或将肉浸泡在啤酒或大蒜泥中腌制片刻。

(2)合理配菜：在烧烤过程中，会产生杂环胺、苯并芘、亚硝胺、硫氧化物、颗粒物、二噁英等多种有毒有害物质，它们通过消化道、呼吸道、皮肤等途径进入人体内而埋下健康隐患，甚至诱发癌症。所以，吃烤肉时，应多吃新鲜蔬菜，以获得尽可能多的抗氧化、抗癌成分，以及促进致癌物排出的膳食纤维。新鲜的绿叶蔬菜如生菜、空心菜，以及西红柿、白萝卜、青椒和水果如苹果、猕猴桃、柠檬等都含有大量的维生素 C、维生素 E。其中，丰富的维生素 C 可减少致癌物亚硝胺的产生，而维生素 E 具有很强的抗氧化作用。此外，挤些番茄酱、柠檬汁作为调料，也能降低烤肉的不良影响。另外，很多人喜欢边吃烤串边喝饮料、啤酒，这样冷热交替刺激，对胃肠健康不利。

(3)饮茶祛火：烧烤类食物的性质偏向燥热，加之多种调味品的使用，如孜然、胡椒、辣椒等都属热性。辛辣，会大大刺激胃肠道蠕动及消化液的分泌，有可能损伤消化道黏膜，并且会令人上火。如果是在炎热的夏季，其作用效果更加明显。所以，可在吃完烧烤 1 小时后饮用具有清热、防燥作用的凉茶，同时又可解渴润肺。如果饮用大麦茶，可温热、解腻，又可保护肠胃；饮用麦冬、菊花、枸杞和决明子制成的凉茶，且具有减肥功效。当然，除了败火，不同的凉茶还具有不同的保健功效，吃完烤肉可以根据不同的需求来选择。此外，也可在进食烤肉后吃猕猴桃或梨，以消除食用烤肉带来的不利影响。

(4)不宜常吃：肉类等食品在烧烤的过程中，其中的各种营养成分如维生素、蛋白质和氨基酸等会遭到破坏，影响消化吸收。此外，一些摊主为了改善烧烤食品的色泽及口感，在肉品的腌制过程中，加入了亚硝酸盐等成分，严重时就会导致消费者亚硝酸盐中毒，加之某些烧烤店在原料引进、贮存、加工等过程中的不规范操作，导致肉品等原料受到污染，对人体健康造成危害。所以，烧烤不宜常吃，通常来说，每周不超过一次。

98. 哪些人应限量吃肉？

(1)风湿病患者：有专家建议，风湿病患者在进行药物治疗的同时，切勿忽视“对症进食”，特别是应减少动物脂肪的食用量。这是因为，动物脂肪中含有大量容易引起关节发炎的物质，过多进食富含动物脂肪的食物会加重患者病情。低脂牛奶、奶制品和鱼肉是风湿患者的理想食品，特别是鱼肉可以缓解风湿病人由于关节肿胀带来的疼痛感。

(2)中老年妇女：如果将蔬菜与肉食相比较，前者则有利于骨骼健康。美国研究人员提出忠告，如果人们特别是中老年妇女吃肉过多，有导致骨质流失甚至骨折的危险；相反，将蔬菜作为摄取蛋白质的主要来源，则可有效地改善骨质。

(3)服过敏药者：过敏的发病机制为一种叫做组胺的物质与其受体结合，产生生物活性，从而形成机体的过度反应，包括过敏、胃酸分泌、平滑肌痉挛、毛细血管扩张等。治疗过敏用的抗组胺药，也能与组胺受体结合，但它没有活性，不会触发过敏反应。如果我们食用富含组氨酸的食物，就会产生大量组胺，此时抗过敏药往往争不过组胺，难以占据受体的位置，也就不能很好地发挥作用。此时常会令头晕、胸闷等过敏症状去而复返。由于几乎每一种蛋白质都含有组氨酸，所以出现过敏症状时，不要过多地摄取蛋白质类食物，特别是海鲜、乳酪、肉类、黄豆等。此外，一些药物和食物也可引起组胺释放，如奎宁、维生素 B_1、乙醇、水生贝壳类动物等，这些都会影响抗过敏药的效果。

(4)欲怀孕的女性：许多女性为了生下健康的宝宝，在怀孕前就开始增加蛋白质等营养物质的食用量。但是美国的科学家发现，饮食中蛋白质含量过高会降低女性怀孕的成功率。科学家通过白鼠实验发现，如果饮食中的蛋白质含量超过 25%，就会干扰老鼠胚胎发育初期的正常基因印记，影响胚胎的着床和胎儿的正常发育。

(5)狐臭患者宜少吃肉：一般人腋下，都有细菌寄生。有的人大汗腺比较发达，排出的汗液比较多、比较浓，经细菌作用而产生的气味，自然特别刺鼻。少吃肉，少吃油炸的食物，可抑制狐臭的产生。

(6)脾气急躁者：最新医学研究表明，食肉过多易使人烦躁。所有的肉类，包括内脏，如果食用过多，都会不同程度地影响到人的行为和情绪。这主要是因为肉类中含有大量的动物蛋白质，吃肉太多会使人脑中的色氨酸含量减少，而导致人有攻击、忧虑和好斗的倾向。其次，肉类中含有大量呈酸性的动物性蛋白质，这种蛋白质摄取量越多，酸性就越高。人体为了保持自身的酸碱平衡，就会导致钙质和维生素 B_1 的匮乏，而造成情绪不稳定及暴躁的倾向。另外，就是很多人都知道的，肉类中含有大量的饱和性脂肪，过多食用可使血管硬化，进而升高血压，而血压增高也是造成人情绪不稳定的一个重要原因。几乎所有的肉类，包括内脏，都会不同程度地影响人的行为和情绪，而不像有些人认为的那样，“猪、牛、羊等红肉吃多了会让人烦躁，鱼肉和鸡肉则不会”。实际上，鸡肉的作用尤其明显。它是高蛋白质低脂肪食物，蛋白质中赖氨酸的含量比猪肉高13%，能让人的情绪更为亢奋。从另一方面讲，鸡肉也有治疗抑郁症的作用。

除以上所述外，还有三点：一是肉中含有嘌呤碱，这类物质在人体内的代谢过程中可生成尿酸，而尿酸的大量积聚可破坏肾脏毛细血管的渗透性，引起痛风、骨发育不良和其他一些疾病；二是有研究表明，食肉过量还会降低机体对疾病的免疫能力；三是还有研究表明，过多吃肉会导致智商下降，这是近来英国科学家在8 170名参与实验的对象身上发现的有趣现象。

基于上述原因，即使是一般人群，食肉也不可过多，应适量食用。

99. 劳累时可以大量食用肉、蛋、鱼吗？

不少人在剧烈运动或重体力劳动后，都喜欢多吃些肉、蛋、鱼等食物。他们认为这类食物能缓解疲劳，有助于快速恢复体力。其实，这种做法是错误的。

按照酸碱性的不同，我们可将食物分为两大类：一类是酸性食物，如鱼、肉、蛋、糖、花生、啤酒等，含硫、磷、氯等元素较多；另一类是碱性食物，如蔬菜、水果、豆类，奶制品等，含钾、钠、钙、镁等元素较多。

人在剧烈运动或劳动后，体内的糖、脂肪、蛋白质会大量分解，产生乳酸和磷酸，因此会感到身体疲乏、关节酸痛。此时如果过多地进食酸性食物，就会使血液的酸性进一步增强，很容易引起酸中毒，结果会使人感到更加疲劳，抵抗力也随之下降，各种疾病就会乘虚而入。因此，劳累后应少吃大鱼、大肉，而应多吃些碱性食物，如蔬菜，水果、豆制品、奶制品、海藻类、动物肝脏等，尤其应补充适量维生素，只有这样才有助于消除疲劳。

另外，人体在正常状态下，血液为弱碱性。血液中不论酸性过多还是碱性过多，都会引起身体不适。人们每天都在大量食用酸性食物，以致血液酸性化。血液酸性化就称为酸性体质，酸性体质的人常会感到疲倦，开始时有慢性症状，诸如手脚发凉、容易感冒、皮肤脆弱、伤口不易愈合等。酸性体质呈严重状态时，会直接影响脑和神经功能，引起记忆力减退，思维能力下降，神经衰弱。因此每天一定要吃一定量的碱性食物，如蔬菜、水果、豆类、茶、咖啡、牛奶等，以中和酸性，使头脑能处于清醒活跃的状态。所以，劳累时不宜大量食用肉、蛋、鱼等动物性食品，即使是在日常生活中也不可大鱼大肉。

100. 感冒发烧患者为什么不宜食用高蛋白质食物？

感冒发热的病人吃肉、鱼、鸡蛋等高蛋白质食物，会使机体内热量增加，因热量无法散发，如同“火上浇油”，会使患者“烧”得更厉害。

感冒发热期间病人宜吃流质或半流质食物及水果，首选清淡、易于消化并富含维生素的食物。可选择米汤、菜粥、汤面、藕粉等，并搭配一些新鲜蔬菜和水果。到退热后的病情恢复后期，才可以多补充瘦肉、鱼、鸡蛋、豆腐等高蛋白质食物。

101. 为什么骨折患者不宜多吃肉和骨头？

骨折是生活中多见的外伤疾患，尤其是老年人更易发生。一般人认为，骨折后，多吃些肉和骨头，可以使骨折早期愈合。其实不然，骨折病人多吃肉和骨头，不但不能促进骨折早愈合，反而使骨折愈合推迟。

医学研究人员在对 200 例各类骨折病人的对比治疗中，将同类的骨折病人分成两组，一组在饮食上以肉和骨头为主要菜肴，另一组则是一般菜肴。1 个月后，经用 X 线拍照，前一组的骨折患者大多数骨折线仍然比较清晰可见，而后一组患者大多数骨折线已模糊难辨。

这证明,在骨折早期多吃肉和骨头起不到帮助愈合的作用。其原因是,骨受损伤后的再生,主要依靠骨膜、骨髓的作用。而骨膜、骨髓只有在增加骨胶原的条件下,才能更好地发挥作用。从肉和骨头的成分来看,主要是磷和钙。骨折后如果摄入大量磷和钙,就会使骨质内无机质成分增高,使骨质内有机质与无机质比例失调,而阻碍骨折的早期愈合。

因此,要想使骨折早期愈合,除了及早就医,采取适当固定、合理用药、早期功能锻炼以外,在饮食上,应食用一些能够转化为有机质骨胶原的食品,如新鲜蔬菜、水果、豆制品等。当然,少量或适量地吃些肉和骨头也是可以的。

102. 肉品腐败变质与哪些因素有关?

肉品的腐败变质(肉中蛋白质的分解和腐败)与微生物的种类、温度、空气、水分及酸碱度等因素有关。

(1)微生物:微生物的作用是引起肉品腐败变质的主要原因。一般的微生物对蛋白质只进行初步的分解,但是腐败细菌能把蛋白质分解成带有大量的臭味的最终产物而发生深度腐败。据研究,每平方厘米内的微生物数量达到5千万个时,肉的表面便明显发黏,并能嗅到腐败的气味。肉内的微生物是在畜禽被屠宰时,由血液及肠管侵入到肌肉里的,当温度、水分等条件适宜时,便会高速繁殖而使肉发生腐败。

(2)温度:肉品发生腐败的最适宜温度是20℃～25℃,如在0℃以下或在70℃以上时,腐败过程几乎就停止了。

(3)空气:在缺氧的条件下,肉的腐败过程进行缓慢,只能产生少量的气体。而在氧气充足条件环境中,肉的腐败就会加剧,并形成大量的气体。

(4)酸碱度:腐败细菌在弱碱环境中,最易繁殖而使肉品发生腐败作用,若在酸性环境中,则能降低腐败细菌的活动能力,所以,增加酸度是防止肉类腐败的方法之一。

(5)水分:细菌的生命活动和生长发育,其最低要求是有30%水分的生活条件,霉菌要求15%水分的最低条件。因此,肉品的脱水干制是防止腐败的一种方法。

103. 为什么腐败的肉烧煮后也不能吃？

肉中含有丰富的营养物质，如果贮存条件不当，就会发生质量变化，最后引起腐败。在肉的腐败过程中，蛋白质分解成蛋白胨、多肽、氨基酸，进一步再分解成氨、硫化氢、酚、吲哚、粪臭素、胺及二氧化碳等，这些腐败产物具有浓厚的臭味。并且，这些物质大多对人体有害，如肉毒胺类吃到胃里，能刺激胃酸分泌，使胃黏膜充血、水肿，引起恶心、呕吐和消化不良，被血液吸收后可发生心跳加快，血压升高或降低，还能刺激神经系统出现头晕、头痛等症状。除了蛋白质分解所产生的毒素外，细菌在生长繁殖过程中，本身还要产生一些毒素，在其死亡或分解时，又能放出大量毒素。这些毒素，有的在加热时可以破坏，但有的毒素在煮沸后仍然破坏不了，如葡萄球菌所产生的毒素，就是煮沸 2 小时，仍能保持着毒性。所以说，腐败的肉烧煮后也不能吃。

四、蛋品篇

1. 鸡蛋有哪些营养价值?

鸡蛋,雉科动物鸡的卵,又名鸡卵、鸡子,味甘性平,含有蛋白质、脂肪、卵黄素、卵磷脂、维生素和铁、钙、钾等人体所需要的矿物质,营养丰富而全面,具有滋阴润燥、养心安神、养血安胎和延年益寿之功效,被认为是营养丰富的食品,是深受大众喜爱的食品。一般人都适合,更是婴幼儿、孕妇、产妇、病人的理想食品。因为鸡蛋中几乎含有人体所需要的全部营养物质,所以营养学家称之为“完全蛋白质模式”、“理想的营养库”。其营养作用主要有以下几个方面。

(1)健脑益智:鸡蛋黄中的卵磷脂、甘油三酯、胆固醇和卵黄素,对神经系统和身体的发育有很大的作用,可有效改善人的记忆力,并可延缓和避免老年人的智力衰退。

(2)保护肝脏:鸡蛋中的蛋白质对肝脏组织损伤有修复作用。蛋黄中的卵磷脂可促进肝细胞的再生,还可提高人体血浆蛋白量,增强机体的代谢功能和免疫功能。

(3)防治动脉硬化:美国营养学家和医学工作者用从鸡蛋中提取卵磷脂给动脉硬化患者服用,3 个月后病人的血清胆固醇显著下降,效果令人满意。

(4)预防癌症:鸡蛋中含有丰富的维生素 B_2,可以分解和氧化人体内的致癌物质。鸡蛋中的微量元素,如硒、锌等也都具有防癌作用。

(5)延缓衰老:不少长寿老人延年益寿的经验之一,就是每天食用一个鸡蛋。中国民间流传的许多养生药膳也都离不开鸡蛋,例如何首乌煮鸡蛋、鸡蛋煮猪脑、鸡蛋粥等。

2. 为什么冰箱里不宜存放未洗净的鸡蛋？

冰箱内留有专用的鸡蛋盒位，很多人买回鸡蛋后都直接将其放入盒内，人们也认为鲜鸡蛋放在冰箱内可以保存更长时间。但从食品卫生学的角度看，这却是易被忽视的食源性隐患，是广大消费者在日常生活中的常见误区。看起来外表清洁、外壳完整的新鲜鸡蛋，其实并不干净，至于蛋壳表面已被粪便严重污染的就更不用说了。首先，鸡排出鸡蛋的泄殖腔也是排出粪便的通道，鸡蛋会因此而沾染大肠杆菌、沙门氏菌等多种病原微生物；其次，在鸡蛋买到家里之前还有贮运等一系列中间过程，其间还会接触诸多污染源。据世界卫生组织的抽样调查显示，有10%的鲜蛋中都能检测出细菌，陈蛋的比例则更高。这说明细菌并不仅仅存在于禽蛋表面，有很大一部分禽蛋内部也会受到感染，这主要是因为禽蛋的表面虽有外壳保护，但是蛋壳上面却密布着肉眼无法发现的细微气孔，直径大概只有4～10微米，却已经足以让细菌侵入。如果将其与其他食品共同放在冰箱内，就可能造成一定的食品污染。因此，生鸡蛋应该清洗干净后再放入冰箱保存。另外，还需注意，即使不是放在冰箱中，在吃鸡蛋之前，也一定要把鸡蛋外面清洗干净，然后再烹饪。

3. 洁蛋有什么意义？

洁蛋，也称清洁蛋、净蛋或保洁蛋，是禽蛋产出后，经过清洗、消毒、干燥、分级、涂膜保鲜、包装等工艺处理的鲜蛋类产品。洁蛋去除了鲜蛋壳上残留的粪便、泥土、羽毛、血斑等污染物，杀灭了蛋壳上部分残留细菌，延长了鲜蛋的货架期，极大地提高了鲜蛋品质和安全性。另外，对禽蛋进行自动清洗消毒、保鲜、分级、自动喷码、包装后，还可以使消费者能够了解到每个鲜蛋的生产时间、商标、分级情况等质量标志，实现放心消费、明白消费。

目前，我国消费者所食用的鸡蛋主要从农贸市场购买，人们对蛋壳表面上的血渍、禽粪等污物早已司空见惯，这些有害物质污染了的鸡蛋表面，并且带有大量对人体有害的细菌，特别是沙门氏菌等致病微生物会通过蛋壳上的气孔进入蛋内并大量繁殖，严重影响蛋品质量，对人体健康造成威胁。

几千年来，禽蛋一直都是未经任何处理就直接进入市场销售。早在半个世纪前，美国、加拿大以及一些欧洲国家就开始生产包装洁蛋。经过多年的发展，国外已经形成了十分成熟的洁蛋处理工艺，并且在发达国家洁蛋占据着大量的市场份额。在北美、欧洲一些国家和日本，禽蛋的清洗消毒率已经达到100%，新加坡、韩国和我国的台湾等地禽蛋的清洗消毒比例也均高于70%。我国作为世界上最大的禽蛋生产国，但在洁蛋生产方面起步较晚。20世纪90年代以来，国内几家有实力的蛋鸡规模养殖龙头企业紧跟国际市场潮流，积极引进国外先进禽蛋处理加工设备，提升技术水平，加速洁蛋标准化进程。当前，国内的一些养殖企业开展的主要是无公害、绿色和有机禽蛋的洁蛋生产，用于供应高端市场，所占市场份额极少。从长远来看，洁蛋加工和消费是我国禽蛋业发展的必然趋势，也是"农转超"销售禽蛋的安全保证。

4. 贮存鸡蛋时有哪些注意事项？

(1)贮存环境：应保证贮存环境温度适宜。通常而言，贮存鸡蛋的环境温度以4℃～10℃为宜，不可过高或过低。如果贮存温度过低，达到0℃以下时，就会使蛋黄很易与蛋清分离，影响食用；贮存温度过高，可在短时间内使鸡蛋变质。另外，还需注意，鸡蛋忌与葱、姜、蒜等能够挥发出强烈气味的物质共同存贮，这是因为葱、姜、蒜等挥发出的气味能够通过蛋壳上的气孔渗入鸡蛋中，从而加速鸡蛋变质。

(2)贮存时间：鲜蛋的蛋白具有杀菌作用，随着贮存时间的延长，蛋白的杀菌作用逐渐下降，如贮存时间过长，会使蛋内水分蒸发过多，蛋黄和蛋清的理化性质发生改变，pH值降低，系带卵黄膜变脆，各种酶的活动能力加强，同时胚胎蛋白黏稠度也会随之发生变化。所以，鸡蛋的贮存时间不宜过长，如果贮存时间过长，会引起鸡蛋的变质。目前，越来越多的专家主张，鸡蛋要和果蔬一样，要趁鲜吃，通常以1周内的新鲜鸡蛋为最好，如果贮存条件适宜，半个月内的也可以，不提倡贮存1个月甚至更长时间。

5. 哪些人不宜多吃鸡蛋?

(1)高热病人:不要为了补充营养而给高热病人多吃鸡蛋。因高热病人消化液分泌减少,各种消化酶的活力下降,此时在饮食方面应力求清淡、易消化,多吃水果、蔬菜以及含蛋白质低的食物,主食应以流质或半流质食物为主,如米汤、稀饭、面条、藕粉等,这有利于患者早日恢复健康,等身体恢复后再多补充瘦肉、鱼、豆腐等高蛋白质食物;否则会引起腹胀、腹泻等消化不良的症状,不利康复。

(2)肾炎病人:在肾炎病人肾功能减退、尿量减少时,也要慎食鸡蛋。因为此时患者体内代谢产物不能全部由肾脏排出体外,如果再多吃鸡蛋,过多蛋白质会使体内尿素增多,而致病情加重。肾病患者在出现肾衰竭的症状时,应禁食鸡蛋。

(3)肝胆病患者:肝胆病患者食用过多的鸡蛋,会使肝脏的负担加重。因此,肝、胆病患者应视病情适当控制鸡蛋的食用量。

(4)对蛋白质过敏者:一些本身体质过敏的病人,由于一次性食用大量的蛋白质食品,如蛋类等,易发生蛋白过敏性荨麻疹,出现腹泻、腹痛、皮肤出疹等现象。所以,此类病人应避免食用鸡蛋等含蛋白质丰富的食品。

6. 哪些鸡蛋不能食用?

(1)裂纹蛋:鸡蛋在运输、贮存及包装等过程中,由于震动、挤压等原因,可能会使部分鸡蛋造成裂缝、裂纹,很易被细菌侵入,若放置时间较长就不宜食用。

(2)粘壳蛋:这种蛋因贮存时间过长,蛋黄膜由韧变弱,蛋黄紧贴于蛋壳,若局部呈红色,还可以吃;但若蛋膜紧贴蛋壳不动,贴皮外呈深黑色,且有异味者,就不能食用了。

(3)臭鸡蛋:臭鸡蛋是指有特殊臭味的鸡蛋。由于鸡蛋存放的时间过长或在温暖潮湿的环境中保存,加上有的鸡蛋有裂缝,导致多种细菌和霉菌通过蛋壳气孔或裂缝侵入蛋内并大量繁殖,使蛋白质迅速分解,产生甲烷、氮、氨、二氧化碳等物质,从而使鸡蛋腐败变质并发出恶臭。臭鸡蛋经过烹调加工后，其中的胺类、亚硝酸盐、细菌毒素等有害物质仍然难以完全清除。人如果吃了这种臭鸡蛋，就会引起恶心、呕吐、腹痛、腹泻等中毒症状，食用过量还可能诱发癌症。

(4)散黄蛋：鸡蛋散黄的原因有以下两点：一是在运输、贮存过程中受到激烈震荡，造成鸡蛋的蛋黄膜破裂，导致机械性散黄。这种散黄蛋的蛋液较浓，蛋白质没有变性，蛋黄与蛋清易于分开，也无异味，经煎、煮等高温处理后仍可食用。二是因存放时间过长，细菌或霉菌经蛋壳气孔侵入蛋体内，破坏了蛋黄膜的蛋白质结构而造成散黄；或因蛋黄中渗入的水分过多，使蛋黄膜表面的张力造成蛋黄膜破裂，也会使鸡蛋散黄。如果散黄不严重，蛋白质变性也不严重，闻起来也没有异味，则仍可继续食用；如果细菌和霉菌在蛋体内大量繁殖，蛋白质已变性，蛋液稀薄浑浊呈灰黄色，且有异味，这样的散黄蛋就不能再食用了。

(5)胎蛋：毛鸡蛋，即通常所说的毛蛋，就是"死胎蛋"，是鸡种蛋在孵化过程中，由于温度、湿度不当或感染细菌、寄生虫等原因，导致胚胎停止发育，因而没能孵出小鸡。有些人认为这种鸡蛋经过了孵化，胚胎已经长肉，因此营养更丰富，这是没有科学根据的。

事实上，毛鸡蛋中所含的蛋白质、脂肪、糖类、维生素和矿物质等营养成分，绝大部分已经在孵化过程中被胚胎利用掉了，因此并没有太多的营养价值，根本不能与鲜鸡蛋相比。而且，毛鸡蛋中还可能含有大肠杆菌、葡萄球菌、伤寒杆菌、变形杆菌等多种病菌。消费者如果吃了这种带有病菌的鸡蛋，很容易发生食物中毒，并诱发痢疾、伤寒、肝炎等多种疾病。此外，毛鸡蛋中的激素含量较高，对青少年的生长发育极其不利。

(6)发霉蛋：有的鸡蛋遭到雨淋或受潮，使细菌容易侵入蛋内而致发霉变质，蛋壳表面也可见有一定量的黑斑或霉点，这种蛋也不宜选购食用。

(7)其他：血筋蛋以及蛋内含有寄生虫的鸡蛋一般也不宜食用。

7. 为什么"营养鸡蛋"不能乱吃？

"营养鸡蛋"是指利用碘、锌、铁等微量元素制成的一种特殊的饲料来饲喂鸡，经过一段时间后生产出来的微量元素鸡蛋。它能够补充人体内某些微量元素的不足，通过食用达到治疗的作用。时下，市场上标着“高钙”、“高锌”、“高铁”、“高碘”等各种不同营养成分的鸡蛋应有尽有。所以，就有些消费者只选含有微量元素的，而不再食用普通鸡蛋，认为吃啥补啥，多吃含微量元素的鸡蛋对身体有益。其实，营养鸡蛋只适合少部分人群，如缺钙体质的人群适宜食用高钙鸡蛋、缺锌体质的人群适宜食用高锌鸡蛋，而其他人群是不可以随意乱吃的。在每天的膳食中，钙、铁、碘等都有固定的需求量，正常人每天只需吃一两个普通鸡蛋就完全可以满足需求。即使是体内缺乏这些微量元素物质的特殊人群，如果过多的吃营养鸡蛋，也会对身体产生一定的危害。例如，人体内如果碘补多了，会出现一系列神经系统的症状。

8. 红皮鸡蛋比白皮鸡蛋更有营养吗？

有的消费者认为红皮鸡蛋比白皮鸡蛋营养高，这是没有科学根据的。事实上，鸡蛋壳的颜色只与母鸡的品种有关，与营养价值无关。蛋壳的颜色主要是由一种叫“卵壳卟啉”的物质决定的，而卵壳卟啉并无营养价值。鸡蛋营养价值的高低完全取决于母鸡的健康状况以及每日所喂食饲料的质量。如果是在不同的饲养管理条件下以及品种不同等原因，红皮鸡蛋与白皮鸡蛋的营养就要另当别论了。

9.“土”鸡蛋的质量可靠吗？

现在人们生活水平提高了，吃的方面更注意营养、自然，越是来自农家、山区里的鸡蛋，像土鸡蛋、柴鸡蛋、笨鸡蛋、草鸡蛋、山鸡蛋、农家蛋，就越是受消费者欢迎。这些鸡蛋虽说名字不一样，但都突出了一个“土”字，很迎合大众普遍的消费心理。所以，这些土鸡蛋虽然价格贵些，但销路一直看好。销售人员给消费者介绍土鸡蛋时，一般都强调土鸡在生长过程中不是圈养在笼子里，而是放养在山坡、草地，吃的是原粮和昆虫、草籽，而消费者也大都认为土鸡蛋营养价值高、吃着香。至于什么样的鸡蛋是土鸡蛋，土鸡蛋的质量到底如何，很多销售人员和消费者并不太清楚。

农业部已先后颁发了无公害鸡蛋标准、绿色鸡蛋标准和有机鸡蛋标准，但目前还没有“土鸡蛋”的相关标准，土鸡蛋只是个笼统的概念。所谓的土鸡蛋，大致可以理解为传统鸡种，以放养的方式养殖，不吃利用现代科技人工配制的饲料的鸡所生的蛋。目前，农家散养的鸡在饲养过程中鸡有的未进行常规防疫，有的疫病多发，尤其是当前我国相当部分的农村地区，缺乏垃圾、污水处理设施，再加上农民环保意识的缺乏，生活垃圾随手乱扔，生活污水随意排放，地表土、地表水及地下水等铅、汞等有毒有害物质含量高；化肥、农药的使用缺乏科学性，流失的化肥、农药和随手扔掉的农药瓶，很容易造成水体和土壤的污染；由于国家对环保的重视程度日益增强，城镇的环保“门槛”也越来越高，那些高污染、高能耗的工业企业很难在城镇立足，于是转向农村，农村的环境正在不断恶化，散养鸡在这样的条件下所产出的蛋质量很难保证。即使散养鸡不吃利用现代科技人工配制的饲料，自由采食的土鸡也可能存在营养素摄入不全的问题。像这样的土鸡蛋，没有经过相关部门的认证，也很难说是质量安全、可靠的鸡蛋。同样道理，土鸡、土鹅、土猪等带有“土”字号的畜禽产品的质量也并非绝对可靠。

10. 一天食用几个鸡蛋较为合适？

从营养学的观点来看，为了保证膳食平衡、满足机体需要，又不会营养过剩，一般情况下，老年人每天吃1～2个鸡蛋为宜；中青年人、从事脑力劳动或轻体力劳动者，每天可吃2个鸡蛋；从事重体力劳动，消耗营养较多者，每天可吃2～3个鸡蛋；一般而言，1岁到1岁半的孩子，每天可吃半个或大半个鸡蛋；2岁以上的孩子，以每日食用1个鸡蛋为宜；少年儿童由于长身体，代谢快，每天也应吃2～3个鸡蛋；孕妇、产妇、乳母、身体虚弱者以及进行大手术后恢复期的病人，需要多增加优良蛋白质，每天可吃3～4个鸡蛋。

如果食用鸡蛋过多，会产生以下问题：①胃肠负担过重，消化不良。②使胆固醇的摄入量大大增加，造成血液中胆固醇含量过高，诱发动脉粥样硬化和心、脑血管疾病的发生。③增加肝脏与肾脏的负担，对肝脏和肾脏不利；④造成体内营养素失衡，并引发相关疾病。

11. 为什么早餐不宜只吃鸡蛋？

由于早晨时间比较紧迫，有些人往往只吃1～2个鸡蛋后，便匆忙上班。这样做，是不科学的，也不利于身体健康。这是因为，一方面2个鸡蛋所提供的热量，不能满足身体需要。据测算，早餐应提供全天身体所需热量的25％～30％，而2个鸡蛋所提供的热量只占应摄入量的18.4％～22％（如只吃1个鸡蛋，提供的热量就更少了）。由于热量供给不足，鸡蛋中的优质蛋白质就会被用来弥补热量，在体内“燃烧”掉，这是非常可惜的。另一方面，早晨起床后，身体迫切需要补充水分，如果不补充水分而只吃鸡蛋，会使身体更加缺水，随之而来的是尿液浓度更高，不利于废物及有毒物质及时排出体外，长此下去，无疑对身体是有害的。

12. 可以喂婴儿蛋清吗？

不少家长认为鸡蛋清水分多，易消化，因此适合婴儿食用。其实不然，这是一种错误的认识。这是因为，鸡蛋清中虽然水分比较多，但蛋白的主要成分是白蛋白，分子小，而婴儿的消化器官发育尚不完全，肠壁的通透性强，白蛋白分子就可以经由肠壁直接渗入血液中。在血液中，白蛋白分子作为一种抗原，会使婴儿体内产生抗体，当婴儿再次接触这种异体蛋白时，就会导致过敏与过敏反应性疾病，出现湿疹、荨麻疹、过敏性肠炎、喘息性支气管炎等。因此，不能盲目给婴儿喂食鸡蛋清，尤其是6个月以下的婴儿。

13. 为什么心血管病患者不宜过多食用蛋黄？

这是因为蛋黄中含有较多的胆固醇。人体中胆固醇的含量增加是造成心血管病的病因之一，特别是40岁以上的人，过多地食用含胆固醇高的动物性蛋白质和脂肪，会使血液中胆固醇浓度增高，从而导致动脉硬化症。鸡蛋的蛋黄含胆固醇很高，每100克蛋黄内含胆固醇高达 1 163 毫克，是动物性食品中含胆固醇较高的食品。所以，心血管病人不宜多吃蛋黄，可多吃豆腐及其他豆制品来替代。

14. 为什么婴幼儿贫血不宜只用蛋黄补铁？

每 100 克鸡蛋含铁 2.7 毫克，鸭蛋为 3.2 毫克，与瘦肉中含铁相仿。蛋黄中的铁与磷酸盐、磷酸蛋白结合成复合磷酸铁，很难被吸收和利用。因此，小儿贫血时不宜只用蛋黄来补铁，可在婴儿 4 个月后，慢慢增加猪肝泥，因为猪肝中含有大量的铁。此外，还可同时饮用含铁和维生素 C 的饮料，或适当食用绿叶蔬菜等。

15. 鸡蛋怎样烹饪比较好？

鸡蛋吃法多种多样，但不能生吃，打蛋时也须提防沾染到蛋壳上的病原菌。就营养的吸收和消化来讲，据测定，煮蛋为 100%，嫩炸为 98%，炒蛋为 97%，老炸为 81.1%，生吃为 30%～50%。由此可见，煮鸡蛋是最佳的吃法，但要注意细嚼慢咽，否则会影响吸收和消化。不过，对儿童来说，还是蒸蛋羹、蛋花汤最适合，因为这两种做法能使蛋白质松解，易被消化吸收。以下就几种主要的烹饪方法进行介绍。

(1)摊鸡蛋：忌用大火，否则会损失大量营养。因为温度过高时，鸡蛋清所含的高分子蛋白质会变成低分子氨基酸，这种氨基酸在高温条件下常形成有毒的化学物质，同时也会损失部分营养物质；但是火太小了也不行，因为火小时所需要的时间相对长，水分丢失就较多，摊出的鸡蛋发干，影响质感。因此，摊鸡蛋最好用中火。

(2)蒸鸡蛋羹：鸡蛋羹是否能蒸得好，除放适量的水之外，主要决定于蛋液是否搅拌得好。搅拌时，应使空气均匀混入，且时间不能过长。气温对于搅好蛋液也有直接关系，如气温在 20℃以下时，搅蛋的时间应稍长一些(约为 5 分钟)，这样会使蒸出的鸡蛋羹口感细嫩；气温在 20℃以上时，时间要适当短一些。不要在搅蛋的最初就放入油、盐，这样易使蛋胶质受到破坏，蒸出来的鸡蛋羹口感粗硬；若在搅匀蛋液后再加入油、盐，略搅几下再放入蒸锅，出锅时的鸡蛋羹将会很松软。

(3)煮鸡蛋：将鸡蛋放入装有凉水的锅内，水开后持续 5～6 分钟，这样既能杀死鸡蛋所附带的有害致病菌，又能比较完整地保存其营养。注意煮的时间不可过长或过短。如鸡蛋煮的时间过短，其中含有的抗酶蛋白和抗生物素蛋白两种有害物质就不能被破坏，并且口感不好，影响食欲，同时还可能存在沙门氏菌等致病菌污染的问题；而煮的时间过长，又会使鸡蛋中的营养物质受到破坏，且口感欠佳。如果鸡蛋在沸水中煮超过 10 分钟，其内部就会发生一系列的化学变化，蛋白质结构会变得更紧密，不容易与胃蛋白酶充分接触，较难消化，同时鸡蛋中蛋白质含有的较多蛋氨酸在经过长时间加热后会分解出硫化物，并与蛋黄中的铁发生反应，形成人体不易吸收的硫化铁，营养成分损失较多。此外，煮蛋时还要注意如下技巧：水必须没过蛋，否则浸不到水的地方蛋白质就不易熟透、凝固，影响消化；煮前可把蛋放入冷水浸泡一会儿，以降低蛋内气压，然后再用中等火候；要用冷水煮沸，这样既可防止蛋壳破裂，又可避免营养素的流失。

16. 为什么鸡蛋不能生吃？

有些人喜欢吃生鸡蛋，以为鸡蛋煮熟后营养成分就被破坏了，生吃比熟吃补身体。其实，生吃鸡蛋不但会使鸡蛋中的营养成分难以被消化吸收，而且会对人体健康造成损害。一是生鸡蛋中的蛋白质结构细密，不易被消化吸收，绝大部分通过消化道被排出体外，造成蛋白质的极大浪费。而生鸡蛋一旦煮熟，蛋白质的结构就会变得松软，更有利于人体的消化吸收。二是鸡蛋由鸡的卵巢和泄殖腔产出，鸡的卵巢、泄殖腔带菌率很高，所以蛋壳表面甚至蛋清、蛋黄都可能已被细菌污染，生吃就很容易引起寄生虫病、肠道病或食物中毒。三是生鸡蛋有一股腥味，能抑制中枢神经，使人食欲减退，有时还能使人呕吐。四是生鸡蛋清中含有一种叫抗生物素的物质，它会影响人体对鸡蛋黄中所含的生物素的吸收。五是生鸡蛋内含有“抗胰蛋白酶”，会干扰人体消化系统的正常功能。据最新研究表明，若长期大量吃生鸡蛋，生鸡蛋清内的抗生物素蛋白会与人体内生物素结合成一种稳定的化合物，使鸡蛋内的生物素不能被肠壁吸收，导致食入者出现精神倦怠、肌肉酸痛、毛发脱落、皮肤发炎、食欲减退、体重下降等症状。六是吃生鸡蛋后，大量未经消化的蛋白质进入消化道，发生腐败后会产生具有致癌作用的亚硝基化合物等多种有毒有害物质。其中一部分可随粪便排出体外，而其余部分则需要由肝脏进行解毒处理，从而增加了肝脏的负担。鸡蛋经过加工做熟后既可将其内外的细菌杀灭，又能破坏抗生物素和抗胰蛋白酶的结构和功能。因此，鸡蛋不能生吃，一定要煮熟、蒸熟、炒熟或煎熟后再吃。

17. 所有的红心鸭蛋都不能吃吗?

有媒体曾经披露，一种产自河北白洋淀的“红心鸭蛋”中含有致癌物质苏丹红4号。据调查，该鸭蛋主要是因为给蛋鸭饲喂了含有致癌物质苏丹红4号所造成的。因此，“红心鸭蛋”事件造成了全国性的恐慌。但并不是所有的红心鸭蛋都是有毒或不能食用的。正常的红心鸭蛋，其生产途径一般有两条：一是放养于滩涂等地的蛋鸭因食用鱼虾、胡萝卜等富含胡萝卜素的饲料，而产出了颜色较深的红心鸭蛋，这类红心鸭蛋的营养和口感明显优于普通鸭蛋，可放心食用；另一种是在饲料中添加国家允许使用的饲用色素类添加剂，主要为辣椒红和日落黄等。由于这些合法饲用色素类添加剂的价格较高，一些不法蛋贩子和饲料供应商就暗中向养殖户、养殖企业销售苏丹红，从中牟取暴利，生产出了有毒的红心鸭蛋，这类鸭蛋就不能食用。

18. 怎样判断鸡蛋是否新鲜?

(1)眼看：新鲜的鸡蛋蛋壳表面附有一层霜状粉末，外壳发乌，无光泽；陈蛋蛋壳表面比较光滑，有光亮感。

(2)手摸：新鲜的鸡蛋触摸有涩感，拿在手中发沉；陈蛋手摸有光滑感，手感轻。

(3)耳听：新鲜的鸡蛋相互轻碰时声音清脆，用手摇动时无声、音实；陈蛋摇动时有晃动声。

(4)光照：新鲜的鸡蛋透亮，蛋黄轮廓清晰；陈蛋显均匀的灰黄色或灰黑色。

(5)四转:将鸡蛋放置平面上,用手指轻轻一转,新鲜蛋转动时,蛋壳里有阻力,转两三圈便停下;陈蛋则转得长且快。

(6)水浸:把鸡蛋放在15%左右的食盐水中,沉入水底的是鲜蛋;大头朝上、小头朝下、半沉半浮的是陈蛋;臭蛋则浮于水面。

(7)打开:新鲜的鸡蛋蛋黄、蛋清色泽分明,蛋黄呈圆形,凸起而完整,带有韧性;陈蛋的蛋黄散开,或蛋清与蛋黄混杂。

19. 可以用牛奶煮荷包蛋吗?

有的人喜欢用牛奶煮荷包蛋,认为这样既营养丰富又省时省力,其实不然。用牛奶煮荷包蛋,虽然在操作上的确会省事,但是从营养角度考虑却是不科学的。这是因为,牛奶的沸点比较低,往往不用加热多久就会开锅,而此时的鸡蛋还处于半生不熟的阶段,其中的细菌还没有被完全杀死。而如果要把鸡蛋完全煮熟,牛奶中的蛋白质又会因为长时间加热而损失掉一部分,而且牛奶也容易溢锅。因此,将牛奶和鸡蛋一起煮是不利于营养保健的。要充分保存鸡蛋和牛奶两者的营养,还是要将两者分别加工为好。

20. 煮荷包蛋时可以加糖吗?

许多人在煮荷包蛋的时候喜欢加点糖,认为这样既美味又富含营养。实际上,这种做法是不正确的。因为在煮鸡蛋的时候,鸡蛋中的氨基酸会与糖发生化学反应,产生果糖基赖氨酸,这种物质对人体有毒。因此,鸡蛋不可与糖同煮。如果口味喜甜,可在蛋煮熟后再另外加糖调味。

21. 单面煎蛋的烹饪方法科学吗?

单面煎蛋,是指煎鸡蛋时只煎一面,蛋黄呈“溏心”的蛋。很多人觉得“单面煎蛋”吃起来鲜嫩,营养也没有被破坏,所以特别喜欢吃。其实,这种煎蛋对人体的健康是不利的。单面煎蛋朝上的一面不易熟透,并且还容易残留致病菌。如果食用了这种鸡蛋,人就有可能会出现消化不良以及恶心、呕吐、腹泻等症状。而贴着锅的一面，经煎炸后容易变焦，产生致癌物——苯并芘，经常吃，势必会危害人体健康。另外，煎蛋还涉及高温高油的问题。所以，单面煎蛋的烹饪方法并不科学。

22. 蒸鸡蛋羹时有哪些注意事项？

蒸鸡蛋羹是食用鸡蛋的一种好方法，营养味美，老少皆宜。但做蒸鸡蛋羹切忌以下几点。

(1)忌加生水和热开水：因自来水中有空气，水被烧沸后，空气排出，蛋羹会出现小蜂窝，影响蛋羹质量，缺乏嫩感，营养成分也会受损。也不宜用热开水，否则开水先将蛋液烫热，再去蒸，营养受损，甚至蒸不出蛋羹。最好是用凉开水蒸鸡蛋羹，这样可使营养免遭损失，也会使蛋羹表面光滑，质地软嫩，口感鲜美。

(2)忌猛搅蛋液：在蒸制前猛搅或长时间搅动蛋液会使蛋液起泡，搅溶解后蒸时蛋液不会融为一体。最好是打好蛋液，加入凉开水后再轻微打散搅和即可。

(3)蒸制时间忌过长，蒸汽不宜太大：由于蛋液含蛋白质丰富，加热到 85℃左右，就会逐渐凝固成块，蒸制时间过长，就会使蛋羹变硬，蛋白质受损。蒸汽太大就会使蛋羹出现蜂窝，鲜味降低。

蒸鸡蛋羹最好用放气法为好，即蒸蛋羹时锅盖不要盖严，留一点空隙，边蒸边跑气。或者用盘子扣上。蒸蛋时间以熟而嫩时出锅为宜。

23. 怎样判断咸蛋的质量？

(1)看外观：良质咸蛋的包料完整无损，包料剥掉后蛋壳也完整无破损，显微湿润；劣质咸蛋隐约可见内容物显黑色水样，蛋壳破损或有霉斑。

(2)灯光透视：良质咸蛋的蛋黄凝固，显橙黄色，且靠近蛋壳，蛋清显白色水样透明状，气室小；劣质咸蛋蛋清浑浊，蛋黄变黑，转动蛋时蛋黄黏滞。

(3)打开：良质咸蛋的生蛋蛋清稀薄透明，蛋黄完整隆起，显红色或淡红色，黏度较强，熟蛋剥壳后蛋白完整，不粘壳，蛋白“无蜂窝”状现象，蛋黄较结实，含油；劣质咸蛋的生蛋打开后，可见蛋清呈白色水样状，蛋黄发黑，或蛋清浑浊，蛋黄大部分溶化，严重时蛋黄蛋清全部黑色，有臭味。

24. 为什么孕妇不宜吃咸鸭蛋？

这是因为孕妇孕期体内雌激素随妊娠月份的增加而不断升高，雌激素有促使水分和盐在身体内过多存留的作用。如果孕妇饮食调配不当，极易造成孕妇水肿，尤其是咸鸭蛋，每只咸蛋含盐 10 克以上，而人体每日需盐量 5～6 克。可见，1 个咸蛋所含的盐已超过孕妇一天的需要量，加之除咸蛋外，孕妇每天还要食用含盐食物，这样便使盐的摄入量远远超过机体需要量。在人体内，盐和水分是一对孪生姐妹，食盐过多会产生口渴，必然大量饮水，水、盐积聚在体内超过肾脏排泄能力，从而导致孕妇高度水肿。同样道理，过多食用咸鱼、咸肉、咸菜、香肠等腌制食品，也会造成上述结果。

25. 怎样判断皮蛋的质量？

(1)看外观：良质皮蛋蛋体完整，外表泥状包料(泥层、稻壳)薄厚均匀，微湿润，允许有少数漏壳或干枯现象。涂料蛋及光身蛋都不应有霉变，蛋壳要清洁完整，敲摇时无水响声。包膜蛋和真空包装蛋的包膜应完好，无破损，无泄漏现象；劣质皮蛋的包料破损不全或发霉，剥去包料后，蛋壳有斑点或破、漏现象，有的内容物已被污染，晃动时有水荡声或感觉轻飘。

(2)灯光透视：良质皮蛋显玳瑁色，内容物凝固不动；劣质皮蛋内容物不凝固，显水样，气室很大。

(3)打开：良质皮蛋的蛋白呈半透明的青褐色、棕色或不透明的深褐色以及透明的黄色，有光泽，有弹性，不粘壳，蛋黄呈墨绿色或绿色，中心较稀，具有皮蛋应有的气味和滋味，气味芳香，呈溏心或硬心，可略带辛辣味；劣质皮蛋的蛋清黏滑，蛋黄显灰色糊状，严重者大部分或全部液化，呈黑色，有刺鼻的恶臭味或霉味。

26. 长期吃皮蛋好吗?

皮蛋是我国传统特制食品，常用鸭蛋制成，具有独特的风味，深受一些人的喜爱，是许多家常菜中不可缺少的重要“角色”。但需要注意的是，皮蛋少吃无妨，吃多了却会对身体造成不良影响。

皮蛋是由鲜鸭蛋腌制而成的。腌制皮蛋的原料主要是混合纯碱、石灰、食盐、茶叶等。为了促使蛋白质迅速凝固和脱壳，还经常要加入一些氧化铅(黄丹粉)，这样就使皮蛋中含有一定量的铅。如果经常大量食用皮蛋，就会引起铅中毒，表现为失眠、注意力不集中、好动、贫血、关节酸痛、思维缓慢，严重者可出现智力下降和脑功能障碍。而且，铅在人体内会取代钙质，影响钙的吸收，从而引起缺钙现象。因此，皮蛋不宜多吃。特别是儿童对铅非常敏感，铅在儿童肠道内的吸收率可高达50%。再加上儿童的各个器官和代谢功能还不完善，很容易造成铅在体内的蓄积，从而引起慢性中毒，影响智力发育。因此，儿童更应少吃或不吃皮蛋。

吃皮蛋时，适当加点醋、生姜、大蒜等，不但能够去除皮蛋中的碱涩味，而且可以杀菌消毒。

为避免因食用皮蛋而发生的铅中毒，目前市场上已有经工艺改革生产的“无铅皮蛋”，即在配料中用硫酸铜或氧化锌来代替黄丹粉。但“无铅皮蛋”并不是不含铅，只是铅的含量比传统腌制的皮蛋低。微量的铅对成年人的健康影响不大，但对儿童来说，无铅皮蛋也应少吃或不吃。

27. 皮蛋可以剥皮就吃吗?

在炎热的夏季，很多人都喜欢吃凉拌皮蛋，有些人甚至将皮蛋剥了皮就吃。其实，这种吃法是很不卫生的，因为皮蛋经常会被细菌污染。

据检测，干净的皮蛋蛋壳上只有400～500个细菌，而脏的皮蛋蛋壳上细菌的数目则高达1.4亿～4亿个。这些细菌能通过蛋壳上细小的空隙进入蛋内，进而污染皮蛋。一般情况下，正常的皮蛋呈暗褐色，透明且有一定的韧性；而被污染的皮蛋则变为浅绿色，韧性差且容易松散。在购买皮蛋时，一定要仔细加以分辨。

污染皮蛋的细菌主要是沙门氏杆菌。人们在食用被污染的皮蛋时，沙门氏杆菌也会随皮蛋进入体内，它能引起肠黏膜发炎并会产生毒性很强的内毒素，最终导致中毒，使人出现头痛、头晕、恶心、呕吐、腹痛、腹泻等症状。

因此，食用皮蛋时，可先将蛋壳去掉，然后在 70℃以上的高温下蒸 5 分钟左右，晾凉后就可以放心食用了。

28. 为什么肝硬化患者忌吃皮蛋？

肝硬化病人肝功能较差，进食高蛋白质食物会造成氨中毒和肝昏迷。皮蛋是蛋白质食品，同时皮蛋中含有较多的氨，并且皮蛋是碱性的。在食用者肠道内，NH_4^+ 被转变为 NH_3 而被人体吸收，从而诱发肝昏迷。肝昏迷可以引起脑水肿，甚至出现死亡。因此，肝硬化病人忌吃皮蛋。

29. 怎样判断糟蛋的质量？

良质糟蛋的蛋壳全部脱落或部分脱落，薄膜完整，蛋大而丰满，蛋清显乳白色的胶冻状，蛋黄显橘红色的半凝固状，香味浓厚，稍有甜味；劣质糟蛋的薄膜有裂缝或破损，膜外表有霉斑，蛋清显灰色，蛋黄颜色发暗，内容物呈稀薄流体状或糊状，有异味或酸臭味。

30. 茶叶蛋的吃法科学吗？

茶叶蛋是一种深受人们喜爱的传统食品，老人和小孩尤其喜欢吃。但营养学家指出，多吃茶叶蛋有害身体健康。

茶叶中含有较多的单宁酸，单宁酸与食物中的蛋白质相遇后会生成不易消化的凝固物质。吃茶鸡蛋过多，这种凝固物质就会大量沉积于体内，从而严重影响人体对蛋白质的吸收和利用。同时，茶叶中还含有鞣酸成分。在用茶叶煮鸡蛋时，鞣酸成分会渗透到鸡蛋里，与鸡蛋中的铁元素结合形成沉淀，不但影响人体对铁的吸收和利用，而且会对胃产生强烈的刺激作用。久而久之，还会造成贫血症状。

另外，在用茶叶煮鸡蛋时，茶叶中的生物碱类物质会与鸡蛋中的钙质结合，同时会影响十二指肠对钙质的吸收，容易导致缺钙和骨质疏松。

31. 为什么脑血管患者不宜多食鹌鹑蛋?

据测定，在各种食品中，鹌鹑蛋含胆固醇的比例最高。每100克鹌鹑蛋内就含有3 640毫克胆固醇。其他食品，牛奶为13毫克，瘦猪肉为90毫克，鸡蛋黄为1 163毫克。也就是说，鹌鹑蛋的胆固醇含量是牛奶的280倍，瘦猪肉的61倍，鸡蛋黄的3.1倍。人体内胆固醇的升高，是引起动脉硬化的主要原因。因此，老年人，尤其是患有脑血管疾病者，以少食鹌鹑蛋为好。

五、乳品篇

1. 牛奶有哪些营养价值?

牛奶中含有几乎人体所需要的全部营养成分,不仅营养丰富而且容易被人体所消化吸收,被营养学家称为“接近完美的食品”,是人类理想的天然食品之一,适合各年龄段的人群食用。据测定,牛奶中含有2.8%~3.5%的蛋白质、3%~4.8%的乳脂肪、4.5%~5%的乳糖、0.70%~0.73%的矿物质,几乎含有所有已知的维生素、多种矿物质、微量元素以及具有生物活性的酶类和免疫体。如按营养成分折算,每1 000毫升牛奶约含有蛋白质31克、脂肪37克、乳糖46克、钙1 250毫克、维生素A 300毫克、维生素D 0.6毫克、维生素B_1 370毫克、维生素B_2 1 800毫克。如若将牛奶和其他食品相比,在其营养成分中,钙和维生素D的含量相对较多,含胆固醇较少。例如,牛奶中钙的含量是鸡蛋的1.91倍,瘦肉的7.65倍;胆固醇含量只有鸡蛋的2.4%,瘦肉的15.4%。从营养学的角度来看,牛奶中的乳蛋白含有人体所必需的氨基酸,消化率可达96%,是优质全价蛋白质。牛奶中的脂肪组成主要为短链脂肪酸和中链脂肪酸,由于脂肪球直径小,呈高度乳化状态,也极易被人体吸收。可以说,在天然的单一食品中,营养成分之全面能和牛奶相媲美者实为不多。据报道,牛奶对人体健康有以下益处。

(1)牛奶可防止动脉硬化,有助于降血压,降低心脏病的发病率。

(2)牛奶中含有钾,可使动脉血管壁在高压时保持稳定,减少中风的发病率。

(3)牛奶中的蛋白质具有轻度解毒的功能,可以阻止人体对砷、铅等重金属的吸收。

(4)酸奶和脱脂乳可增强免疫系统功能,阻止肿瘤细胞增长,有防癌作用。

(5)牛奶中的碘、锌、卵磷脂和亚油酸，能提高大脑的工作效率，有健脑益智的作用。

(6)牛奶中的铁、铜和维生素 A 有美容作用，可使皮肤保持光滑和丰满。

(7)牛奶中富含钙、磷等矿物质，且比例适当，易于被人体吸收，能增强骨骼和齿质，对于佝偻病、老年骨质疏松症都具有良好的预防和治疗作用。

(8)牛奶中的镁能使心脏和神经系统耐疲劳，锌能促进伤口快速愈合。

(9)牛奶可预防维生素的缺乏，尤其是其中的维生素 A、维生素 B_2 对保护视力有益。

(10)牛奶有助于萎缩性胃炎及胃和十二指肠溃疡的治疗。

(11)晚间喝牛奶，既可以起催眠作用，睡得安稳深沉、提高睡眠质量，而且具有刺激胆囊排空的作用，防止胆结石的发生。

(12)牛奶中含有过氧化物歧化酶，它能消除人体内的自由基，从而增强人体免疫功能，促进新陈代谢，起到抗衰老、延年益寿的作用。

2. 羊奶有哪些营养价值?

羊奶，即羊的乳汁。现代营养学研究发现，羊奶中含有 200 多种营养物质和生物活性因子，其中乳酸 64 种，氨基酸 20 种，维生素 20 种，矿物质 25 种。羊奶中蛋白质、矿物质及各种维生素的总含量均高于牛奶，且其中的脂肪颗粒体积仅为牛奶的 1/3，营养丰富且易于消化，尤其是适合于老人、婴幼儿。在国际营养学界，羊奶被称为“奶中之王”。《本草纲目》中记载，“羊乳甘温无毒，润心肺，补肺肾气。”总体来说，羊奶的营养作用主要有以下几点。

(1)健胃整肠，改善营养不良：羊奶呈弱碱性，对胃酸过高及胃溃疡患者有辅佐疗效。羊奶脂肪球特别细小，是牛奶的 1/3，营养成分吸收快，消化时间短，对胃肠有改善作用。

(2)强健体魄，改善骨质疏松：羊奶中钙的含量是牛奶的 1.3 倍，对发育中的青少年儿童骨骼的生长有明显的作用效果。此外，对预防老年人骨质疏松也具有明显的作用。

(3)美容养颜：羊奶中维生素E的含量较高，可以阻止人体细胞中不饱和脂肪酸的氧化、分解，延缓皮肤衰老，增加皮肤弹性和光泽。同时，羊奶中的上表皮细胞生长因子对于皮肤粗糙、干燥、角质化有良好的预防作用。

(4)有助于大脑发育及智力的开发：因为羊奶中含有大量的B族维生素，所以对大脑的发育及智力的开发特别有益。

(5)增强人体免疫力：羊奶中的免疫球蛋白含量很高，能有效地消灭侵入人体内的细菌、病毒等病原微生物，保护人体健康，增强人体免疫力。

3. 什么是乳和乳制品？

(1)乳，即奶，是指从哺乳动物正常乳房中挤出的分泌物，无添加物且未从其中提取任何成分。

(2)乳制品，即以乳(奶)为原料，利用全部或部分成分加工而成的液体、半固体或固体产品。

4. 还原奶与鲜牛奶有哪些区别？

还原奶，又称复原乳。是以全脂乳粉为原料，经混合溶解、均质处理，制成与牛奶成分相近的饮用奶。因为还原奶是由全脂奶粉还原而成的，其营养与全脂奶粉没有很大的差别，但与纯牛奶相比较，在风味等某些方面稍有差异，且还原奶经过多次热处理，在一定程度上影响了蛋白质的结构和某些热敏性维生素的含量。目前，在一些纯牛奶供应紧缺的地区，将还原奶按一定的比例掺入鲜奶中当液态奶销售，在一定程度上缓解了纯牛奶供应紧张的局面。我国相关部门规定，用奶粉调制的复原乳必须在产品包装上注明。但有些生产厂家虽然标注了，却是放在很不显眼的位置，或用很淡的颜色，不注意观察很难看到，这一点要引起注意。

5. 液态奶是怎样分类的?

液态奶是由健康奶牛所产的鲜乳汁,经有效的加热杀菌方法处理后,分装出售的饮用牛乳。根据国际乳业联合会(IDF)的定义,液体奶(液态奶)是巴氏杀菌乳、灭菌乳和酸乳三类乳制品的总称。

(1)按成品组成成分分为全脂牛乳、强化牛乳、低脂牛乳、脱脂牛乳和花色牛乳。

(2)按杀菌方式不同分为低温长时间杀菌牛乳、高温短时间杀菌牛乳、超高温灭菌乳、UHT 蒸汽直接喷射法超高温灭菌牛乳和瓶装(罐装)灭菌牛乳。

(3)从原料使用角度进行分类。单一按原料奶的不同使用情况,分为生鲜牛奶、再制奶、还原奶和混合奶;如果在产品中还使用其他辅料,则形成液态奶的衍生系列产品,则又可分为风味奶、营养强化奶和含乳饮料。

(4)按加工工艺角度分为巴氏杀菌奶、超巴氏杀菌奶和灭菌奶。

6. 怎样判断牛奶的质量?

(1)眼观:正常的牛奶是质地均匀的乳浊液。如发现上部出现清液、下层呈豆腐脑状,则说明已变酸、变质;如呈现红色、深黄色等异色,有不溶性杂质,或有发黏、凝块现象,说明其中可能掺入淀粉等物质。

(2)鼻嗅:新鲜优质牛奶应有鲜美的乳香味,不应有酸味、鱼腥味、杂草味或酸败的臭味等异常气味。

(3)口尝:正常的牛奶微甜略具咸味,不应尝出有酸味、苦味、涩味或明显的咸味等异味。

7. 牛奶中有哪些微生物?

牛奶中的微生物主要来自奶牛体内以及挤奶、贮存、运输等过程中从外面的污染。生牛奶中的微生物包括细菌、真菌和酵母菌,其中以细菌的数量最多。生牛奶中的细菌总数大都在几万个至几百万个之间,污染严重的可超过1千万个。从奶牛乳房挤出的奶并非是无菌的,在健康奶牛的乳房内也总有一些细菌存在,但仅限于极少数几种细菌,如小球菌、链球菌等,细菌的数量不多,大约在每毫升几百个左右。如奶牛发生乳房炎,则在奶中会检出大量的金黄色葡萄球菌、链球菌和化脓杆菌等致病菌。所以在健康牛的奶中,大多数微生物来自于牛的体表皮肤和外环境,以及奶离开奶牛后细菌的快速增殖。牛奶的细菌总数与环境卫生、挤奶机、牛奶贮存和运输设备的清洁程度和牛奶的冷藏温度有关。通常来说,能在极短的时间内把牛奶温度降至4℃左右,牛奶中的微生物总数就相对越低。

8. 贮存牛奶时有哪些要求?

通常而言,牛奶宜现买现喝,不宜久贮,即使是短期贮存也要求在适宜的环境条件下。在贮存牛奶时,主要有以下五忌。

(1)忌冷冻保存:有的人认为牛奶可以冷冻保存,其实这是不科学的。牛奶中含有三种不同性质的水:第一种是游离水,其含量最多,它不会与其他物质结合,只起溶剂作用;第二种是结合水,是与蛋白质、乳糖、盐类结合在一起的一种水,不再溶解其他物质,在任何情况下都不发生冻结;第三种是结晶水,是与乳糖结晶体一起存在的水。当牛奶冻结时,游离水先结冰,牛奶由外及里逐渐冻结,里面包着的干物质含量相应增多。当牛奶解冻后,会出现蛋白质沉淀、凝固和脂肪分离及变质等现象,且味道明显变淡,营养成分也不易被吸收。所以,牛奶应在低温条件下冷藏。

(2)忌高温久贮:有人习惯将一次喝不完而剩下的热牛奶装进保温瓶中存放。这样,下次饮用时就不用再加热了。其实,这种做法是不科学的。这是因为,保温瓶可以使热牛奶长时间处于高温状态,而致牛奶中营养成分受到破坏;而且,随着存放时间的延长,保温瓶中的热牛奶的温度会逐渐下降,瓶中的细菌在适宜的温度和良好的营养条件下会大量繁殖,使牛奶腐败变质。因此,喝剩下的牛奶最好在低温下存放,再次饮用时仍要重新加热煮沸。

(3)忌阳光晒:牛奶在阳光下直接照射时间较长,会破坏牛奶中的营养成分,甚至使其变质。阳光照射2小时,牛奶中的核黄素会损失一半,而核黄素被阳光照射转化成的荧光核黄素还可进一步破坏维生素C,以及B族维生素和乳糖等也会遭到破坏,所以牛奶要避光,更不能长时间暴晒。

(4)忌用塑料容器盛放:用塑料容器盛放牛奶,会使牛奶产生令人反感的异味。同时,塑料容器还具有透光性,会使牛奶受到阳光照射。

(5)忌与异味物质混放:牛奶容易吸收异味。因此,不要将牛奶和鱼、虾、葱、蒜、韭菜等有腥味和强烈刺激性气味的食物放在一起。

9. 现挤的牛奶和羊奶可以直接喝吗?

"现挤奶格外补,可以随便喝"的说法是没有科学依据的。在路边供应鲜奶的牛、羊乳头大多没经过卫生消毒,卖奶人在挤奶前也不一定洗过手,且环境卫生也不一定有保障,这样挤出来的奶一般都携带大量病菌,加之这些现挤奶若是再没有经过煮沸消毒,就很可能会使食用者感染疾病,严重者还可能患上结核或布鲁氏菌病等疾病。从理论上来说,现挤奶和目前市面上出售的经过巴氏消毒法消毒过的包装奶相比,营养价值上并没有什么太多的不同,但包装奶明显要比路边现挤奶卫生安全方便得多。所以,现挤奶不可随便喝,起码在喝前应煮沸消毒。

10. 在饮用牛奶的时间方面有哪些注意事项?

牛奶是一种基础性食品,一日三餐均可饮用,也可根据个人生活习惯在三餐之外的任何时间饮用。在夏季,气温高,人体大量排汗,导致体内的钙、镁、铁、锌等矿物质流失,而牛奶是人体钙质的良好来源,可以很好地补充人体所需要的钙。而且,在温度较高的环境中,人体的体能消耗也较大,牛奶所含有的蛋白质和脂肪等营养成分恰恰可以有效地解决这一问题。另外,人体在午夜血液中含钙量下降,叫做低血钙状态。这种状态可以造成骨质疏松,对老年人来说则容易造成骨折。睡前喝杯牛奶,牛奶中的钙可以改变低血钙症状,有利于人体对牛奶中钙的吸收。但需注意,肾结石病人在睡前不宜喝牛奶。这是由于牛奶中含钙量较高，肾结石形成的最危险因素之一就是尿液中钙的浓度在短时间内突然增高，而在饮牛奶后 2～3 小时，正是钙通过肾脏排出的高峰期，如此时正处于睡眠状态，尿液浓缩，钙通过肾脏较多，易形成结石。

11. 牛奶的饮用量以多少为宜？

牛奶是一种营养价值较高的食品，但喝少了不能满足人体的营养需求，喝多了其营养成分又难以被全部消化吸收利用，甚至造成脱钙。所以，应该根据年龄、体能消耗和经济条件等具体情况，确定每天或每次的饮用量。再者，从牛奶中所含的营养成分来看，它毕竟只是一种液体，与一般食物相比，其中所含有的干物质较少，如饮用过多，也会影响其他食物的食用量，不能满足人体对各种营养物质正常的需要量。一般来说，成人每天饮用 400～500 毫升为宜，至少要喝 250 毫升，不宜超过 1 000 毫升。另外，从人体对钙的吸收方面来讲，每天少量多次饮用牛奶比一次大量饮用的效果要好。

12. 怎样给牛奶加热？

(1)袋装或盒装牛奶，可直接饮用。禁止用微波炉给铝箔金属性材料的袋装奶加热，这是因为微波加热会使其着火。袋装牛奶的包装材料的主要成分是聚乙烯，在温度过高时会发生分解和变化，产生有毒有害物质，而且在微波加热后包装袋还容易膨胀甚至破裂。有的消费者不习惯喝凉奶，则可将牛奶倒入微波专用容器内进行加热。此外，也可将袋装奶放入 50℃左右的温水中浸泡 5～10 分钟后再饮用。

(2)对于自购的生鲜牛奶，加热时则需要注意掌握一定的技巧：一忌文火煮。用文火煮牛奶，会使牛奶中的维生素受到空气中氧的破坏；二忌煮奶温度过高。当加热至 100℃时，牛奶就会发生复杂的化学变化，其中的乳糖开始焦化，使牛奶变成褐色，并逐渐分解生成乳酸，同时产生少量甲酸，营养价值降低，色、香、味也随之降低。此外，牛奶中含有的不稳定的磷酸盐在加热时，酸性磷酸钙会变成不溶性沉淀物而沉淀下来,影响牛奶的质量。所以,给牛奶加热要应用旺火但容易使牛奶从容器中溢出来。即在加热过程中,当牛奶的体积迅速膨胀时向其中滴入几滴清水,将产生的泡沫消除,然后当牛奶体积再次迅速膨胀时再次向其中滴入几滴清水,如此反复两三次,牛奶即可煮熟。这样不仅能保持牛奶中的营养成分,而且能杀灭牛奶中的病原微生物;三忌用铜器加热。这是因为铜能加速破坏牛奶中的维生素 C,还对牛奶中发生的化学反应具有催化作用,会加速营养素的损失。四忌加热纯牛奶。在给牛奶加热前,应先在受热容器内加入适量清水,并在加热过程中注意不断搅拌,以免锅底和锅边的奶受热过快而发生焦结。

13. 喝牛奶时加糖有哪些注意事项?

有人喜欢喝牛奶时在其中加入糖,这样不但可以改善口感,而且可以增加人体对碳水化合物的摄入量,为人体提供能量需要。但是,喝牛奶时加糖,也并非多多益善,一般不宜超过 5%。否则,会形成高渗奶液,无论婴儿或成人饮用后,均会引起不良反应。有资料报道,用 10%葡萄糖水喂新生儿,其胃排空时间延长、食管反流,并引起高渗性腹泻。若长期用这样的高渗液喂养婴幼儿,会使其体重增长缓慢、抵抗力下降,并易发生呼吸道感染和出血性肠炎。另外,过多的糖进入体内后还会被转变成脂肪贮存在体内,成为一些疾病的诱因,如动脉硬化等。此外,还要切记,牛奶中不能加红糖,这是因为红糖中含有一定量的草酸,它会使牛奶中的蛋白质发生凝固或沉淀,不仅会引起腹胀,而且会影响人体对铁、铜等微量元素的吸收。最后,还要注意不可在加热的过程中或温度较高时放糖,这是因为牛奶中含有的赖氨酸在较高的温度条件下能与果糖发生反应,生成有毒的果糖基赖氨酸,对人体有害,所以可在煮好稍凉后(40℃～50℃)再添加。

14. 为什么饮用牛奶时忌加钙粉?

牛奶中的蛋白质,主要是酪蛋白、乳白蛋白和乳球蛋白,其中酪蛋白的含量最多，占牛奶蛋白中的83%，而酪蛋白又是由β-酪蛋白和γ-酪蛋白等组成的。如果喝牛奶时，加入钙粉，过多的钙离子，就会与酪蛋白结合，使牛奶出现凝固现象。另外，钙还会和牛奶中的其他蛋白结合产生沉淀，特别是加热时，这种现象更加明显。因此，切忌在饮用牛奶时加入钙粉。

15. 牛奶忌与哪些食物同食？

(1)在喝牛奶的同时以及前后1小时内，不宜吃果汁和橘子等酸性水果。这是因为牛奶中80%的蛋白质是酪蛋白，当牛奶在pH值小于4.6的环境条件下，大量的酪蛋白就会与这些食物中的果酸发生反应，凝集、沉淀，难以消化吸收，严重者还可能导致消化不良或腹泻。

(2)牛奶不可与含草酸较多的苋菜、韭菜、空心菜、菠菜或巧克力等混合食用。否则，会影响人体对牛奶中钙质的吸收。

(3)牛奶不能与米汤同食。否则，会导致维生素A的大量损失。

(4)牛奶与钙粉相克。牛奶中的蛋白和钙结合会发生沉淀，不易吸收。

(5)牛奶不能与菜花同食。这是因为菜花中所含的化学成分会影响牛奶中钙的消化吸收。

(6)牛奶不宜与茶水同饮。这是因为乳品中含有丰富的钙离子，茶叶中的鞣酸会阻碍钙离子在胃肠中的吸收，并且鞣酸也会与牛奶中的酪蛋白发生反应。

16. 药物可以用牛奶送服吗？

有人喜欢用牛奶代替白开水服药。其实，这是不科学的，有很多药物都不能用牛奶服用或者与牛奶同食。这是因为牛奶容易在某些药物的表面形成一个覆盖膜，使奶中的钙、镁等矿物质与药物发生化学反应，形成非水溶性物质，影响药物中有效成分的释放及吸收，使血液中药物的浓度较相同时间内用非牛奶服药的明显偏低。同时，药物的作用也会影响到人体对牛奶的消化和吸收。因此，除有特殊说明外，绝大多数药物不可与牛奶同食，以及在服药前后 2 小时内也不宜饮用牛奶。

17. 哪些人不宜饮用牛奶？

(1)乳糖不耐者：有些人的体内严重缺乏乳糖酶，因而牛奶中的乳糖被摄入人体后无法转化为半乳糖和葡萄糖以供小肠吸收利用，而是直接进入大肠，使肠腔渗透压升高，大肠黏膜吸入大量水分。此外，乳糖在肠内经细菌发酵可产生乳酸，使肠道 pH 值下降至 6 以下。基于以上两点原因，使大肠受到刺激，产生腹胀、腹痛、排气和腹泻等症状。

(2)牛奶过敏者：喝牛奶后出现腹痛、腹泻甚至是鼻炎、哮喘或荨麻疹等严重的过敏症状的人群不宜喝牛奶。

(3)反流性食管炎患者：牛奶有降低下食管括约肌压力的作用，从而增加胃液或肠液的反流，加重食管炎的症状。

(4)腹腔手术或胃切除手术后的患者：这类病人体内的乳糖酶因受到身体功能减弱的影响而分泌量减少，这样在饮奶后，乳糖就不能被分解，会在体内发酵，产生水、乳酸及大量二氧化碳，使病人出现腹胀。腹腔手术时，肠管长时间暴露于空气中，肠系膜被牵拉，使术后肠蠕动的恢复延迟，肠腔内因吞咽或发酵而产生的气体不能及时被排出，会加重腹胀，可发生腹痛、腹内压力增加，甚至发生缝合处胀裂、腹壁刀口裂开等现象。胃切除手术后，由于手术后残留下来的胃囊变小，含乳糖的牛奶会迅速地涌入小肠，使原来已不足或缺乏的乳糖酶，更加不足或缺乏。

(5)肠道应激综合征患者：这是一种常见的肠道功能性疾病，其特点是肠道肌肉运动功能和肠道黏膜分泌黏液对刺激的生理反应失常，而无任何肠道结构上的病损，症状主要与精神状况、食物过敏等因素有关，其中也包括对牛奶及其制品的过敏。

(6)胆囊炎和胰腺炎患者：牛奶中脂肪的消化需要胆汁和胰腺酶的参与，饮用牛奶将加重胆囊和胰腺的负担，进而加重病情。

(7)缺铁性贫血患者：食物中的铁需要在消化道中转化成亚铁才能被吸收利用。若喝牛奶，体内的亚铁就会与牛奶的钙盐、磷盐结合成不溶性化合物,影响铁的吸收利用,不利于贫血患者恢复健康。

(8)平时有腹胀、多屁、腹痛和腹泻等症状者:这些症状虽不是牛奶引起,但饮用牛奶后会使这些症状加剧。

(9)消化道溃疡患者:牛奶虽可缓解胃酸对溃疡面的刺激,但也能刺激胃肠黏膜分泌大量胃酸,而使病情加重。

18. 糖尿病患者应怎样饮奶?

(1)成人糖尿病患者可适度喝低脂牛奶;而儿童Ⅰ型糖尿病患者应饮用全脂牛奶,Ⅱ型糖尿病伴有肥胖症的患儿,应根据血脂的情况选择脱脂或半脱脂奶。

(2)糖尿病人可选择纯牛奶或AD强化奶,且在饮用时不能加糖,否则会导致血糖的迅速升高而加重病情,影响糖尿病的治疗效果。如需要调味,可用甜味剂代替蔗糖。

(3)糖尿病人每天饮用牛奶的时间应根据各自的习惯而定。如在早晨饮用,应伴随进食谷类食品,以便起到营养素互补的作用,同时这也有助于各种营养素的充分吸收。注射胰岛素的病人,可在晚睡前作为加餐饮用,但要从晚餐中扣除牛奶所含的蛋白质、脂肪、碳水化合物的摄入量,也可从全天供给量中扣除。

(4)糖尿病人不能把牛奶当水喝,如大量进食,不但可使蛋白质的摄入量增加,并且也会使每日总能量的摄入过多,增加肾脏的负担,埋下健康隐患。

(5)根据平衡膳食要求,糖尿病人每日饮奶量与常人基本相同,以250～500毫升较为合理,不宜大量进食。

(6)当糖尿病人被查出有肾脏并发症或肾功能衰退时,应慎用牛奶,要由临床营养师做科学计算后再饮奶,不可随意饮用,否则有可能会加重病情。

19. 为什么不宜给婴儿大量喝牛奶?

牛奶中含有丰富的营养物质,是滋补的首选。因此,有的家庭就给婴儿喝大量的牛奶。这种做法是不合理的,婴儿不适宜大量饮用牛奶。

牛奶虽然营养丰富，但是其中的乳酪蛋白成分不易被人体吸收，挥发性脂肪酸也刺激胃肠，而婴儿的消化能力较低，饮用大量牛奶会造成消化不良，也容易对胃肠造成损伤。另外，牛奶含有大量供犊牛骨骼生长与肌肉发育的无机质和蛋白质，能造成婴儿的代谢紊乱；大量喝牛奶还会影响其他食物的营养摄入，而造成铁、钙等矿物质和B族维生素的减少，导致营养失调和抵抗力降低。

因此，婴儿不宜大量饮用牛奶，更不能用其代替母乳。

20. 为什么幼儿不宜长期饮用豆奶？

豆奶是以优质黄豆为主要原料。市场上销售的豆奶，大多是含有奶粉、牛奶的。而豆奶作为婴幼儿喂养的最佳替代品，多年来一直无人质疑，但近年来陆续有研究报告指出婴儿喝豆奶的弊端。首先是美国从事转基因农产品与人体健康研究的人士发现，吃豆奶长大的孩子，成年后引发甲状腺和生殖系统疾病的风险系数增大，原因在于婴儿对大豆中高含量植物雌激素的反应与成年人不同，婴儿摄入体内的植物激素只有5%能与雌激素受体结合，余下的植物雌激素便在体内积聚，这样就可能为将来的性发育埋下隐患。有资料显示，喝豆奶长大的孩子日后罹乳腺癌的风险概率是常人的2～3倍。接着又有报告指出豆奶和大豆代乳品中的锰含量高于母乳50倍，而吸收过量的锰元素，将影响6个月以下婴儿的脑发育，从而增加了以后罹注意力缺陷、多动症和青春期暴力冲动的可能性。因此，提倡母乳喂养，婴儿特别是6个月以下的婴儿最好不喝豆奶。

21. 为什么不可长期用炼乳给婴儿作主食？

炼乳是一种牛奶制品，是用鲜牛奶或羊奶经过消毒浓缩制成的饮料，它的特点是可贮存较长时间。炼乳是“浓缩奶”的一种，是将鲜乳经真空浓缩或其他方法除去大部分的水分，浓缩至原体积25%～40%的乳制品，再加入40%的蔗糖装罐制成的。有些家长用炼乳喂给婴儿喝，认为炼乳是由牛奶精炼而来，其营养价值要高于牛奶。事实上，这种做法是错误的。

只喂婴儿炼乳有许多弊端，最主要的缺陷是其中糖分太高。炼乳虽然是乳制品，但在制作过程中使用了加热蒸发、加糖等工艺，其成品口味相当甜腻，含糖量大大高于正常人的糖分需求，对婴儿来讲，则更是远远超标。如果长期以炼乳作为婴儿的主食，势必会使婴儿的糖分摄入量过多，导致婴儿肥胖，并可能引发多种疾病。

另外，还有的父母认为炼乳糖分过高，用水稀释后则可放心食用，这种做法也不好。因为要稀释到适宜的糖分浓度，要添加 4～5 倍的水来稀释，但此时炼乳中的蛋白质、脂肪含量却已很低，不能满足婴儿的营养需要。长此以往，就会导致婴儿营养不良。

因此，哺乳期婴儿的主食应是母乳，不能用炼乳替代。

22. 为什么豆浆不能和牛奶一起煮？

豆浆不能和牛奶一起煮，是因为豆浆和牛奶的沸点不一样。在牛奶沸腾的时候，豆浆还没有煮熟，其中的有害物质(胰蛋白酶抑制因子和大豆凝集素等)没有被完全分解破坏，饮用后，可使人体产生胰腺肿大、过敏、营养成分消化吸收率下降、生长缓慢等一系列不良反应。因此，建议可先把豆浆煮沸一段时间后，再把牛奶倒入一同煮。

23. 为什么不宜把牛奶加鸡蛋当早餐？

科学的早餐应该是结构均衡的早餐，其蛋白质、脂肪、糖类的量应该是合理均衡。其中，糖类是食物结构的基础。合理的早餐营养结构，三大产热营养素蛋白质、脂肪、糖类的产热值的比例，糖类应该占的比例最大。长期以来，中国人一直是以谷类食物为主要的营养来源。但随着人们生产、生活方式的改变以及应对现代快节奏生活的需要，谷类食物逐渐被人们忽视了。其实，谷类食物早餐是最适合现代家庭中各年龄人群的理想营养早餐。谷物含有丰富的糖类、蛋白质及 B 族维生素，同时也提供一定量的无机盐。谷物中脂肪含量低，仅为 2%左右，不同的谷物分别有各自不同的营养特点。相对于其他粮食，谷物具有低脂肪、低胆固醇、热能持久释放等特点。常见的谷类食物包括大麦、玉米、燕麦、大米、小麦等，在选择早餐时，以这些食物作为早餐的主要成分，可使获得的营养更充分、结构更合理。

24. 牛奶口味的淡与浓是否与质量有关？

一般来讲，牛奶的质量，主要是从牛奶的卫生质量和营养成分质量两个方面来看。对于牛奶卫生质量的保证，主要是通过热处理破坏牛奶中的致病菌或者彻底杀死所有可导致牛奶变质的微生物来实现。在适当的贮存条件下，热处理后的牛奶在保质期内的卫生质量一般都是能够保证的。营养成分质量则主要从牛奶的脂肪、蛋白质、乳糖、矿物质等固体成分的含量方面考虑。牛奶中这些成分的含量主要与牧场所在地区、奶牛品种、饲养方式、季节、泌乳期等多种因素有关，因而风味也不尽相同，加之在牛奶的加工过程中也会生成部分的香气成分，不同来源的牛奶在加工后其口味也会有一定的差别。通常来说，牛奶的口味越浓，其中各种营养成分的含量就越高，相对来讲牛奶的质量也就越高。当然，随着食品工业的不断发展，一些食品添加剂的加入也会在不断改变牛奶中固形物含量的情况下，增加牛奶的香浓口感，满足消费者在口味上的需求，但这与牛奶本身的营养价值无关。

25. 为什么有的纯牛奶味道会发苦？

这是由于牛奶中所含有的酶类引起的。牛乳经超高温灭菌后，酶活性被钝化，失活。但在牛奶贮藏、运输中如果经撞击、高温暴晒等过程，失活的耐热酶可能被激活，产生一些苦味的氨基酸、脂肪酸等。此时，牛奶就会发苦，然而这样的牛奶对人体无毒害作用。但是，建议发苦的纯牛奶不再饮用。

26. 为什么有些人喝牛奶会腹泻？

有些人在饮用牛奶后，会出现肠鸣、腹痛甚至腹泻等现象。这主要是由于牛奶中含有乳糖,其在人体内的分解代谢需要有乳糖酶的参与,而这些人因体内缺乏乳糖酶,使乳糖无法在肠道内消化,因此产生肠鸣、腹痛甚至腹泻等不适现象,这在医学上被称为“乳糖不耐症”,是缺乏乳糖酶的正常反应,而不是牛奶的质量问题。在人奶或牛奶中含的糖分都是由一分子葡萄糖和一分子半乳糖组成的乳糖,其消化必须用特殊的酶——乳糖酶。婴幼儿的胃里这种酶很丰富,所以消化乳糖毫不费力,但是随着年龄的增长,体内乳糖酶逐渐减少,到了成年就几乎没有或极少了。成年人乳糖酶缺乏是一个世界性的问题,其不耐症的发生率也随种族和地域的不同而有差异,在亚洲人中有20%左右的人患有此症状。但是,这种症状是可以减轻或消除的。只要坚持饮用,每次少喝一些,由少变多,不要空腹饮用,如此坚持饮用1～2周,就可以促进人体内产生乳糖酶,改善乳糖不耐症的症状;这类人也可以选择饮用羊奶来试试,这是因为羊乳中的乳糖比牛乳中的含量低。另外,乳糖酶缺乏的人群,也可通过食用低乳糖奶或奶酪、酸奶等发酵乳制品的方式,来摄取奶类蛋白质等营养物质。低乳糖奶是在生产加工过程中,通过采取添加乳糖酶等手段,分解了牛奶中的大部分乳糖,因此可大大减轻乳糖不耐症状。发酵乳制品在发酵过程中,有20%～30%的乳糖被降解,食用后可有效缓解胃肠不适的症状。

另外,可能还有一个重要原因,就是一些人对牛奶蛋白过敏。正常人都是把蛋白质消化分解后再吸收的,这样就消除了蛋白的特异性。但是,牛奶在进入对其过敏的人的体内后,因有少量牛奶蛋白质不经消化分解就直接吸收,而这些蛋白质对人体来说就是异蛋白。人体对异蛋白会产生一种排斥性反应,表现为过敏现象:肠道水肿,肠内水分大量增加,肠道蠕动加强,以排泄致敏原,从而造成了肠鸣、腹泻。如果是婴幼儿患此症状,一种方法就是避免接触到牛奶的任何制品(实施母乳喂养);另外一种方法就是选择特别配方奶粉,如减敏奶粉、元素奶粉等,这是因为其中的大分子蛋白质已经预先经过了消化,被分解为比较小的片段,所以可供牛奶过敏或长期腹泻的宝宝食用。

27. 什么是"无抗奶"?

现在,人们喝牛奶已不单纯追求数量,而是更加看重质量,于是"无抗奶"便走进了人们的视野。"抗"是指用来治疗患病乳牛所用的各类抗生素,常见的有青霉素、链霉素等。无抗奶,就是指不含抗生素的牛奶,也就是用不含抗生素的原料奶生产出的牛奶。奶牛如果生病了,尤其是生产中常见的乳房炎,往往就要通过注射抗生素进行治疗。凡经抗生素治疗过的乳牛,其牛奶在一定时期内仍残存着抗生素,在加工过程中也无法去除。人们若长期饮用抗生素残留的牛奶,也就相当于长期低剂量服用抗生素,会使人体内的致病菌对抗生素产生更高的耐药性,给今后使用抗生素治疗带来不良影响,若是抗生素过敏体质的人,还会出现过敏反应,危及健康。同时,还会破坏人体内正常菌群的平衡状态,使菌群失控,重症患者病情有时甚至难以控制。另外,也会影响牛奶的风味和口感。牛奶中抗生素残留是目前国际上重点关注的质量安全指标之一,所造成的潜在危害越来越受到公众的关注。在欧美国家,早在20世纪50年代起就禁止销售含有抗生素的牛奶(即"有抗奶")。在国际上"有抗奶"是不合格的,"无抗奶"已成为通用的国际化原料奶收购的标准,一个企业的乳制品要想进入国际市场,原料奶检测必须达到"无抗"标准。因此,国内一些大的乳品企业为谋求更大的发展,开始提高奶品的卫生标准,打出"无抗奶"的品牌。我国规定,在奶牛生产中使用抗生素必须遵守休药期的规定,生牛奶中抗生素残留超过国家有关规定的不得用于奶品生产加工,抗生素残留超标的乳制品不得销售。

28. 牛奶浓度和含钙量越高越好吗?

大多数人都认为牛奶的浓度越高、含钙量越高,其营养价值也就越高,这是认识上的一个误区。事实上,目前市场上各种牛奶的含钙量都相差不大。有些牛奶之所以宣称是"高钙奶",是因为有些生产厂家在天然牛奶中加入了化学钙,从而人为提高了这些牛奶中的钙的含量。但是,这些人为添加的化学钙很难被吸收,在人体内的吸收率一般只有 30%～40%。久而久之，这些化学钙在人体中沉淀下来，就会形成结石。

同样，牛奶也不是越浓越好。有的牛奶喝起来浓香可口，那是因为生产这些牛奶的厂家在牛奶中掺加了奶油和香精。其实，这样的牛奶营养价值并不高。

由此可见，挑选牛奶应当注重天然，高钙和高浓度的牛奶中往往含有添加剂，对人体健康无益。

29. 什么是AD奶？

AD奶是以鲜牛奶为原料，强化维生素A和维生素D的一种巴氏杀菌奶。目前，市场上有一种称为AD钙奶的产品，是时下儿童喜欢的一种含乳饮料。它主要以乳和乳制品为原料，加入水、糖、酸味剂、钙和维生素A、维生素D调制而成。维生素是维持生命和健康所必需的一大类营养素，某些维生素的缺乏极易引起生理功能失调，严重的还会引起某些疾病。其中维生素A和维生素D是两种重要的维生素。维生素A的缺乏会影响人的视力，维生素D的缺乏会影响钙的吸收和骨骼的形成。所以，在牛奶中强化维生素A和维生素D是必要的。

30. 什么是调味奶？

调味奶是以牛奶（或羊奶）或还原奶为主料，添加调味剂，经过巴氏杀菌或灭菌制成的液体乳制品。一般调味奶中蛋白质含量在2.3%以上。目前市场上常见的品种有甜奶、可可奶、咖啡奶、果味奶、果汁奶等。可可奶中的巧克力、可可粉本身的含糖量并不高，但是这类产品中大多会同时添加较多的蔗糖，一般为3%～10%，所以儿童过量饮用容易造成龋齿。此外，咖啡奶中含有少量的咖啡因成分，儿童也不宜过多饮用。

31. 脱脂奶有利于减肥吗？

很多人担心喝牛奶会引起肥胖，因此只喝脱脂牛奶。其实，这种担心是多余的。这是因为，牛奶中所含的脂肪并不会直接转化为人体脂肪，而且，非脱脂牛奶中的脂肪的含量也并不高。因此，喝非脱脂牛奶并不会导致肥胖，也没有必要只喝脱脂牛奶减肥。

32. 牛奶会使胆固醇增高吗？

有人担心喝牛奶会使体内胆固醇增高，有些冠心病、高血压和脑血管病患者对牛奶更是敬而远之。其实，这样做大可不必。研究发现，牛奶中所含的胆固醇并不高，每100克牛奶中胆固醇含量只有13毫克，仅为鸡肉中胆固醇含量的11%，瘦猪肉的17%。这么少的量，对体内胆固醇的升降几乎是没有影响的。此外，牛奶中含有乳清酸，能抑制肝脏合成胆固醇；而且，牛奶中含有大量的钙质，能减少胆固醇的吸收，从而使血液中的胆固醇含量下降。医学研究证实，喝牛奶还有助于减少冠心病和高血压病的发生。因此，冠心病、高血压等心血管疾病患者可以适当多喝些牛奶。

33. 可以用牛奶和面吗？

无论制作什么面食，都可以用牛奶代替清水来和面，或者直接添加奶粉。牛奶蛋白质能加强面团的筋力，做出来的面条不易断、馒头有弹性、饺子不破皮、面包更蓬松。在发酵面食品当中，牛奶中的大量B族维生素和氨基酸，还能为酵母提供充足的营养，使发面的效果更佳，面团膨大，香气浓郁。

34. 什么是奶粉？

奶粉，即乳粉，是呈均匀的粉末状的干燥乳制品，是以新鲜乳为原料，用冷冻或加热的方法除去乳中绝大部分水分而制成的。奶粉营养价值高，便于携带和运输，贮存期长，而且食用方便。在现代化的奶粉生产中，每一个生产环节都得到严格的控制，既可以达到杀菌和干燥的目的，又使营养成分损失最小。

35. 怎样选购奶粉?

(1)选择可靠的经销单位：通常来讲，大的超市、商场是购买的最佳单位，如有质量问题也方便投诉解决。有些私人直销或小店里的奶粉，价格可能会便宜些，但很难判断其来源是否可靠，所以一定要谨慎选购。

(2)查看产品标志：按《食品标签通用标准》的规定，正规的奶粉产品在其外包装上必须标明厂名、厂址、生产日期、保质期、执行标准、商标、净含量、产品说明、配料表、营养成分表、性能、适用对象及食用方法等项目。正规的奶粉厂家在包装上还应印有消费者咨询热线及公司网址等服务信息。对以上内容应注意查看是否全面，如果不全，或表述含糊以及印刷粗糙、字迹模糊等，则可能存在质量问题，不宜购买。从品牌信用方面考虑，应以具有研发背景的大品牌为首选，尤其具有国内外长期销售历史，从研发、生产、销售、制造皆由同家公司一致作业，相对而言，其产品质量较有保障。通过浏览产品说明、适用对象等内容，可判断该产品是否符合自己的购买要求。一般罐装奶粉的制造日期和保存期限分别标示在罐体或罐底上，袋装奶粉的制造日期和保存期限分别标示在袋的侧面或封口处，通过查对制造日期和保存期限可以判断该产品是否在安全食用期内，这里不但要求选购有效期内的产品，并且最好是选择新近时间出厂的产品。

(3)选购物美价廉的产品：在以上诸点合乎要求的情况下，还要注意"货比三家"，就是多走几家，比较同一品牌产品的销售价格。由于各零售单位规模、进货渠道不一以及附加值等因素的不同，会造成同一商品在不同商店销售时存在一定的价格差异。所以，可到相关几家商店咨询价格，通过比较，择其廉价者而购之。

(4)查验产品质量：无论是罐装奶粉或是袋装奶粉，生产厂家为延长奶粉保质期，通常都会在包装物内填充一定量的氮气。由于包装材料的差别，罐装奶粉的密封性能较好，氮气不易外泄，能有效遏制各种细菌的生长繁殖。相对而言，袋装奶粉的阻气性能则较差。所以，在选购袋装奶粉时，可用双手挤压一下，如果漏气、漏粉或袋内根本没气，说明可能已经存在质量问题，遇此情况，切记不要购买。消费者在购买后，可先开启包装，将部分奶粉倒在洁净的白纸上，将奶粉摊匀，观察产品的颗粒、颜色和产品中有无杂质。质量好的奶粉颗粒均匀，无结块，色白略带淡黄，细看有结晶；如产品有团块，并有一定量的杂质，说明企业加工条件达不到要求，产品质量不能得到保证；如产品颜色呈白色或面粉状，说明产品中可能掺入了淀粉类物质。正常奶粉有清淡的乳香气，松散柔软，有流动感，且颗粒较细；如果带有霉味、酸味、涩味或苦味，以及有不规则大小块状物，或发黏、发硬等，证明是由于包装不严或保管不善等原因而变质。

36. 什么是婴儿奶粉？

婴儿奶粉，又名婴儿配方奶粉，是根据不同生长时期婴幼儿的营养需要进行设计的，以奶粉、乳清粉、大豆、饴糖等为主要原料，加入适量的维生素和矿物质以及其他营养物质，经加工后制成的粉状食品。其营养结构与母乳相似。婴儿配方奶粉，是婴儿奶粉生产商以奶牛或其他动物乳汁，或其他动植物提炼成分为基本组成，并适当添加营养素，使其总合成分能供给婴儿生长与发育所需要的一种人工食品。婴幼儿奶粉针对婴幼儿不同的生长阶段其营养配方均不相同，只有正确地购买合适的产品才能达到良好的营养效果。

37. 什么是特殊婴儿配方奶粉？

对于一些有着特殊生理情况的宝宝来说，普通的婴儿配方奶粉是不能满足他们的需要的。也就是说，特殊的婴儿需要特殊的婴儿配方奶粉。这些婴儿配方奶粉需要经过特殊加工处理，并且在食用前，还需请教专业的医师或营养师，不可随意食用。

特殊婴儿配方奶粉，依其特性可分为以下几种。

(1)不含乳糖的婴儿配方奶粉，适用于对乳糖无法耐受的婴儿。按其原料来源不同可分为以牛乳为基础的无乳糖婴儿配方奶粉和以黄豆为基础的无乳糖婴儿配方奶粉。

(2)部分水解奶粉,适用于较轻度的腹泻或过敏的婴儿。

(3)完全水解奶粉,适用于严重的腹泻、过敏或短肠症候群的婴儿。

(4)元素配方奶粉,适用于严重的慢性腹泻、过敏或短肠症候群的婴儿。

(5)早产儿配方奶粉,主要成分(如乳糖改为葡萄糖聚合物,中链脂肪酸取代部分长链脂肪酸)适合早产儿使用的奶粉。

(6)苯丙酮尿症(PKU)婴儿奶粉,适用于患有苯丙酮尿症婴儿的奶粉。

38. 怎样存放奶粉?

奶粉具有鲜乳的优良风味。如果存放方法不当,会使奶粉变质,不能食用。奶粉的保质期一般是两年。通常来说,保存奶粉时应注意以下事项:①奶粉应置于干燥、清洁处,不能存放在高温、潮湿处。②奶粉开封后不宜存放于冰箱中,否则反复地拿进拿出,冰箱内外的温差和湿度差别,很容易造成奶粉潮解、结块和变质。罐装奶粉,每次开罐后务必盖紧塑料盖。③袋装奶粉每次使用后要扎紧袋口。为便于保存和取用,袋装奶粉开封后,最好存放于洁净的奶粉罐内,这样既不容易变质而且每次冲调奶粉时也方便。④奶粉开封后使用时间有规定。大多数奶粉包装上都有明确规定,应在开封后1个月内用完。若开封后时间超过1个月,则不能再饮用。值得注意的是,奶粉包装上的保质日期是在未开封和合适的保存条件时的日期。一旦开封后,就不能采用这个日期,这个问题要特别注意。

39. 为什么婴儿不宜喝过浓的奶粉?

婴儿奶粉不宜冲得过浓,否则婴儿常喝浓奶粉会影响智力发育。这是因为,奶粉中的钠离子,要想将其稀释,必须加入足量的水。水加少了,奶粉的浓度就会过高,婴儿喝了以后,细嫩的毛细血管压力突然增大,特别是头部的毛细血管容易破裂出血。假如长期给婴儿喝浓奶粉，就会导致婴儿头部经常出血，对其智力发育就会产生很大的影响。另外，喝过浓的奶粉也会造成婴儿消化不良。

因此，在冲奶粉的时候，先要把奶粉加少量温开水搅匀，然后再加入少量的糖，最后再将奶粉和温水按 1∶20 的比例充分搅拌。按照这种方法冲泡而成的奶粉，无论是味道还是浓度，都和母乳相似，非常适合婴幼儿的口味。

40. 什么是酸奶？

酸奶是以新鲜的牛奶为原料，经过巴氏杀菌后再向牛奶中添加有益菌（发酵剂），经发酵后，再冷却灌装的一种牛奶制品。目前市场上酸奶制品多以凝固型、搅拌型和添加各种果汁果酱等辅料的果味型为多。酸奶不但保留了牛奶的所有优点，而且某些方面经加工过程还扬长避短，成为更加适合于人体健康的营养保健品。酸奶是一种具有悠久历史的发酵乳制品。俄国科学家梅契尼科夫早在 1 800 年就在他的“长寿论”中谈到酸奶对人类健康有益，而且他还指出，保加利亚人普遍长寿就是由于食用酸奶的原因。

41. 酸奶包括哪些种类？

（1）根据生产方式的差异，可分为凝固型酸奶和搅拌型酸奶。

（2）根据脂肪含量的高低，可分为高脂酸奶、全脂酸奶、低脂酸奶和脱脂酸奶。

（3）根据健康特性，可分为普通酸奶和特殊酸奶。

（4）根据是否加糖，可以分为含糖酸奶和无糖酸奶。

42. 酸奶对人体健康有哪些益处？

（1）克服乳糖不耐症：有部分人患有乳糖不耐症，即体内缺乏乳糖酶，不能对牛奶中的乳糖进行有效的消化吸收，他们在进食鲜奶后会发生腹泻、肠鸣、消化不良等症状。而酸奶中的乳糖已经被分解或含量极低，因此乳糖不耐症患者可以放心食用酸奶。

(2)预防便秘和细菌性腹泻：常饮用酸奶能促进肠道蠕动，缩短食物在胃肠内的停留时间，软化酵解结肠内容物，增加粪便排泄量，预防便秘发生。便秘是老年人常常遇到的问题，所以从这一点上来说，饮用酸奶对于中老年人的健康非常有利。同时，酸奶中的有益菌可以抑制肠内有害病菌的生长和繁殖，起到预防细菌性腹泻的作用。

(3)增强人体的免疫功能：饮用酸奶能够激活人体免疫系统的功能，提高巨噬细胞和 T 细胞的功能。诸多研究表明，摄入酸奶能提高人体的血清免疫指标，提高饮用者的抗病能力，抑制癌细胞增殖的作用，阻止疾病的发生。这一点对老年人和体质较弱的人群来说非常重要。

(4)降低血清胆固醇的水平：对老年人来说，血清胆固醇含量过高是经常发生的问题。常喝酸奶能降低、维持血清胆固醇水平。有试验证明，在不用任何药物的情况下，每餐饮用 240 毫升酸奶，1 周后胆固醇可明显降低，据推测，这与酸奶中含有羟甲基戊二酸和乳酸以及钙有关。

(5)美容护肤：酸奶能够向人体提供美白与嫩肤因子、丰富蛋白质、钙质和维生素等成分，具有极佳的嫩肤功效，并起到静心安神的作用。同时，由于酸奶能够改善消化功能，防止便秘，抑制有害物质如酚吲哚及胺类化合物在肠道内的产生和积累，因而能防止细胞老化，使皮肤白皙而健美。

(6)防治阴部疾患：美国纽约长岛犹太医疗中心的研究人员通过临床试验证明：酸奶可以使女性阴道所分泌的液体保持酸性，从而免除感染炎症的可能，对预防阴道炎、尿道感染、滴虫等阴部疾患大有裨益。有试验表明，易于患阴道感染的妇女，每天只需要大约 250 毫升的酸牛奶，即有助于疾患的改善，坚持饮用酸牛奶 6 个月，其感染治愈率可达 67%。

43. 酸奶可以加热饮用吗？

有些人担心酸奶太凉，尤其是在冬天喝了怕引起肠胃病，于是将酸奶加热后再喝。其实，这种做法是不科学的。酸奶中最有价值的成分是活性乳酸菌。活性乳酸菌具有增加肠道酸性、增强食欲、促进消化、加快肠道蠕动和机体代谢的功能，而且能抑制腐败菌的生长、阻止腐败菌在肠道中产生毒素，尤其适合高血压、骨质疏松、肿瘤患者及使用抗生素者饮用。正常情况下，活性乳酸菌在0℃～4℃的环境中处于静止状态，会停止生长，但菌体有活性。随着环境温度的不断升高，酸奶中的大量活性乳酸菌会被迅速杀死，导致酸奶的营养价值和保健功能大大降低。同时，酸奶的物理性状也会发生改变，乳水发生分离并形成沉淀，酸奶特有的口味和口感也会随之消失。如果温度超过50℃时，会使酸奶中的有益菌失去活性。

因此，酸奶不能加热饮用，夏季宜现买现喝，冬天可在室温条件下放置一定时间，但开启最好在2小时内饮用。酸奶的适宜贮藏温度2℃～6℃，最佳饮用温度为10℃～12℃，此温度既能保证酸奶特有的口味和口感，又能保证酸奶的营养成分不被破坏，而且有利于营养成分的充分吸收。

44. 酸奶在什么时间饮用较好？

一般来说，饭后30分钟至2小时之间饮用酸奶的效果最佳。通常状况下，人体胃液的pH值为1～3，而在空腹时，胃液呈酸性（pH值在2以下），不适合酸奶中活性乳酸菌的生长，如饮用酸奶，乳酸菌易被杀死，会导致其保健作用减弱，并且还会因排空时间的过短使酸奶中的营养来不及彻底消化吸收就被排出。只有当胃液的pH值比较高时（pH值为4左右），才能让酸奶中的乳酸菌充分发挥作用，有利于人体健康。饭后30分钟至2小时，人体内胃液被稀释，pH值会上升至3～5，这时喝酸奶，对吸收其中的营养成分最为有利。另外，从补钙的角度来看，晚上喝酸奶的好处更多。因为晚间12时至凌晨是人体血钙含量最低的时候，人体需要补钙，这也有利于消化道对食物中钙的吸收，而且在这一时间段中人体内影响钙吸收的因素也较少。

45. 饮用酸奶的量以多少为宜？

饮用酸奶要适量。即使是健康成年人，也不能过量饮用酸奶。

否则，会破坏人体肠道中的菌群平衡，反而使消化功能下降，不利于身体健康。尤其是平时就胃酸过多，常常觉得脾胃虚寒、腹胀者，更不宜多饮酸奶。一般来说，每天喝一两杯，每杯125克左右比较合适。再者，酸奶本身也含有一定的热量，如果在原有膳食基础上额外多吃，同样会引起体重的增加，造成肥胖。

46. 酸奶不能与哪些食物同食？

（1）不可与香肠、火腿、腊肉等肉制品同食：香肠、火腿、腊肉等肉制品在制作过程中，生产者为了延长其保质期，会向其中添加硝酸盐来防止腐败变质。当硝酸盐遇上有机酸（乳酸、柠檬酸、酒石酸、苹果酸等）时，就会转变为致癌物质——亚硝胺。因此，不要将火腿等肉制品与乳酸饮料同食。

（2）不宜与某些药物同服：如氯霉素、红霉素等抗生素、磺胺类药物和鞣酸蛋白等药物，它们可杀死或破坏酸奶中的乳酸菌。

47. 酸奶适合哪些人群饮用？

酸奶虽好，但并不是所有人都适合饮用。腹泻或其他肠道疾病患者在肠道损伤后以及婴儿要慎用。此外，糖尿病人、动脉粥样硬化病人、胆囊炎和胰腺炎患者不宜饮用含糖的全脂酸奶，否则容易加重病情。适合多喝酸奶的人群包括经常饮酒者、经常吸烟者、经常从事电脑操作者、经常便秘患者、服用抗生素病人、骨质疏松患者、心血管疾病患者等。

48. 乳酸菌饮料与乳酸饮料有哪些区别？

乳酸菌饮料与乳酸饮料同属酸性乳饮料，都是以鲜乳或乳制品为原料，经发酵或未经发酵，加工制成的饮料。乳酸菌饮料与乳酸饮料的蛋白质含量均不得低于0.7%。乳酸菌饮料是发酵型含乳饮料，采用乳酸菌类菌种培养发酵，添加水、增稠剂等辅料，再经过杀菌或不杀菌而制成的饮料。乳酸菌饮料又可分为活性乳酸菌饮料和非活性乳酸菌饮料。活性乳酸菌饮料指经乳酸菌发酵后不再杀菌制成的产品，活性乳酸菌的含量至少为 106 个/克，由于未经灭菌处理，所以这种产品需要在冷藏条件下，保质期一般为 2～3 周。非活性乳酸菌饮料就是指经乳酸菌发酵后再杀菌制成的产品，相对来讲，其产品的保质期较活性乳酸菌饮料要长，并且可以在常温下保存，所以就有许多乳品加工厂对乳酸菌饮料进行了灭菌处理，来生产非活性乳酸菌饮料。乳酸饮料是以鲜乳或乳制品为主要原料，加水、糖、调味剂等辅料调制后，经灭菌处理生产出的产品，其保质期要比乳酸菌饮料长。消费者在购买时，可根据其产品是否通过发酵，是否含有活性乳酸菌及蛋白质的含量以及口味喜好等来进行选择。

49. 什么是干酪？

干酪是在牛奶中加入凝乳酶，使奶中的蛋白质凝固，经过压榨、发酵等过程所制取的乳品，也称奶酪。每千克干酪制品大约由 10 千克的牛奶制成。干酪的营养价值很高，内含丰富的蛋白质、乳脂肪、无机盐和维生素及其他微量成分等，其中蛋白质含量达到 25%左右，乳脂含量为 27%，钙可达 1.2%，且钙、磷的比值接近 2∶1，对人体健康大有益处。有科学试验证明，干酪是具有抗癌功效的为数不多的食品之一。据推断，干酪作为食品已有 9 000 年的历史了。目前，世界上已出现了几百种不同的干酪。许多干酪是根据其出产的国家、地区或城市而命名。依照目前最普遍的方法，干酪被分为天然干酪和融化干酪。天然干酪是由牛奶直接制成，也有少部分是由乳清或乳清和牛奶混合制成。融化干酪是将一种或多种天然干酪经过搅拌加热而制成。按照质地特征又可将干酪分为软性干酪、半硬性干酪和硬性干酪等，其中普通硬性干酪最受人们欢迎，其产量约占干酪总产量的 90%以上。干酪是乳制品中的重要分支，几乎是西方餐桌上的必备品。随着我国改革开放和对外交流的加强，西方饮食文化也逐渐渗入到我国人民的生活当中，干酪正在被越来越多的人所接受。而目前我国干酪市场被进口产品所占领，且品种少、价格高，因此，国产干酪的研究与加工在我国食品行业中将有广阔的开发应用前景。

50. 牛初乳有哪些功效?

牛初乳是奶牛分娩后72小时内分泌的乳汁。牛初乳不仅含有丰富的营养物质,而且含有人体容易吸收的纯天然免疫因子和促生长因子等活性物质,因此,被医学界誉为“天然免疫之王”。大量动物、人体功能试验证实,口服牛初乳可起到提高机体系统免疫力、调节肠道菌群、促进胃肠道生长发育、肠道组织创伤的愈合、延缓衰老和促进生长发育等作用。

51. 奶茶有哪些营养价值?

奶茶兼具牛奶和茶的双重营养,是家常美食之一,在我国有着悠久的历史。我国北方的蒙古族、哈萨克族,柯尔克孜族等均有制作奶茶的传统。蒙古族的奶茶以砖茶、羊奶或马奶、酥油煮成,加盐调理使味道偏咸;南方的港式奶茶又称为“丝袜奶茶”,当地饮用奶茶的习惯起源于英国的下午茶,但制法有所不同,以红茶混合浓鲜奶加糖制成,乳量及糖分较多,冷热饮均可。

奶茶的一般做法是先将茶捣碎,放入白水锅中煮。茶水烧开之后,煮到茶水较浓时,用漏勺捞去茶叶之后,再继续烧片刻,并边煮边用勺扬茶水,待其有所浓缩之后,再加入适量鲜牛奶或奶粉,用勺搅至茶乳交融,再次开锅即成为成品了。蒙古族、哈萨克族、维吾尔族等北方民族做的奶茶统称草原奶茶。草原奶茶是所有奶茶的鼻祖,用砖茶混合鲜奶加盐熬制而成。奶茶可以去油腻、助消化、益智提神、利尿解毒、消除疲劳,也适合于急慢性肠炎、胃炎及十二指肠溃疡等病人饮用。对酒精和麻醉药物中毒者,它还能发挥解毒作用。

当前,在一些店面内的奶茶,大都是用奶精调兑的。奶精主要成分——氢化植物油,是一种反式脂肪酸。反式脂肪酸对人体健康有以下影响:①降低记忆力、使人发胖、易引发冠心病、诱发血栓、影响男性生育能力等不利影响;②怀孕期或哺乳期的妇女,过多摄入含有反式脂肪酸的食物会影响胎儿的健康;③影响生长发育期的青少年对必需脂肪酸的消化吸收。

因此，并不是所有的奶茶都是可以喝的。

52. 吃奶片可以代替喝牛奶吗？

吃奶片并不能代替喝牛奶。尽管奶片的方便性为牛奶所不能及，但牛奶中的水分却是奶片所缺少的。因为牛奶作为一种天然营养品，含水的比重很有讲究。通常情况下，牛奶中水的含量大约是88%，奶粉中水的含量为3%～6%，正是有了这些水分才加速了身体对营养素的吸收。如果吃完奶片后不及时补充水分，将不利于营养素的吸收。

六、水产品篇

1. 水产品有哪些营养价值?

水产品类包括各种海鱼、河鱼和其他各种水产动植物,如虾、蟹、蛤蜊、海参、海蜇和海带等。水产品味道鲜美,是深受人们欢迎的饮食佳品。其营养价值如下。

(1)鱼类、虾、蟹等含有丰富的蛋白质,含量可高达15%~20%,鱼翅、海参、干贝等含蛋白质在70%以上。另外,鱼蛋白质的必需氨基酸组成类似肉类,因此生理价值较高,属优质蛋白。鱼肉的肌纤维比较纤细,组织蛋白质的结构松软,水分含量较多,所以肉质细嫩,易为人体消化吸收,比较适合病人、老年人和儿童食用。

(2)鱼类、虾、蟹等水产品含脂肪量很低,仅为1%~10%,多数为1%~3%,并且多由不饱和脂肪酸组成,易被消化,不易引起动脉硬化,更适合老年人及心血管病人食用。

(3)鱼类脂肪中含有极为丰富的维生素A和维生素D,特别是鱼肝中的含量更为丰富,而且鱼肉中含有一定量的烟酸、维生素B_1。

(4)水产品中含有无机盐,如钙、磷、钾。海带、紫菜等海中植物,还含有丰富的碘和铁。

2. 鱼眼有哪些营养价值?

鱼眼,特别是金枪鱼科的鲔鱼眼,含有相当丰富的二十二碳六烯酸(DHA)和二十碳五烯酸(EPA)等不饱和脂肪酸。这种天然物质能增强大脑记忆力和思维能力,对防止记忆力衰退、胆固醇增高、高血压等多种疾病大有裨益。

3. 鱼鳞有哪些营养价值?

营养学家研究发现,鱼鳞含有较多的卵磷脂、多种不饱和脂肪酸,还含有多种矿物质,尤以钙、磷含量高,是特殊的保健品,有增强记忆力、延缓脑细胞衰老、减少胆固醇在血管壁沉积、促进血液循环、预防高血压及心脏病的作用。此外,还能预防小儿佝偻病、老人骨质疏松。鱼鳞的药用在我国已有悠久历史,据《本草纲目》、《名医别录》等书记载,鲫鱼、鲤鱼之鳞,文火熬成胶状,可治妇女崩漏带下、紫癜、齿龈出血和鼻出血等病症。因此,在杀鱼时将鱼鳞刮下后,可做成鱼鳞胶冻、鱼鳞汤、凉拌鱼鳞冻、炸鱼鳞和油炸玉米鱼鳞等菜肴。

4. 什么是生鱼片?

生鱼片又称鱼生,古称鱼脍、脍或鲙,是以新鲜的鱼贝类生切成片,蘸调味料食用的食物总称。生鱼片起源于中国,有着悠久的历史,后传至日本、朝鲜半岛等地,在日本是很受欢迎的食物。生鱼片制作简单,食用可口,营养丰富。从营养学角度说,生鱼片没有经过传统的炒、炸、蒸等烹饪处理,因此营养物质不会流失,是一道极富营养的菜肴;从卫生角度考虑,生鱼片会使人们感染华支睾吸虫、颚口线虫病、肺吸虫病、鱼绦虫病等多种鱼源性寄生虫疾病,严重时可导致死亡。相对来讲,深海鱼要优于淡水鱼。这是因为海水流动性大且含盐量高,鱼类受到寄生虫感染的几率很小,很多寄生虫也只能生活在淡水中。相比三文鱼等深海鱼类,鲈鱼等淡水鱼更容易受到寄生虫感染。实际上,不仅是淡水鱼类,河蟹、河虾等河鲜产品携带的寄生虫、细菌、病毒也很多,生吃、腌吃或醉吃都存在安全隐患。

有人认为,吃鱼、虾、贝等生鲜水产品时蘸芥末和醋即可杀死其携带的寄生虫,这是错误的认识。我国沿海鱼、虾、蟹的体内含有近90种寄生虫,只需水煮几分钟,就可将这些寄生虫彻底杀死;而经芥末和醋处理数小时后寄生虫的包囊或卵仍可存活。同样道理,“醉虾”的吃法也是不科学的。

所以,不是所有的鱼、虾、贝等水产品都是可以生吃的,一定要选择性地吃。

5. 为什么不可爆炒黄鳝?

黄鳝又叫鳝鱼,肉味鲜美,是淡水鱼中的佳品。但应注意,烹制黄鳝时不可爆炒。这是因为在黄鳝体内易寄生一种叫颌口线虫的囊蚴寄生虫,如果爆炒鳝鱼丝或鳝鱼片,未烧熟煮透,这种寄生虫就不会被杀死,食入人体后约半个月,就会发生颌口线虫感染,不仅会使人的体温突然升高,出现厌食,而且会在人的颈颌部、腋下及腹部皮下出现疙瘩,还会引发其他疾病。所以,食用黄鳝,一定要煮熟烧透再吃,以防发生颌口线虫的感染。

6. 泥鳅有哪些营养价值?

泥鳅又名河鳅、鳅鱼等。泥鳅肉质细嫩,味道极为鲜美,富含优质蛋白质、脂肪、维生素 A、维生素 B_1、烟酸、铁、磷、钙等营养成分,是高蛋白质、低脂肪食品,并具有药用价值,为膳食珍馐,素有“水中人参”之美誉。中医认为,泥鳅味甘、性平,有补中益气、祛邪除湿、养肾生精、祛毒化痔、消渴利尿、保肝护肝之功效,还可用于治疗皮肤瘙痒、水肿、肝炎、早泄、黄疸、痔疮等症。一般人均可食用。

7. 吃鱼多多益善吗?

很多人认为,鱼类营养丰富,而且不会使人发胖,还会使人头脑聪明,因此主张多吃鱼。但事实上,并不是所有的鱼对人体健康都有好处,吃鱼也并非多多益善。

据美国的一项研究表明,旗鱼、鲭鱼和鲨鱼体内的汞含量很高,过多食用这些鱼类会使人患心脏病的概率增加。此外,一些新鲜的、冷冻的金枪鱼、青枪鱼和红甲鱼的汞含量也较高,因此少吃为宜。长期大量食用汞含量较高的鱼类,就会发生汞中毒。汞中毒的人,常会出现记忆力衰退、无端的忧虑、失去方向感、易怒暴躁、头痛、身体不自主地颤抖、手脚容易麻痹没感觉或出现刺痛感、头发稀疏、容易掉发、关节疼痛、口齿不清等症状，严重的还会导致心脏疾病。人体内汞含量轻微超标对成人的危害并不明显，但儿童对其却较为敏感，尤其是神经系统。有研究者对千名新生婴儿和他们的母亲进行了为期两年的调查。结果显示，孕妇长期大量吃鱼，会吸收鱼体中所含的汞，并经胎盘传给胎儿。加上新生婴儿的排泄能力较差，这样汞便容易积聚体内，可能影响婴儿脑部发育，使智力发育迟缓。

此外，大多数鱼的脂肪酸中都含有较多的二十五碳五烯酸，这种物质能抑制血小板的凝血功能。如果长期大量吃鱼，就会使血小板的凝聚性功能降低，从而引起自发性出血，如皮肤紫癜症、脑出血等。爱斯基摩人以鱼为主要食物，尽管他们几乎没有人患冠心病和脑血栓形成等，但脑出血却成了他们死亡的重要原因。另外，如果人体摄入过多的不饱和脂肪酸，很容易发生过氧化反应，消耗抗氧化物质，出现细胞老化等情况，如皮肤老化有老年斑等。所以，从这个层面上来说，鱼油也不可多吃。

因此，鱼虽味美，但要适量食用。

8. 为什么活鱼在宰杀后不宜立即烹饪？

在日常生活中，有些消费者通常认为活鱼只有在宰杀后立即烹饪，才能达到口味新鲜、营养丰富的目的，所以讲究吃“活鱼”。但是，需要说明的是，这是一些人在生活中的一个误区。鱼在刚被宰杀后，呼吸虽然停止了，但由于体内还存在着活性物质，因此仍在进行着一系列生物化学变化和物理变化。这一过程通常分为僵硬、自溶和腐败三个阶段。鱼刚死时处于僵硬阶段，此时鱼体内的能量代谢活动仍在进行，会产生少量的乳酸和磷酸，使肉呈乳酸性，从而抑制腐败微生物的繁殖和生长。但此时鱼肉组织中的蛋白质尚未分解产生氨基酸，鱼肉吃起来发硬，其中的营养成分不利于人体消化吸收，味道也不新鲜。再经过一定时间以后，鱼肉就转入到自溶阶段，这时富有弹性的肌肉就开始变软，肉的口感也最佳。之后，微生物开始繁殖，就进入到腐败变质阶段。此时的鱼肉就不能再食用了。从以上几个阶段来看，鱼的最佳食用时间是在自溶阶段，这时的鱼肉既鲜嫩味美，营养价值达到最高程度，又有利于人体消化吸收。因此，鱼在宰杀后，应该用保鲜膜包裹，放在冰箱或阴凉处存放几个小时后再烹饪食用。刚宰杀的活鱼应先放在冰箱里冷藏或室温条件下自然存放2～6 小时后再进行烹食。

9. 哪些人不宜吃鱼？

鱼类味道鲜美、营养丰富，不仅含有丰富的蛋白质、人体必需的维生素和微量元素，还含有多种不饱和脂肪酸，深受人们喜爱，尤其是对糖尿病、高血压、冠心病、动脉粥样硬化等疾病还具有辅助治疗作用。虽然鱼对人体健康有利，但是并非所有人都适合吃鱼，有些人吃鱼非但不能有益健康，反而会损害健康。

(1)痛风患者不宜吃鱼：痛风是由人体内的嘌呤代谢发生紊乱所引起的，主要表现为血液中尿酸含量过高、反复发作性关节炎、结缔组织和肾脏损害等。鱼类食物中含有较多的嘌呤类物质，所以痛风病人急性期不要吃鱼，否则会导致病情加重，或促使旧病复发；恢复期间可以限量、少量吃鱼；但沙丁鱼、凤尾鱼、带鱼、白鲳鱼等应禁食。

(2)体质过敏者慎吃鱼：体质过敏者，特别是曾经发生因吃鱼虾类食物引起过皮肤过敏性症状的人，不宜吃鱼。鱼类中的蛋白质在进入人体后会作为一种过敏原刺激机体产生抗体，释放出过敏物质，一般人可以承受而没有过敏现象，但对于过敏体质的人，则会诱发一系列过敏反应。轻者如皮疹、湿疹，重者出现过敏性哮喘等，表现为呼吸困难、腹痛等症状。放置过久不新鲜的鱼更会诱发过敏，应特别注意。

(3)肝硬化患者慎吃鱼：肝硬化患者体内凝血因子缺乏，再加上血小板水平偏低，常会造成消化道出血。而鱼肉中大多含有二十五碳五烯酸，这种不饱和脂肪酸会产生一种前列腺环素，能抑制血小板的凝集。因此，肝硬化患者如果食用沙丁鱼、鲭鱼、金枪鱼等富含二十五碳五烯酸的鱼类，就会使病情恶化，更容易引起出血。不过，鲤鱼、比目鱼中含二十五碳五烯酸较少，可以少量食用。

(4)出血性疾病患者不宜多吃鱼：鱼肉中的二十五碳五烯酸能抑制血小板凝集，加重毛细血管出血。因此，患有血小板减少、血友病、维生素 K 缺乏等出血性疾病的患者要尽量少吃或不吃鱼，以免加重出血症状。

(5)创伤急性期不宜多吃鱼:中医理论认为鱼是发物,所以身体有伤口(尤其是烧伤)、皮肤炎症、手术前后,不可以吃鱼,而现代营养学并没有这样严格限制,但为了安全起见,应根据自身病情的发生、发展来选择吃鱼。创伤者急性期由于应激反应,导致胃肠道功能减弱,此时对高营养、高蛋白食物未必能消化吸收,这时如果吃较多的高蛋白鱼类,就会造成消化不良,反而降低了营养物质的吸收和利用,还会影响伤口愈合,这就是俗话说的"虚不胜补",所以在伤口发炎严重或急性期间,不应吃过多的鱼类。

(6)严重肝肾功能损害者应限吃鱼:鱼、虾、贝类食物含有较高的蛋白质,过多摄入会加重肝、肾的负担,因此,严重肝、肾功能损害者应在营养医师的指导下,限量吃鱼。

此外,过敏体质的人也不宜吃鲭鱼、沙丁鱼类,否则会使病情加重,还会并发风疹及腹痛、腹泻等。

总之,不同的患者应根据自身身体状况有选择性地吃鱼,注意鱼的种类和控制摄入量,以免加重身体病情,带来不良后果。

10. 为什么热性体质应少吃无鳞鱼?

一般来说,无鳞鱼主要为鳗鲡目的鱼种,比如海鳗和海鳝等;在淡水鱼中,只有泥鳅和河鳝属于无鳞鱼。在中医理论上,无鳞鱼属于发物,生病的人吃了,会加重现有疾病或诱发原有疾病,并且还易引起过敏。

虽然无鳞鱼和有鳞鱼,只是鱼种不同而已,两者在营养价值上并没有很大差别,但是,无鳞鱼和有鳞鱼相比,更偏温性、易产热,因此热性体质,比如平时容易上火、口干、长疮、大便干燥的人应该少吃,否则会加重这些症状。

11. 怎样去除鱼的腥味?

(1)浸泡:河鱼有土腥味,可先把鱼放在盐水中清洗,然后置于加进少量食醋或放入少量胡椒粉、月桂叶的冷水中浸泡 1 小时,这样可消除土腥味。炸鱼前,把鱼放在米酒中浸泡一下,或将鱼放在牛奶中浸泡片刻，以及用红葡萄酒腌制，均能消除腥味。鱼在烹制前用80℃热水浸泡一下，不仅可去腥，还可使鱼胸腹处不破裂，保持形态的完整。

(2)去除腥臊部位：宰杀鱼时，将鱼的血液尽量冲洗干净。鲢鱼、鲫鱼、鲤鱼、带鱼等鱼的腹腔内有一层黑衣，土腥味较重。所以，烹调前处理时一定要将其刮洗干净。鲤鱼等鱼的鱼体两侧各有一根细长的白筋，其臊腥味较重，应在宰杀去鳞后予以去除。处理黄花鱼时，撕掉头顶的皮，可有效减少腥味。

(3)使用调料：在烹制鱼时放入适量的姜、料酒和食醋等调料，可使鱼腥味减轻。但应注意，需等鱼快炖熟，即蛋白质凝固时再放入生姜，这样既能调味，又能解腥。

12. 为什么烧鱼不宜早放姜？

做鱼时放姜为的是去除鱼的腥味。究竟什么时候放姜去腥效果最好呢？试验表明，当鱼体浸出液的 pH 值为 5～6 时，放姜去腥效果最好。如过早放姜，鱼体浸出液中的蛋白质会阻碍生姜的去腥作用。所以，做鱼时，最好先加热稍煮一会儿，等到鱼的蛋白质凝固了，再放姜，即可达到除腥的目的。

13. 为什么不能用温水化冻鱼？

在日常生活中，有不少人是用温水甚至是热水浸泡的方法来化解冻鱼。其实，这样做并不科学。正确的做法是，把鱼放在冰箱冷藏室里解冻，或用冷水浸泡解冻，并可在水中加点食盐，这样可加快解冻速度。以上两种解冻方法的共同特征，就是要使鱼体在较低温度下解冻。不能用温水化冻鱼的原因有以下几个方面：首先，无论是速冻还是慢冻，都会对鱼肉产生不良影响。因为在冷冻过程中，鱼肉细胞外的水分先结冰，冰晶的棱角会刺破细胞，这样在解冻时，破损细胞的细胞液就会流出，造成营养素和风味物质的损失，使营养价值下降，同时鱼的风味也变差。在解冻时，如果使鱼体保持在较低的温度条件下，就会延缓鱼的解冻速度，破损细胞的细胞液可以被其他细胞吸收，减少营养素和风味物质的损失。其次，用温水或热水浸泡鱼，会使冻鱼表皮迅速受热，但热量不能很快被传导进去。这样，不但不能使冻鱼很快解冻，反而容易使鱼的表皮烫熟，蛋白质变性。

14. 怎样根据鱼的新鲜程度确定烹调方法？

鱼按其新鲜程度可分为新鲜、次新鲜、不太新鲜。可根据不同的新鲜程度来确定烹调方法。总体来说，大致如下：

(1)新鲜的鱼，适于汆汤、清蒸。烹制出的菜肴，可体现肉质鲜嫩的特点。此外，亦可用炸、炒、烩、干煎等烹饪方法。

(2)次新鲜的鱼，采用干烧、红烧、红焖、茄汁烹制为宜。

(3)不太新鲜的鱼(并不是腐败变质的鱼)，宜采用糖醋、焦炸等方法，通过佐料来消除异味。

15. 影响水产品质量安全的因素有哪些？

(1)微生物、病毒及寄生虫污染，包括大肠杆菌 O_{157}、沙门氏菌、金黄色葡萄球菌、副溶血弧菌、李斯特单胞菌、甲肝病毒、诺瓦克病毒、线虫以及绦虫等。

(2)天然毒素，如鱼类毒素和贝类毒素等。

(3)环境污染物，如重金属、多氯联苯和化学消毒剂等。

(4)农药残留，如直接或间接 DDT、溴氰菊酯和敌百虫等。

(5)兽药(渔药残留)，如用于防治鱼、虾等疾病的各类兽药残留，包括促生长剂等。

(6)加工污染及掺杂使假，如亚硝酸盐和硝酸盐、甲醛、苏丹红等。

16. 怎样判断鱼是否新鲜？

(1)看眼球：鲜鱼眼球的下部有结缔组织支撑，使眼球向外凸出，呈饱满状，眼睛澄清、明亮、饱满，眼球黑白界限分明。当鱼体内蛋白质开始分解后，结缔组织就逐渐变软而失去支撑力，于是眼球逐渐下陷。再者，眼球内含有黏蛋白，当其结构完整时角膜是透明的，而当黏蛋白分解后，角膜就变得混浊。

（2）看鱼鳃：鱼鳃丝内含有血红蛋白，鲜鱼的鳃色泽鲜红、紧闭，鳃丝鲜红清晰，无黏液和污垢臭味。当血红蛋白开始分解后，鳃的颜色就会发生变化。另外，鱼的鳃丝上覆盖着的黏液，也含有蛋白质成分，当蛋白质结构完整时，黏液是润滑而透明的，而当蛋白质被分解后，黏液就变混浊，并使鳃丝黏结。

（3）看体表色泽：各种鱼类的体表都有其固有的色彩。当鱼体变质时，存于鱼体皮肤的真皮层内的色素细胞所含的各种色素（主要是类胡萝卜素和虾红素或脂色素系的色素以及黑色系的色素）就会被氧化，使鱼体变色、失去光泽。

（4）看鱼鳞：当鱼鳞所附着的组织细胞层处在完整状态时，鱼鳞是紧贴在鱼体上的，而且完整，剥之亦不易脱落。在鱼体开始自溶以后，组织逐渐变软，鱼鳞也较易剥落，到鱼体腐败变质时，鱼鳞所附着的组织细胞层也发生变化，鱼鳞易脱下，而使鱼体呈现残缺不完整的状态。

（5）看肌肉弹性：在尸僵期内，鱼体细胞吸水膨胀，按之有弹性，指压凹陷处能立即复原。自溶开始后，因细胞失去水分而使鱼体变软，弹性逐渐变差。到腐败变质时，弹性就完全消失。

（6）看鱼腹是否膨胀：死亡后鱼体经一段时间，肠内容物会发酵产气而呈现膨胀的现象。

（7）看鱼肛：新鲜的鱼肛门紧缩，清洁无屎泄；而变质的鱼则表现为肛门疏松，有屎泄。

17. 怎样辨别毒死鱼？

在农贸市场上，常见有被农药毒死的鱼类出售。购买时，可以从以下几个方面进行鉴别。

（1）鱼嘴：正常鱼死亡后，闭合的嘴能自然拉开；毒死的鱼，鱼嘴紧闭，不易自然拉开。

（2）鱼鳃：正常死的鲜鱼，其鳃色是鲜红或淡红；毒死的鱼，鳃色为紫红或棕红。

(3)鱼鳍:正常死的鲜鱼,其腹鳍紧贴腹部;毒死的鱼,腹鳍张开而发硬。

(4)气味:正常死的鲜鱼,有一股鱼腥味,无其他异味;毒死的鱼,从鱼鳃中能闻到农药味,但不包括无味农药。

18. 怎样辨别被污染的鱼?

随着科学技术和生产的发展,尤其是农药和化肥的广泛应用,以及大量的工业废气、废水和废渣的排放,一些有毒物质,如汞、酚、氰化物、有机氯、有机磷、硫化物、氨化物、氟化物、砷化物和对硝基苯等,混杂在土壤里、空气中,源源不断地注入鱼塘、河流或湖泊,甚至直接进入水系,造成大面积的水质污染,致使鱼类受到危害。被污染的鱼,轻则带有臭味,发育畸形;重则死亡。而这些受污染的鱼也常常流入市场被一些不法商贩所出售。消费者若误食受到污染的鱼,有毒物质便会转移至人体,在人体中逐渐积累,引发多种疾病。一般来说,可从以下几个方面对污染鱼进行鉴别。

(1)看形体:污染较重的鱼,常呈畸形,形状不整齐,脊椎骨弯曲,皮部发黄,尾部发青,或头特大而身瘦、尾长又尖。另一重要特征是,污染鱼大多鳍条松脆,一碰即断,容易识别。这种鱼含有铬、铜等有毒有害重金属。另外,有的被污染鱼鳞片部分脱落,有的肌肉呈绿色,有的鱼肚膨胀。

(2)看鱼眼:没有受到污染的鱼眼球微凸,富有光泽;受到污染的鱼,眼球混浊,无光泽,有的甚至向外凸出。

(3)看鱼鳃:没有受到污染的鱼,鱼鳃鲜红,排列整齐;受污染的鱼,呈白色或暗红色,较粗糙。

(4)闻气味:正常的鱼有明显的鱼腥味;被污染的鱼则气味异常,根据毒物的不同而呈大蒜味、氨味、煤油味、火药味、硫化氢味等不正常的气味。

19. 为什么儿童要少食肉食性鱼类?

很多家长都认为孩子多吃鱼就会变聪明,但事实上并不是每种鱼都适合儿童食用。儿童食品安全专家提醒，小孩吃鱼应尽量选择吃草鱼、鲶鱼等草食性鱼类，避免吃肉食性鱼类，做到“有所食，有所不食”。

随着近些年来农药、化肥、废弃塑料等化工制品造成的水污染问题加剧，一些毒素可能长期沉淀于鱼的体内。由于儿童的机体尚未发育健全，对病毒的免疫力较低，吃鱼时应慎重。

鱼类分为草食性、杂食性和肉食性三种，像鲶鱼、草鱼等草食性鱼处于食物链底端，体内污染物会相对低一些，营养也很丰富，可以多吃；而鲨鱼、带鱼、金枪鱼等肉食性应少食。此外，正确选择吃鱼身上的部位也很重要。鱼的肚皮周围虽无刺、口感好、脂肪含量丰富，但往往是污染物浓度最高的地方，儿童应慎重食用。

20. 为什么结核病患者服用雷米封期间忌吃鱼肉？

雷米封又称异烟肼，是治疗结核病的最常用的有效药物。结核病患者服雷米封期间，若食用鱼肉，容易发生过敏反应。这是因为鱼类尤其是无鳞鱼的肉中，含有大量的组氨酸。吃鱼后，组氨酸在肝脏内被转化为组胺，再由单胺氧化酶予以氧化灭活。雷米封能抑制单胺氧化酶，阻止组胺的氧化灭活，从而使组胺在人体内蓄积而发生头痛、恶心、皮肤潮红、结膜充血、心悸、面部麻木、皮疹、腹痛、腹泻、呼吸困难、血压升高，甚至脑出血等。因此，结核病患者服用雷米封期间忌吃鱼肉。

21. 河豚制成鱼干后还有毒吗？

河豚中含有河豚毒素，含毒素多少随鱼的品种、部位、性别、捕捞季节及生长水域等因素而异。一般说来，河豚血液和肌肉的毒素含量较少，而在鱼眼、卵、肝、皮中毒素较多，人食入豚毒 0.5～3 毫克就能致死。河豚毒素中毒的主要特征是因神经末梢和神经中枢麻痹而引起的口唇发麻，呼吸抑制以及急性胃肠症状，四肢乏力，上下肢肌肉麻痹，感觉神经麻痹，运动神经麻痹，迷走神经麻痹，最后可因呼吸中枢和血管运动中枢麻痹而死亡。河豚的毒素较稳定，盐腌、日晒和加热烹调均不能破坏。河豚制成的鱼干，在加工过程中，如没有充分去除有毒部分，或者在加工中不慎将河豚中内脏有毒部位的毒素渗透到肌肉中，会造成河豚干制品带有较多毒素，且河豚干制品在加工过程中所采取的物理性加工法是不能完全去除河豚毒素的。国内曾发生过多起因食用河豚干制品造成食物中毒并发生死亡的事故，国家卫生部明文禁止在市场上销售河豚干制品。

22. 什么是高组胺鱼类中毒？

我国毒鱼约有170余种。按含毒部位和毒素的性质，毒鱼有豚毒鱼类、含高组胺鱼类、胆毒鱼类、肌肉毒鱼类、毒贝类等，其中以高组胺鱼类中毒发生居多。

通常来说，食青皮红肉鱼类（鲭鱼、鲐鱼、秋刀鱼、金枪鱼、沙丁鱼、马鲛鱼等）发生中毒的情况较多一些。这些鱼类含组氨酸量较高。当贮存环境温度偏高且时间过长，鱼体不新鲜或腐败时，含脱羧酶的细菌作用使血肉中的组氨酸脱氨基形成组胺。人们食入这类被污染的鱼，10分钟至3小时内就会出现头晕、头痛、面红、胸闷、气短、口干、心跳快、血压下降等症状，甚至有时会出现荨麻疹、眼红、恶心、呕吐及腹泻等症状。

为预防组胺中毒，食用鲜、咸的青皮红肉类鱼时，烹调前应去除内脏、洗净，切段后用水浸泡几小时，然后红烧或清蒸，不宜油煎或油炸。可适量放些雪菜，或在烹调时放些醋，这样可使组胺含量下降。在腌制咸鱼时，原料要新鲜且腌透，否则，食后也可能引起中毒。

23. 烹制带鱼时需要刮鳞吗？

有些人在烹制带鱼时经常把带鱼的“鳞”刮干净，其实这是十分可惜的。带鱼鳞是一层皮，称之为“银脂”。它含有25%的油脂和蛋白质，不仅其营养丰富，而且会使鱼味更加鲜美，还具有美容、养肝、止血之功效。因此，烹饪时带鱼的银鳞不宜刮掉。银鳞怕热，在75℃的水中便会溶化，因此清洗带鱼时水温不可过高，也不要对鱼体表面进行过度的刮拭，以防银脂流失。烹调最好采用清蒸、水煮或炖熬的方法，吃时连汤汁一起食用。如需煎炸，最好进行着衣处理，挂糊最宜，拍粉也可。

24. 为什么鱼胆不能吃？

民间流传鱼胆有“明目止咳、清热解毒”的作用，所以其常被一些人生食或泡酒吞服，导致中毒事件时有发生。生吃鱼胆为什么会中毒甚至有生命危险？原来鱼胆主要的成分是胆盐、氰化物和组胺，生食、熟食或用酒送服均有毒性。胆盐和氰化物可破坏细胞膜，使细胞受损伤，氰化物还能影响细胞色素氧化酶的生理功能。组胺物质可引起人体过敏反应。鱼胆汁毒素能引起脑、心、肾、肝等脏器的损害，严重的鱼胆中毒可致中毒者死亡。其病情轻重与吞服鱼胆量的多少及吞服者体质强弱等因素有关。成人食用超过 2.5 克，就可中毒，甚至死亡。患者多在吞服鱼胆 30～90 分钟后发病，迟发者可在 8 小时内发病。鱼胆中毒的主要症状为恶心、呕吐、腹痛、腹泻，同时还伴有肝脏和心脏以及神经系统异常等表现。严重者，有时伴有呕吐咖啡色胃液和排酱油色稀水便的症状。目前，临床上尚无特效治疗方法。所以，对此类患者应及时彻底洗胃，同时采取补液、利尿的措施，以维持体内水电解质的平衡，保护肝、肾功能，促进毒素排出，危重者可应用糖皮质激素。

25. 宰鱼时若碰破鱼胆怎么办？

鱼胆有毒、苦味，经高温蒸煮也不会消除其毒性和苦味。所以，在宰鱼时如果碰破了鱼胆，就会使鱼肉发苦，而影响食用。但是，在沾了胆汁的鱼肉上涂些白酒、小苏打或发酵粉，使胆汁溶解，再用冷水冲洗干净，就可以去除其苦味和毒性。

26. 为什么存放鱼不能保留鳃和内脏？

鲜鱼如不立即烹制，就要及时将鳃和内脏去掉。鱼鳃是鱼呼吸滤水的通路，鳃丝极易沾染外界的细菌和病毒，且鳃部接近内脏，存有大量污血和黏液。内脏，即鱼的胃肠，是食料聚集的地方，特别是胃肠系统内往往残留很多污秽物。鱼死后，这些部位的细菌开始迅速繁殖，逐渐遍及全身，加速鱼体腐败变质。另外，鱼体的红细胞可携带胃肠消化酶迅速地穿透鳃和肌肉组织，引起鱼肉变质。即使采用低温冷藏，也应及时尽快地去净鳃和内脏，洗净血液和黏液。因为水中的微生物，属于耐冷微生物，所以在鱼离水后，即使在较低温度下，细菌仍能很快繁殖。

27. 怎样辨别咸鱼的质量？

鉴别咸鱼首先应观察鱼的体表是否因脂肪氧化而形成黄色锈斑，或因嗜盐性细菌的作用而引起鱼体发红。当用手触及鱼体时，是否有发黏和腐败现象。其次看鱼的鳃内、肛门和腹腔等处有无蛆虫。对于一般晾晒的咸鱼，观其鱼肉是否正常，肉与骨骼结合得是否紧密。也可用两个手指捻搓鱼肉，检验其肉质的坚实程度，嗅其气味是否正常。如果鱼体外表不清洁，不整齐，肉质疏松，表层覆盖黄色锈斑，手触鱼体发黏，手指捻搓肉丝成团，并有腐败的臭气，特别是在鳃内、肛门等处，有跳跃虫、节虫存在，就不能食用了。

28. 可以长期食用咸鱼吗？

许多人认为吃咸鱼开胃，能增强食欲，因此经常吃咸鱼。但是，咸鱼吃多了对健康是很不利的。腌咸鱼一般都用粗盐，其中含有大量的硝酸盐，硝酸盐在细菌的作用下会被还原为亚硝酸盐。同时，鱼在腌制过程中会分解出大量的胺类物质，与亚硝酸盐结合就会生成亚硝胺。亚硝胺是一种致癌性很强的物质，容易引起鼻咽癌、食管癌、胃癌、肝癌等癌症。因此，吃咸鱼要适量，不可多吃。

有研究表明，在 10 岁前开始吃咸鱼的儿童，成年后患癌症的危险性比一般人高 30 倍，所以儿童更不能经常大量吃咸鱼。

食用咸鱼时，宜炖食，而不要油炸，这是因为油炸咸鱼会比炖鱼中亚硝胺的含量高 2.5 倍以上。同时吃炖咸鱼时最好不要喝汤，这样可以使亚硝胺的摄入量降到最低。此外，维生素 C 能与咸鱼中的亚硝酸盐发生还原反应，从而破坏亚硝酸盐的致癌作用，因此咸鱼最好与青菜、番茄等富含维生素 C 的蔬菜搭配着吃。

29. 为什么水煮鱼不宜常吃?

水煮鱼因其特有的超麻辣口感、浓重的颜色和油汪汪的鱼片，而成为广大消费者普遍爱吃的一道菜。但水煮鱼不宜常吃，究其原因，主要有以下几点。

(1)食盐摄入量过多：正常人体每天对盐的摄取量应为 3～5 克，但水煮鱼中盐的用量远远超出正常标准。过量食入盐易造成身体水分增加。过多的水分如不能及时排出体外，会导致手脚发胀，体重增加。女性在经期食用水煮鱼会加重水肿的情况，容易产生疲倦感。同时，过量食入盐容易让人产生紧张情绪、血压升高，还影响血管的弹性。

(2)油脂摄入过多：水煮鱼中含有的大量的油脂。食用过量，人体的脂肪含量也会随之增加。通常而言，每人每天摄入 30～50 克食用油脂(包括食物中的油脂含量)即可满足机体的需求，不宜摄入过多。

(3)辣椒摄入过多：多吃辣椒会使人燥热、上火。而水煮鱼中放入超量辣椒，对消化道产生强烈刺激，严重的会使消化道出血，或者诱发溃疡。还会造成大便干燥。同时，还会导致皮肤生成深部脓疮，影响容貌。

(4)配食单一：水煮鱼特有的口感，容易使人们在食用的同时，忽略了对其他食品的摄入。而且水煮鱼中的配菜也较少，长期食用，就会导致膳食营养不均衡。另外，吃麻辣鱼时，大多数人会过量饮用可乐、啤酒。而这些饮料，都是人体不宜过多摄入的。可乐中的糖分含量非常高，含有咖啡因等刺激性成分；啤酒饮用过量，内含的酒精使人的肝脏负担加重，造成脂肪堆积，严重的还会得脂肪肝。

(5)使人产生味觉疲劳：水煮鱼浓重的麻辣口味，会大大刺激人的味觉神经，使唾液、胃液分泌增多，胃肠蠕动加速，让人兴奋，进而使人的味觉疲劳，产生依赖感，越吃越上瘾。

30. 为什么儿童不宜多吃鱼松？

鱼松是一种营养价值很高的食品，其中富含蛋白质、钙、磷等人体所必需的营养成分，并且鱼松口味鲜美，食用方便，深受众多儿童的喜爱，因此，有些家长便常给儿童大量食用。事实上，这样做对儿童健康也有不利的一面。这是因为鱼松中含氟量极高，经常食用可能导致食物性氟中毒。氟是人体所必需的微量元素之一，成人每日氟需要量仅为1～1.5毫克。据测定，每1克鱼松中含氟将近1毫克，而且鱼松中氟化物在肠道中的吸收率高达80%。如果一个儿童每天食用10～12克鱼松，就会从鱼松中吸收氟化物8～16毫克，再加上每天从水中和其他食物中摄入的氟化物，其总量将相当可观，远远超出安全水平，对身体健康造成不良影响。如果长期过量摄入，氟化物就可能在体内蓄积，容易导致食物性氟化物中毒。一旦发生氟中毒，7岁以上儿童可出现氟斑牙，严重的可出现牙齿早脱或氟骨症。因此，不能把鱼松作为一种营养食品给儿童长期大量食用。

31. 为什么熏腊食品不宜做下酒菜？

很多人喜欢用咸鱼、香肠、腊肉等熏腊食品作下酒小菜。其实，这种吃法对健康十分有害。熏腊食品中含有大量的亚硝胺类物质，这是一种强致癌物。流行病学研究发现，某些消化系统癌症，如食管癌的发病率与膳食中摄入的亚硝胺数量呈正相关。当熏腊食品与酒共同摄入时，亚硝胺对人体健康的危害就会显著增加。饮酒会减慢肝脏对亚硝胺的代谢，并降低肝脏的解毒功能。酒对食管、胃肠组织具有脱水作用。当饮大量度数较高的酒或含酒精饮料时，可引起消化道黏膜损伤，降低机体的防御能力，使机体更容易受到亚硝胺的侵害。另外，酒作为溶剂，还可促进亚硝胺进入食管和胃肠黏膜。这些都增加了食用者诱发癌症的危险性。因此，喝酒前最好先吃些饼干、糕点、米饭等食物，以延长酒精在胃内分解的时间，减少对胃肠及肝脏的损害；不要用熏腊食品做下酒菜，要选择高蛋白质和含维生素较多的食物，如新鲜蔬菜、鲜鱼、瘦肉、豆类、蛋类等。

32. 虾有哪些营养价值？食用时应注意些什么问题？

虾，又名“长须公”、“虎头公”、“曲身小子”等，按出产来源不同，分为海水虾和淡水虾 2 种。海虾又叫红虾，包括龙虾、对虾等，以对虾的味道最美，为食中上品、海产名品。

现代医学研究证实，虾的营养价值极高，能增强人体的免疫力和性功能，补肾壮阳，抗早衰。常吃鲜虾（炒、烧、炖皆可），温酒送服，可医治肾虚阳痿、畏寒、体倦、腰膝酸痛等病症。如果妇女产后乳汁少或无乳汁，鲜虾肉 500 克，研碎，黄酒热服，每日三次，连服几日，可起催乳作用。虾皮有镇静作用，常用来治疗神经衰弱，植物神经功能紊乱诸症。海虾是可以为大脑提供营养的美味食品。海虾中含有三种重要的脂肪酸，能使人长时间保持精力集中。一般人群均可食用，中老年人、孕妇、心血管病患者、肾虚阳痿、男性不育症、腰脚无力之人更适合食用，同时适宜中老年人缺钙所致的小腿抽筋者食用。

以下情况食虾不宜。宿疾者、正值上火之时不宜食虾；体质过敏，如患过敏性鼻炎、支气管炎、反复发作性过敏性皮炎的老年人不宜吃虾；另外虾为发物，凡有疮瘘宿疾者或在阴虚火旺时，不宜食用，患有皮肤疥癣者忌食。

虾忌与含有鞣酸的水果，如葡萄、石榴、山楂、柿子等同食，因为不仅会降低蛋白质的营养价值，还会出现呕吐、头晕、恶心和腹痛腹泻等症状。海鲜与这些水果同吃至少应间隔 2 小时。色发红、身软、掉头的虾不新鲜尽量不吃，腐败变质虾不可食；虾背上的虾线应挑去不吃。

33. 怎样区分海虾与河虾？

海虾以白虾为主要品种，河虾以沼虾为主要品种，它们都属于长臂虾科，外形非常相似，但其滋味和质感却颇有差别，因此市场价格也相差较大。

白虾，又名晃虾、迎春虾，全身披以甲壳，腹部的第二节甲壳覆盖在第一节腹甲的外面，有两条较短的细须，身体白色透明，微有蓝色或红色小斑点，外壳很薄，但比较硬，虾身略呈侧扁，壳脊略呈棱边。

沼虾，又名青虾、柴虾，全身也披以甲壳，但步足前有螯，呈钳状，特别是第二对步足非常粗大，其长度超过体长的2倍以上，并强壮有力，可用来攻击和防御敌害。虾体呈青绿色，带有棕色斑纹，外壳很薄而且较软，虾身呈圆柱形，壳脊圆润状。虾肉呈半透明玉色，烹调后比白虾晶莹明亮，口感更富于弹性和滑爽肥嫩。另外，沼虾头胸部宽大，与身体之比大于白虾。此外，虾胸也远比白虾丰满肥腴。

34. 怎样辨别虾是否新鲜？

(1)看外形：新鲜的虾头尾完整，头尾与身体紧密相连，虾身较挺，有一定的弯曲度。不新鲜的虾，头与体、壳与肉相连松懈，头尾易脱落或分离，不能保持其原有的弯曲度。

(2)看色泽：新鲜虾皮壳发亮，河虾呈青绿色，对虾呈青白色(雌虾)或蛋黄色(雄虾)。不新鲜的虾，皮壳发暗，虾原色变为红色或灰紫色。如果虾体表面滑滑的，则表明可能用亚硫酸盐漂白，最好不买或少买。

(3)看肉质：新鲜的虾，肉质坚实、细嫩，手触摸时感觉硬，有弹性。不新鲜的虾，肉质松软，弹性差。

(4)闻气味：新鲜虾气味正常，无异味。若有异臭味则为变质虾。

35. 怎样辨别虾皮质量的优劣？

用手紧握一把虾皮，若放松后虾皮能自动散开，这样的虾皮质量肯定很好，具体表现为外壳清洁，呈黄色，有光泽，体形完整，颈部和躯体也紧连，虾眼齐全。如果手放松后，虾皮相互黏结而不易散，说明虾皮已经变质，具体表现为外表污秽暗淡无光，体形也不完整，碎末多，颜色呈苍白或暗红色，并有霉味。变质的虾皮不能食用。

36. 怎样选择虾米？

(1)看色泽：海产虾米的味道鲜美可口，肉质肥嫩厚实，呈青色、白色或微红色;湖产虾米不论味道,肉质都较逊色;河产的呈青色。色泽鲜艳发亮者为好,这种虾米是晴天晒制的,味大多是淡的;而色暗不光亮或有些黑斑的则是雨天晾制的,一般是咸的。若经过粉红染料着色的虾米,则呈鲜红艳丽的红色。

(2)看体形:虾身弯曲的质量好,表明是用活虾加工的;如体形直挺挺的,不太弯曲的,大多是用死虾加工而成的。上品要求大小均匀,大小不一的次之。体净肉肥,无贴皮,无窝心爪,无空头壳的为好。

(3)看肉质:上等虾米肉质结实、洁净无斑,有鲜香味,干燥,淡口。肉结实但壳发黏的次之。

(4)看杂质:虾米大小匀称,其中无杂质和其他鱼虾的,为上品。

(5)品味道:取虾米放在嘴中细嚼,感到鲜而微甜的为上品;盐味重的质量差,大多是加工者用盐味压其他不正常的味道。

37. 为什么不宜长期在晚上吃虾皮补钙?

虾皮营养丰富,每 100 克虾皮中含钙量高达 991 毫克,素有"钙库"之称。但需要注意的是,虾皮不能在晚上吃,以免引发尿道结石。这是因为尿结石的主要成分是钙,而食物中含的钙除一部分被肠壁吸收利用外,多余的钙全部从尿液中排出。人体排钙高峰一般在饭后 4～5 小时,而晚餐食物中含钙过多,或者吃晚餐时间太晚,甚至睡前吃虾皮,当排钙高峰到来时,人们已经上床睡觉,尿液就会全部潴留在尿路中,尿液的钙含量也就不断增加,不断沉积下来,久而久之极易形成尿路结石。所以,晚上补钙不能过晚过多,补钙食物的选择尽量选择易于消化吸收的。

38. 怎样挑选螃蟹?

(1)看活力:新鲜活蟹的贝壳具有光泽,脐部饱满,腹部洁白,蟹脚硬而结实,将蟹腹部朝天放置时,蟹能迅速翻正爬行,表示活力较强;而垂死的蟹背壳呈黄色,蟹脚较软,翻正困难。可用手指拨弄螃蟹的眼睛,看其反应程度,反应灵敏者表明活力强;若眼睛突出且无反应,则可能已经死亡。

(2)看肢体的连接:新鲜的蟹类步足和躯体连接紧密,提起蟹体时,步足不松弛下垂;不新鲜蟹类在肢、体的连接处松弛,提起时,步足下垂甚至脱落。

(3)看“胃印”:不新鲜蟹类的胃内容物会因腐败变质而在蟹体腹面脐部上方泛出黑印(俗称“胃印”)。新鲜活蟹的背壳呈青黑色,有光泽,脐部饱满,腹部白净。

(4)看“蟹黄”是否凝固:蟹体内被称为“蟹黄”的物质,是和多种内脏和生殖器官在一块。新鲜的蟹类,“蟹黄”凝固、挺实;不新鲜的蟹类的“黄”,呈半流动状,变质时变得更加稀薄,手提蟹体翻转时,可感到壳内的流动状。

(5)看腮:新鲜蟹类的腮洁净、腮丝清晰,白色或稍带黄褐色;不新鲜蟹类腮丝因腐败而黏结(但需剥开甲壳后才能观察到)。

39. 怎样辨别公蟹与母蟹?

公蟹与母蟹的简易识别方法是根据蟹的腹部上脐的形状区别,脐形呈尖状的为公蟹,脐形呈圆形的为母蟹。母蟹黄多油丰,胆固醇较高,患有冠心病、高血压、动脉硬化、高血脂的人,应少吃或不吃蟹黄。公蟹黄少,但肉多味美。

40. 吃螃蟹时有哪些注意事项?

(1)除污:烹饪前,最好把活蟹放入淡盐水中浸一下,使其吐出腹中的污物,并将其清洗干净。蒸煮螃蟹时,一定要凉水下锅,这样蟹腿才不易脱落。青蟹有时伴有一股腥臊味,去除的方法如下:煮食前2～3小时解开捆绑的草绳,将青蟹放入清水(自来水)中,让青蟹在游动中排出体内积聚的氨氮就行了。只是要注意,浸过淡水的青蟹不能再暂养。

(2)不宜食死蟹:螃蟹在活着的时候,体内的细菌等有毒有害物质会在体内的新陈代谢过程中被排出体外。螃蟹死后,体内的糖原分解,使体内乳酸增多,僵硬期和自溶期大大缩短,蟹体内的各种细菌会大量繁殖并迅速扩散到蟹肉中。在弱酸条件下，细菌会分解蟹体内的组氨酸，产生大量有毒物质——组胺。蟹死的时间越长，体内积累的组胺越多，毒性也就越大。即使将死蟹高温煮熟，组胺仍然不易被破坏。当组胺在人体内积累到一定数量时，就会引起过敏性食物中毒，轻者头晕、口干、心慌、胸闷、面颊潮红，重者可出现恶心、呕吐、腹痛、腹泻、心跳加速、呼吸急促等症状。因此，买来的活蟹最好现做现吃，不能存放时间过长，否则易被细菌污染。

(3)不宜食用存放过久的熟蟹：存放的熟螃蟹极易被细菌侵入而被污染。因此，螃蟹宜现煮现食，不要存放。如果吃不完，剩下的一定要保存在干净、阴凉通风的地方(最好是冰箱中)，食用时必须回锅再高温蒸煮。

(4)不宜食用未熟蟹：螃蟹一般生长在江河湖泽的淤泥中，一般以动物尸体或腐殖质为食物，所以蟹的体表、腮及胃肠道内往往积聚了大量的细菌、寄生虫等病原微生物及其他有毒物质。如果食用没有蒸熟煮透的螃蟹，就会把螃蟹体内的病菌或寄生虫等吃进体内，容易诱发疾病。如螃蟹中的溶血性弧菌侵入人体后，就会引起感染性中毒，出现肠道发炎、水肿及充血等症状。尤其需要注意的是，螃蟹体内经常带有大量肺吸虫的囊蚴。这种囊蚴具有很强的抵抗力，一般要在55℃的条件下加热30分钟，或在浓度为20%的盐水中浸泡48小时才会死亡。因此，螃蟹如不经过高温煮透，肺吸虫就会趁机进入人体，进而诱发肺吸虫病，出现腹痛、腹泻等症状。肺吸虫刺激或破坏肺组织可引起咳嗽、咯血，一旦侵入脑部，就会使患者出现偏瘫、失语、失明、癫痫等症状。另外，有人认为将螃蟹浸泡在黄酒、白酒里就可以起到杀菌消毒的作用了，其实，这样做是无法达到彻底杀菌消毒效果的。因此，吃螃蟹时一定要将其蒸熟煮透。生吃“醉蟹”很不安全。

(5)不可乱嚼一气：吃螃蟹时，应注意首先做到“四清除”，即将蟹胃、蟹肠、蟹心和蟹鳃清除掉后，方可食用。

(6)不宜食用过多：因为蟹肉性寒，脾胃虚寒者尤应注意，以免食后引起腹痛、腹泻等症状。食用时可配以姜、醋，以驱寒。

(7)不宜与柿子或茶等同食：与螃蟹搭配进食的食物也很有讲究，一旦“误搭”，就很容易引起腹泻、腹痛等症状，如柿子与茶。因为这两种食物里的鞣酸跟螃蟹中的蛋白质相遇后，会凝固成不易消化的块状物，长时间滞留在肠道内会发酵腐败，继而引起呕吐、腹痛、腹泻等症状。所以，吃蟹时和吃蟹前后1小时内忌吃柿子或者饮茶。再比如，“吃螃蟹喝啤酒”也是一大忌讳，因为这两种食品中都含有较多的嘌呤，吃多了会引起痛风。在服用东莨菪碱药物、中药荆芥时，也不宜食用螃蟹。此外，螃蟹也不宜与梨、花生仁、泥鳅、香瓜以及冰水、冰棒、冰淇淋等寒性食物同时进用。

(8)宜蒸不宜煮：因为用水煮螃蟹，会使蟹体中大量的营养成分溶于汤内，使鲜味走失，养分大减。所以，较为科学的做法是，将整只螃蟹脐朝上，摆入蒸屉内蒸熟。使用蒸法不但可以杀灭蟹体内的微生物和寄生虫等，同时还可以减少肠胃内容物等对蟹肉和蟹黄的污染，确保肉质洁净、味道鲜美。此外，蒸法还可保持蟹体完整，含水分少，色泽红润明亮。另外，在蒸蟹时还可放一些紫苏叶，以起到发汗解表、行气宽中的作用。

从中医角度看，蟹肉对脾胃虚寒的人，尤其是慢性胃炎患者，可能引起胃痛、腹泻、呕吐等症状。因此，可在进食蟹肉后喝一杯生姜红糖水。生姜性温热，能增强和加速血液循环，刺激胃液分泌，红糖与生姜一样有暖胃、祛寒的作用，两者搭配，正好与性寒的蟹肉相补，且暖胃效果更佳。若吃蟹后出现恶心、呕吐、腹痛、腹泻、脱水、电解质紊乱、抽搐，甚至是休克、昏迷、败血症等食物中毒现象时，应立即送到医院，给予葡萄糖生理盐水或复方氯化钠静脉注射，同时多饮水，补充液体，并及时补钾保持体内电解质平衡，对低血压者还要给予升压药物及进行其他对症处理。

41. 哪些人不宜吃螃蟹？

(1)肝炎患者：肝炎病人由于胆汁分泌失常、消化功能减退，而蟹肉中含有丰富的蛋白质，不易消化吸收，往往易造成消化不良和腹胀、呕吐等。

(2)心血管病患者：螃蟹胆固醇含量较高，每100克蟹肉中约含胆固醇235毫克，每100克蟹黄中含胆固醇460毫克。因此，冠心病、动脉硬化症、高血压、高脂血症的患者，若食用螃蟹，就会导致胆固醇含量增高，加重心血管病的病情。

(3)伤风感冒、发热者：因为高蛋白质的螃蟹不易消化吸收，伤风感冒及发热的病人吃后会使病情加重，所以对这类病人而言，饮食应以清淡为主。

(4)脾胃虚寒者：螃蟹性寒，吃后容易引起腹痛、腹泻或消化不良等症，慢性胃炎、胃及十二指肠溃疡患者食后易使旧病复发或病情加重，故不宜食用。此外，胃痛以及腹泻的病人也不宜吃蟹。

(5)体质过敏者：此类人群吃了螃蟹后，会出现恶心、呕吐、腹痛、腹泻甚至荨麻疹或哮喘等一系列过敏症状。此外，患有皮炎、湿疹、癣症等皮肤疾病的人也要慎食，因为吃蟹可使病情恶化。

(6)胆道疾病患者：胆囊炎、胆结石的形成与体内胆固醇含量过多和代谢障碍有一定关系，吃蟹易使病情复发或加重。

(7)孕妇：中医认为，螃蟹性寒凉，有活血祛淤之功效，故对孕妇不利。

(8)老年人和婴幼儿：因老年人消化系统脏器功能衰退，消化吸收能力差，故食蟹应以品尝为主，不宜多食。婴幼儿因其消化器官发育不完善，消化吸收能力较差，所以也不宜多食螃蟹。

42. 怎样选择田螺?

新鲜田螺个大、体圆、壳薄、掩盖完整收缩，螺壳呈淡青色，壳无破损，无肉溢出。挑选时，可用小指尖往掩盖上轻轻压一下，有弹性的就是活螺，反之是死螺。而且，田螺个体不大，只有螺口上部很小的部分(田螺的头和足)才是可食的螺肉，吃田螺的时候应弃掉下部的五脏。

43. 蛤蜊有哪些营养价值?

蛤蜊，软体动物，壳卵圆形，淡褐色，边缘紫色，生活在浅海底，有花蛤、文蛤、西施舌等诸多品种。其肉质鲜美无比，被称为“天下第一鲜”、“百味之冠”，而且其营养也比较全面，含有蛋白质、脂肪、碳水化合物、铁、钙、磷、碘、维生素、氨基酸和牛磺酸等多种营养成分，低热能、高蛋白、少脂肪，能防治中老年人慢性病，是物美价廉的海产品。蛤蜊味咸寒，具有滋阴润燥、利尿消肿、软坚散结作用。现代医学认为，蛤蜊肉炖熟食用，一日三次可治糖尿病；蛤蜊肉和韭菜经常食用，可治疗阴虚所致的口渴、干咳、心烦、手足心热等症。常食蛤蜊对甲状腺肿大、黄疸、小便不畅、腹胀等症也有疗效。一般人群均可食用，尤其是适用于高胆固醇、高血脂体质、患有甲状腺肿大、支气管炎、胃病等疾病患者，但有宿疾者应慎食，脾胃虚寒者不宜多食。忌与田螺、橙子、芹菜同食。

44. 甲鱼有哪些营养价值？食用时应注意些什么问题？

甲鱼又称团鱼、水鱼、鼋鱼，它虽称为鱼，其实不是鱼类，是鳖科动物。从中医食疗角度说，甲鱼性味甘平，入肝、脾经，具有养阴、凉血、清热、散结、补肾等作用。《随息居饮食谱》称其"滋肝肾之阴，清虚劳之热，主脱肛、崩带、瘰疬、瘤瘕"。《日用本草》称其可"大补阴之不足"。由此可见，久病阴虚、骨蒸劳热、消瘦烦渴者均可用甲鱼补之。肿瘤患者久病体虚，放疗化疗之后出现口干舌燥、小便短赤、烦热、消瘦乏力等症状时，也宜食用甲鱼以进补。甲鱼可明显提高血浆蛋白浓度，纠正血浆白蛋白与球蛋白比例失衡，提高机体免疫功能，这与中医所说的"甲鱼大补"是一致的。甲鱼的背甲称鳖甲，自古就将其用作中药材，具有滋阴潜阳、软坚散结的功能。可用于热病伤阴、虚风内动、闭经、肝脾肿大、胁肋胀痛等病症的治疗，是中医肿瘤科的常用药物。现代医学研究证实，鳖甲可以提高细胞免疫功能，抑制肿瘤，具有提高体力，耐疲劳、耐缺氧、耐寒冷的作用。有鳖甲参与的中药方如鳖甲丸、鳖甲煎丸、黄芪鳖甲汤等皆为中医治疗肿瘤常用的方剂。

但是，吃甲鱼也有禁忌。腹满厌食、大便溏泄、脾胃虚寒者不宜吃甲鱼；有水肿、胸腔腹腔积液、高脂蛋白症者也不应吃甲鱼；儿童及孕妇应慎吃；死亡时间过长的甲鱼不能吃。尽管甲鱼大补，但也不能多吃、久吃，要防止"滋腻碍脾"，影响正常的消化功能。

45. 为什么甲鱼忌蚊子叮咬？

蚊子专爱叮咬甲鱼的鼻子，甲鱼被叮咬后鼻孔就会肿胀、堵塞，最终因窒息死亡。蚊子若叮咬甲鱼的其他部位，甲鱼也会由于蚊子所注入的毒液中毒而死。而甲鱼在死后，其本身所含有的大量组氨酸会迅速分解，产生对人体具有毒害作用的组胺，致使甲鱼不能食用。因此，在保管甲鱼时，一定要注意避免被蚊子叮咬。可将其放在水中或湿麻袋内，以防蚊子叮咬。

46. 鱼翅有益人体健康吗？

鱼翅，即鲨鱼鳍中的细丝状软骨，是用鲨鱼的鳍加工而成的一种海产珍品。一些消费者视鱼翅为美味佳肴、滋补佳品。其实，根据现代科学研究，鱼翅的营养成分主要是胶原蛋白，而胶原蛋白在很多动物软骨组织中都有，鱼翅的胶原蛋白量甚至还不如猪皮，所以说鱼翅并没有多高的营养价值；而传说中的吃鱼翅能抗癌也没有科学依据，鱼翅既非国家承认的保健品，也不在国家药典的药品目录中。鱼翅汤的美味主要来自它的配料，而不是鱼翅本身。有研究发现，鱼翅含有汞或其他重金属的量均比其他鱼类高很多。这是因为人类把工业生产过程中的废水不断地排入海洋，使海水中汞和其他重金属含量较高，海洋生物也随之受到影响。鲨鱼处于海洋食物链的顶端，体内会积累大量的污染毒素。而汞含量过高除了可能造成男性不育外，还会损害人的中枢神经系统及肾脏。同时，还有一点值得注意的是，大多数鱼翅都是经过双氧水浸泡以去味和漂白的，只不过大多数商家使用的是食用级双氧水，而非工业级的，不会对人体健康造成危害。但如果有商家使用的是工业双氧水或者氨水，那情况就不一样了。如果用这两种物质来漂白，无论量多量少，都有可能对食用者健康产生危害。工业双氧水可通过与食品中的淀粉形成环氧化物致癌，特别是消化道癌症。工业双氧水含有砷、重金属等多种有毒有害物质，也会严重危害食用者的身体健康。氨水进入消化道，则可能出现严重消化道刺激症状，如口腔炎、食管灼痛等。另外，还有研究显示，因鱼翅中含有高浓度的神经毒素，故食用鱼翅还可导致老年痴呆。所以，有关专家指出，吃鱼翅可能会对人体健康有害。

有资料显示，全球的鱼翅贸易导致每年有 7 300 万头鲨鱼遭捕杀，1/3 的鲨鱼种群被列为灭种或濒危物种，海洋生态系统受到威胁和破坏。因此，我们应抵制食用鲨鱼肉及鱼翅。

47. 海参有哪些营养价值？

海参，属海参纲，广泛分布于世界各海洋中。我国南海沿岸种类较多，约有 20 余种海参可供食用。现代科学研究证明，海参营养价值很高，每百克中含蛋白质 15 克、脂肪 1 克、碳水化合物 0.4 克、钙 357 毫克、磷 12 毫克、铁 2.4 毫克，以及维生素 B_1、维生素 B_2、烟酸等 50 多种对人体生理活动有益的营养成分。海参同人参、燕窝、鱼翅齐名，是世界八大珍品之一。海参不仅是珍贵的食品，也是名贵的药材。据《本草纲目拾遗》中记载：海参，味甘咸，补肾，益精髓，摄小便，壮阳疗痿，其性温补，足敌人参，故名海参。现代研究表明，海参具有提高记忆力、延缓性腺衰老，防止动脉硬化、糖尿病以及抗肿瘤等多种作用。

48. 怎样鉴别各种作假海参？

(1)优质海参：海参加工过程中不添加任何杂质，海参体形肥满，肉质厚实，参刺挺直、无残缺，腹部切口整齐，体内洁净无杂质，无异味。此种海参颜色为黑褐、黄褐色，呈淡淡的鲜咸味，涨发率高，肉质筋道。

(2)盐渍海参：生产商为了使海参增加重量，用饱和盐水反复蒸煮、加工、晾晒，使其含盐量高达 40%～70%，导致海参营养成分流失严重。此种海参颜色大多为白色，肉质较薄，且涨发率低。

(3)糖海参：此类产品在加工过程中掺入了糖和盐，这样，甜与咸的味道相互抵消，从简单的品尝很难判断出其中盐的含量。一般来说，盐和糖能占到海参重量的 30%～50%，很容易让消费者上当。此种海参颜色为黑色或黑白色，味道甜咸，涨发率低。

(4)碱矾参:此类产品在加工过程中掺入了化学胶质、明矾、碱、盐,含杂量占海参重量的30%～50%。加工后海参刺挺直,外观比较漂亮,很容易让消费者上当。食用后不仅起不到食疗功效,反而对身体健康危害极大。此种海参颜色为黑色或黄褐色,味道苦涩,涨发率低;含矾海参涨发尚可,但肉质松散。

(5)草木灰海参:此类产品在加工时掺入大量草木灰和盐,反复加工多次,不仅含盐量高,灰分也高,导致海参营养流失严重,刺参肉质薄、无弹性,食用营养成分很低。此种海参颜色为灰褐色,与同样头数的海参相比质量要重,涨发后肉质松散。

(6)沙包海参和盐包海参:此类产品在加工过程中,在海参体内注入海藻、沙石、盐等来增加海参的重量,肚子里泥沙、盐含量占海参总重量的30%～80%,质量特差,发制时容易溃烂。此种海参与同样头数的海参相比质量要重;腹部较凸,其体内有大量的沙子或盐。

49. 怎样水发海参?

(1)干海参用冷水浸泡一天一夜,让海参回软,中间换几次冷水。

(2)把回软的海参和冷水同时下锅,用大火煮开,转慢火煮10分钟左右离火。

(3)将煮好的海参在锅中焖泡,自然凉透后剖开海参,去其沙嘴。

(4)在流水下冲洗海参腹内的细沙和杂质,海参的肠子很干净,并且很有营养,可以保留,无须去除。重新添加冷水,把海参用大火再次煮开,改慢火沸煮10分钟,离火焖泡8小时。冷却后把海参重新换冷水浸泡,8小时左右换水一次;随时检查海参,取出已经发好的海参,置于带盖的容器中,容器中的水要没过海参,密闭置于冰箱冷藏室,每天换水,随用随取。

海参水发过程中,最好选用不锈钢锅具或陶瓷用品,以“多泡少煮”为原则,并要保证水要尽可能多放些。同时,还要做到以下三忌:一忌油,以避免妨碍海参吸水膨胀;二忌盐,以免不易发透;三忌冻,发好之海参可入冷藏室短时间保存,但不能放冷冻室,否则会使海参呈蜂窝状,弹性减少,口感发渣。海参回软、煮以及浸泡时间的长短应视海参的具体质量情况而定,不能一概而论。随时检查海参水发是否已经充分。可以采用手掐海参的方法，如果感到一掐就透或烂，证明水发过分；如果稍微用点力即可掐透，证明已经发好，可以烹饪、食用；如果手掐后感到海参还是较韧，可以再次煮开焖泡后继续换水泡发。另外，夏季水发时，要勤换水，以防海参变质。水发好的海参应该立即食用，以避免其营养价值下降。

发好的海参，每天早上空腹服用较好，可先用热水给水发好的海参回下温，然后将发好的海参蘸蜂蜜或者酱类吃，或者用来做汤或红烧。

50. 为什么水发海参忌沾油污？

水发海参时，千万不要沾染油污，海参见油就化，这是什么原因呢？干海参是干燥的多孔凝胶块，其中蛋白质的含量高达71%。蛋白质的重要性质之一是具有亲水性，当蛋白凝胶吸水后会膨胀，并产生张力，但因海参在干燥时有不同程度的变性，故而尚不能恢复原来那样大。当干海参沾染油污后，由于油阻止了被沾染部分的膨润，可因反作用力产生裂纹。在水发过程中，有一道加热工序，这时水分散在蛋白质中的凝胶由于受热的作用，而变成蛋白质分散在水中的溶胶。由于海参体裂解，又加速了这一进程。另外，水的表面张力大，油的表面张力小，油污中的微生物不断繁殖，加速了凝胶的变化，最后到了腐化的程度，发好的海参由于腐化也就看不见了。所以，水发海参过程中，绝不能粘一丝油污，包括锅具、筷子、剪刀等用具，以及每次洗捞海参之前，一定要洗净手。

51. 鲍鱼有哪些营养价值？

鲍鱼是一种原始的海洋贝类，单壳软体动物，只有半面外壳，壳坚厚，扁而宽。因其形状像人的耳朵，故也被称为“海耳”。鲍鱼肉质柔嫩细滑，营养丰富，滋味鲜美，是中国传统的名贵食材，居“鲍、参、翅、肚”四大海味之首。鲍鱼含有丰富的蛋白质，还有较多的钙、铁、碘和维生素 A 等多种营养元素。鲍鱼的肉中含有一种被称为“鲍素”的成分，能够破坏癌细胞必需的代谢物质。鲍鱼能养阴、平肝、固肾,可调整肾上腺分泌,具有双向性调节血压的作用。一般人均可食用。痛风患者及尿酸高者不宜吃鲍肉,只宜少量喝汤;感冒发热或阴虚喉痛的人不宜食用;素有顽癣痼疾之人忌食。

52. 鱼肚有哪些营养价值?

鱼肚,即鱼鳔、鱼胶、白鳔、花胶,是鱼的沉浮器官,经剖制晒干而成。一般有鲨鱼肚、鲩子鱼肚等,属四大海味之一,近代被列入"八珍"之一。鱼肚营养价值很高,含有丰富的蛋白质和脂肪,主要营养成分是黏性胶体高级蛋白和多糖物质。据测定,每百克干鱼肚含蛋白质 84.4 克,脂肪 0.2 克,钙 50 毫克,磷 29 毫克,铁 2.6 克。鱼肚味甘、性平,入肾、肝经,具有补肾益精,滋养筋脉、止血、散淤、消肿之功效,可用于治肾虚滑精、产后风痉、破伤风、吐血、血崩、创伤出血、痔疮等症。一般人都可食用。鱼鳔味厚滋腻,故胃滞痰多、舌苔厚腻者,以及感冒、食欲不振和痰湿盛者忌食。鱼肚的品质鉴别比较简单,除了掌握各种鱼肚的特点之外,一般张大体厚,色泽明亮者为上品;张小质薄,色泽灰暗者为次品;色泽发黑者已变质,不可食用。

53. 怎样泡发鱼肚?

鱼肚在食用前,必须提前泡发,其方法有油发法和水发法两种。质厚的鱼肚两种发法皆可,而质薄的鱼肚,水发易烂,故采用油发法较好。

(1)油发法:黄鱼肚、鳖鱼肚等小型鱼肚宜用油发法。先用温水把鱼肚洗净沥干,然后放进温油锅中炸。油要保持低温才能保证质量,炸时不要炸焦发黄或外焦里不透。当鱼肚炸到手一折就断,断面如海绵状时,就可捞出。但要注意鱼肚因厚薄不一,不会同时炸好,发好的要先捞出,以免过火。黄唇鱼肚、毛常肚、鲟鱼肚等个头大而厚的,油发时,先将鱼肚在低温油锅中文火焖 1~2 小时,见鱼肚发软后,再用较旺的火提高油温,并不断翻动,直至鱼肚胀大发足为止。但火不可过旺,否则,易造成外焦里不透。

(2)水发法:先用清水把鱼肚浸泡几个小时,并洗刷干净,放入焖罐中，加冷水烧开后离火，待冷却后再烧，每天烧 2～3 次，2 天后取出，用清水浸泡待用。泡发鱼肚时，切忌与煮虾、蟹的水接触，以免沾染异味并使鱼肚泄掉。

54. 怎样保存海鲜？

鱼贝类与陆上的动物不一样，鲜度非常容易下降，所以在选购时要特别注意鲜度，保存以前则要做一些适当的贮前处理。

生鲜贝类或冷冻食品，如果不妥善处理保存，很容易变质、腐败。所以，冷冻食品购买回家后，应尽速放入冰箱中贮存。生鲜鱼贝类必须先做适当的贮前处理，才可放入冰箱中贮存。鱼类的处理方式是先将鳃、内脏和鱼鳞去除，以自来水充分洗净，再根据每餐的用量进行切割分装，最后再依序放入冰箱内贮存。虾仁则可以先行去除沙筋，洗净后先用干布把虾仁擦干，加入味精及蛋白、太白粉、色拉油浆好，放入冰箱加以保存，而带壳的虾只需清洗外表就可冷冻或冷藏（蟹类相同）。蚌壳类买回后先以清水洗一次再放入注满清水及加入一大匙盐的盆内吐沙。冷冻的扇贝、孔雀贝等可直接冷冻或冷藏。

事实上，－18℃冻藏是海产品保鲜的较理想方法，在该冻藏条件下可部分抑制海产品上微生物生长繁殖和海产品体内的酶活性，在这种温度下保存海鲜的营养损失比较小。国家规定的家用冰箱的最低保证温度是－18℃，很多市民只是把海鲜放到冷冻室里，并未关注冷冻温度是多少，这也就造成海鲜虽然放到了冰箱里，可并不是在最佳状态下保存，海鲜变质的可能性就会显著增加。通常来说，即使是在－18℃冻藏条件下，时间也不能超过 2 个月。

55. 海产品在食用前需要经过哪些处理？

(1)海鱼：烹饪前一定要洗净，去净鳞、腮及内脏。无鳞鱼可用刀刮去表皮上的污腻部分，因为这些部位往往是海鱼中污染成分的聚集地。

(2)贝类：煮食前，应用清水将外壳洗擦干净，并浸养在清水中 7～8 小时。这样，贝类体内的泥、沙及其他脏东西就会吐出来。

(3)虾蟹:清洗并挑去虾线等脏物,或用盐渍法,即用饱和盐水浸泡数小时后晾晒,再用清水浸泡清洗后烹制。

(4)鲜海蜇:不少人认为新鲜的海蜇味道更鲜美,营养更丰富,可以直接食用。其实不然,这是因为海蜇是属腔肠动物门的水母生物,新鲜海蜇含水很多,其含水量高达96%。此外,鲜海蜇中还含有四氨络合物、五羟色胺及多肽类物质的毒素。只有经过食盐加明矾浸渍3次(俗称三矾),使鲜海蜇脱水3次,才能将这些毒素完全排除,这样处理后才能安全食用。或者清洗干净,用醋浸15分钟,然后热水焯(100℃沸水中焯数分钟)。人如果吃了未经浸渍处理的鲜海蜇,就会引起腹痛、呕吐等中毒症状,甚至会导致严重的肺水肿及过敏性休克。

(5)干货:日常生活中,很多人经常将刚刚买回来的虾米或虾皮不做任何处理就直接拿来煮汤喝。其实,这样做是很不妥当的。这是因为虾皮、虾米中都含有二甲基亚硝胺等有毒有害甚至是致癌物质。所以,虾米、虾皮在食用前应先用水煮一下,15~20分钟后捞出,并将汤倒掉,然后再换水煮汤。这样,不仅能够有效去除有毒有害物质,保证食用安全,还可以去掉过多的盐分,以及可能存在的细沙和虾米、虾皮本身有的一些不好的气味。需要注意的是,虾米、虾皮在水中浸泡的时间不能超过20分钟。虾米、虾皮个小皮薄,泡太久了,许多水溶性的营养物质也会析出、流失。鱼干应经过认真清洗后再烹调、食用。

56. 贪吃海产品有哪些健康隐患?

(1)易导致重金属中毒:由于近些年来海洋受到污染,靠捕食其他鱼类生存的食肉鱼体内会积存重金属。有资料显示,旗鱼、鲭鱼和鲨鱼等多种海鱼体内的汞含量普遍偏高,如果进食海鱼过量,就可能导致体内汞蓄积,引起中毒。

(2)易导致食物中毒:海产品中经常带有细菌,其中最常见的是副溶血性弧菌。此外,海鲜中还可能存在寄生虫卵以及加工带来的病菌和病毒污染。如果食用海鲜过多,极易导致食物中毒。

(3)会导致出血不止:海鲜食品尤其是海鱼中含有较多的二十五

碳五烯酸，其代谢产物为前列腺环素，具有抑制血小板凝集作用。因此，患有血小板减少性紫癜、过敏性紫癜、败血症、弥散性血管内凝血、遗传性纤维蛋白缺乏和维生素 K 缺乏的人，应尽量少吃海鱼，也不要服用鱼油等制品，否则可能导致出血不止。

(4)易引起痛风等症：大部分海鲜食品都含有丰富的嘌呤成分，摄入过量可导致人体内的嘌呤代谢发生紊乱，从而引起痛风。痛风的临床表现为血中尿酸浓度增高、急性关节炎反复发作等症状，严重时可出现关节僵硬或畸形。以上症状多发生在 40 岁以上的男性，且男性发病明显多于女性，男女比例为 20∶1。因此，要尽量少吃高嘌呤海鲜食品(如鱼子、鲭鱼、带鱼、小虾皮、海菜等)。嘌呤经过浸渍、煮沸后可溶于水，因此吃海鲜时只吃肉不喝汤，就能有效控制嘌呤的摄入量。

(5)可诱发食物过敏症：海鲜食品富含组氨酸，进入人体后可成为一种过敏原，会刺激机体产生组胺，从而引起一系列过敏反应。开始时出现皮肤瘙痒，随后出现风团(荨麻疹)，可发生在人体皮肤的任何部位，有剧烈的瘙痒或灼热感。

(6)可导致不育症：科学研究表明，男性过量食用海鲜会影响生育能力，最终可能导致不育症。这是由于海鲜中含有大量的有害化学物质汞，食用海鲜过多会导致血液中汞含量增高，妨碍生殖细胞的生长，最后可能导致男性不育。

(7)服用某些药物时应禁食海鲜：如结核患者在服用雷米封时吃海鲜，会引起过敏反应；经常感冒或在流行性感冒期间，应慎食含组氨酸较多的鲐鱼、鲔鱼、金枪鱼及沙丁鱼等。

57. 食用海鲜时主要有哪些禁忌？

(1)关节炎患者忌多吃海鲜：海参、海鱼、海带、海菜等海产品中，都含有较多的尿酸，被人体吸收后会在关节中形成尿酸结晶，使关节炎症状加重。

(2)不宜喝啤酒或红葡萄酒：食用海鲜时饮用大量啤酒，会产生过多的尿酸，从而引发痛风和关节炎，严重的甚至还会引起肾结石和尿毒症。另外，有时还会影响食物的口感，比如红葡萄酒与某些海鲜相搭配时，高含量的单宁会严重破坏海鲜的口味。

(3)忌与含鞣酸的某些水果同食：海味中的鱼、虾、藻类，含有丰富的蛋白质和钙等营养物质，如果与含有鞣酸的水果同食，不仅会降低蛋白质的营养价值，且易使海味中的钙质与鞣酸结合成一种新的不易消化的物质，这种物质会刺激胃而引起不适，使人出现肚子痛、呕吐、恶心等症状。因此，这些水果不宜与海鲜同时食用，以间隔 2 小时为宜。含鞣酸较多的水果有柿子、葡萄、石榴、山楂、青果等。

(4)虾类忌与维生素 C 同食：研究发现，食用虾类等水生甲壳类动物时服用大量的维生素 C，能够致人死亡。因为本来对人体无害的砷类在维生素 C 作用下，能够转化为有毒的砷。

58. 哪些水产品不能食用?

(1)死鳝鱼、死甲鱼、死河蟹不能吃。鳝鱼、甲鱼、河蟹只能活宰现吃，不能死后再宰食，因为它们的肠胃里带有大量的致病细菌和有毒物质，一旦死后便会迅速繁殖和扩散，食之极易中毒甚至有生命危险。

(2)皮青肉红的淡水鱼不应吃。这类鱼往往肉已经腐烂变质，由于含组胺较高，食后会引起中毒，故绝对不可食用。

(3)染色的水产品切勿吃。有些不法商贩将一些不新鲜的水产品进行加工，如给黄花鱼染上黄色，给带鱼抹上银粉，再将其速冻起来，冒充新鲜水产品出售，以获暴利。着色用的化学染料肯定对人体健康不利，所以购买这类鱼时一定要仔细辨别。

(4)反复冻化的水产品应少吃。有些水产品销售时解冻，白天售不出去晚上再冻起来，日复一日反复如此，这不仅影响了水产品的品质、口味，而且会产生不利于人体健康的有害物质，故购买时需加注意。

(5)用对人体有害的防腐剂保鲜的水产品不宜吃。有些价格较名贵的鱼类通常是吃鲜活的，如死了再速冻就卖不出好价钱了，所以有些商贩将这些名贵死鱼泡在亚硝酸盐或经稀释的甲醛溶液中，或将少量甲醛注入鱼体中，甚至将鱼在含有毒性较强的甲醛溶液中浸泡，以保持鱼的新鲜度。这类水产品对人体危害是很大的，能对人体肝、肾等器官和中枢神经造成损害，威胁人体健康。

(6)各种畸形的鱼不能吃。各江河湖海水域极易受到农药以及含有汞、铅、铜、锌等重金属废水、废物的污染，从而导致生活在这些水域环境中的鱼类也受到侵害，使一些鱼类生长不正常，如头大尾小、眼球突出、脊椎弯曲、鳞片脱落等。购买时要仔细观察，不能购买畸形鱼。食用时若发现鱼有煤油味、火药味、氨味以及其他不正常的气味时就应立即弃掉，绝对不能食用。

59. 怎样鉴别甲醛水发食品?

甲醛是强致癌物，在医学上是用来保存动物尸体、器官的防腐剂。一些非法商贩利用甲醛浸泡水产品，以延长产品保质期或使其卖相好，这种行为是国家明令禁止的。消费者如果食用了这样的水产品，轻者会出现头晕、呕吐、腹泻等症状，重者会导致昏迷、休克，甚至致癌。

通常来说，鉴别含甲醛水发食品主要有眼看、鼻闻、手摸等方法。首先，看水发产品颜色是否正常。如果食品不是其应有的白色，且新鲜光亮，同时体积肥大，应避免购买和食用。其次，闻水发产品是否有刺激性的异味。如有异味，并掩盖了食品固有的气味，应持谨慎的态度。最后，摸水发产品。用手一捏食品易碎的，很可能就是甲醛浸泡食品。

如果不慎误食含有甲醛的食品后，消费者通常会出现头晕、呕吐、腹泻等症状，这时应立即饮用300～500毫升的清水或牛奶，以起到稀释和在胃里形成保护膜的作用，减少胃的吸收。症状严重时，应立即去医院治疗。

60. 什么是海洋食品?

海洋食品，是指海洋中生产出的一切可供人们食用的鱼、虾、蟹、贝、藻、水母等。食物蛋白的营养价值主要取决于氨基酸的组成，海洋中鱼、虾、贝、蟹等生物蛋白质含量丰富，人体所必需的9种氨基酸含量充足，尤其是赖氨酸含量更比植物性食物高出许多，且易于被人体吸收。日本等国研制的浓缩鱼蛋白、功能鱼蛋白、海洋牛肉等，均是以鱼类为主要原料制成。海洋生物中含有较多的不饱和脂肪酸，尤其是含有一定量的高度不饱和脂肪酸，为畜禽肉和植物性食物所不含，这种脂肪酸有助于防止动脉粥样硬化，如以鱼油为原料制成的药品和保健食品对心血管疾病有特殊疗效。此外，海洋生物还是无机盐和微量元素的宝库。海虾、海鱼中钙的含量是畜禽肉的几倍至几十倍，海带、紫菜中富含碘元素，鱼肉中的铁极易被人体消化吸收，用鱼骨等加工制成的“海洋钙素”、“生物活性钙”对防治缺钙有独特疗效。

61. 怎样鉴别鱼油的质量？

首先，看产品中 DHA 的含量。DHA，即二十二碳六烯酸，俗称脑黄金，是一种对人体非常重要的多不饱和脂肪酸，是神经系统细胞生长及维持的一种主要元素，是大脑和视网膜的重要构成成分，尤其对胎婴儿智力和视力发育至关重要。DHA 是鱼油中较为重要的营养素，含量高的是优质鱼油。其次，从外观上来看，要选择浅黄色的而不是深黄色的。浅黄色鱼油经过脱脂提纯程度较高，含杂质也较少，也就显得晶莹透明。最后，将高品质鱼油和普通鱼油同时放入冰箱内，普通鱼油在 0℃以下时将凝固或结冰，而高品质鱼油仍具有良好的流动性。当然，鱼油产品一般都在常温下保存，低温冷藏并不适宜，此法只适于鉴别时使用。

七、蜂产品篇

1. 蜂蜜对人体健康有哪些益处?

蜂蜜,即蜜蜂采集植物的花蜜、分泌物或蜜露,与自身分泌物融合后,经充分酿造而成的天然甜物质。蜂蜜以其天然性和绝佳的保健功效,自古就受到人们的青睐。在《神农本草经》中被列为上品,能“安五脏诸不足,益气补中,止痛,解毒,除重病,和百药;久服强志轻身,不饥不老”。

(1)改善胃肠道功能:研究证明,蜂蜜对胃肠功能有调节作用,可增强胃肠蠕动,使胃酸分泌正常,显著缩短排便时间,对结肠炎、习惯性便秘有良好功效,且无任何副作用。

(2)提高免疫力:蜂蜜中含有多种酶和矿物质,服用后,可以提高人体免疫力。试验证明,用蜂蜜饲喂小鼠,可以提高小鼠的免疫功能。国外常用蜂蜜治疗感冒、咽喉炎,方法是用 1 杯水加 2 匙蜂蜜和 1 匙鲜柠檬汁,每天服用 3～4 杯。

(3)延年益寿:常吃蜂蜜可以使人延年益寿。蜂蜜促进长寿的机制较复杂,是对人体的综合调理,而非简单地作用于某个器官。

(4)改善睡眠:蜂蜜可缓解神经紧张,促进睡眠,并有一定的止痛作用。蜂蜜中的葡萄糖、纤维素、镁、磷、钙等能够调节神经系统,促进睡眠。神经衰弱者,每晚睡前 1 匙蜂蜜,可以改善睡眠。采自苹果花的苹果蜜的镇静功能较为突出。

(5)护肝:蜂蜜对肝脏有保护作用,能为肝脏的代谢活动提供能量准备,能刺激肝组织再生,起到修复损伤的作用。慢性肝炎和肝功能不良者,可常吃蜂蜜,以改善肝功能。

(6)抗疲劳:蜂蜜中的果糖、葡萄糖可以被很快地吸收利用,改善血液的营养状况,缓解体力疲劳。人体疲劳时服用蜂蜜,15 分钟后就可明显缓解疲劳症状。

(7)促进儿童生长发育:东京大学研究人员的大规模临床试验表明,吃蜂蜜的幼儿与吃砂糖的幼儿相比,前者体重、身高、胸围、皮下脂肪增加较快,皮肤也较光泽,且较少患痢疾、支气管炎、结膜炎、口腔炎等疾病。所以,体弱多病,体质较差的儿童可适量食用蜂蜜。但需注意,周岁以内的婴儿不适宜服用蜂蜜。

(8)保护心血管:蜂蜜有扩张冠状动脉、营养心肌、改善心肌功能的作用,对血压有调节作用。心脏病患者,每天服用 50～140 克蜂蜜,1～2 个月后病情可以得到一定的改善。高血压患者,每天早晚各饮 1 杯蜂蜜水,也有益于健康。动脉硬化者常吃蜂蜜,有保护血管、降血压和血脂的作用。

(9)润肺止咳:蜂蜜可润肺,具有一定的止咳作用,常用来辅助治疗肺结核和气管炎,可单用或与沙参、生地等配伍。虚弱多咳的人可常吃蜂蜜。蜂蜜可用于辅助治疗鼻炎、鼻窦炎、支气管炎、咽炎和气喘。其中,枇杷蜜的止咳作用较为突出。

(10)益气补中:用于补益气血的十全大补丸、归脾丸等,常用炼蜜作赋形剂。用于补气的甘草,常以蜜作辅料。可用于慢性衰弱性疾病,如慢性肝炎、溃疡病、肺结核等,有良好的辅助治疗作用。

(11)解毒:用于解乌头、附子毒,可单用内服。

(12)促进钙质吸收:美国农业部人类营养中心专家发现,蜂蜜能防止中老年妇女钙流失而引起的骨质疏松。这是因为蜂蜜中的硼能增加雌激素的活性,防止钙质的流失。

(13)治疗过敏症:英国的克罗夫特医生在临床治疗中观察到,蜂蜜能治疗花粉等引起的过敏症。克罗夫特医生建议患者每日服食 1 羹匙的蜂蜜,连续服用 2 年,不但可治疗花粉过敏,还可缓解哮喘症的发作。据推断,蜂蜜的这种治疗作用主要是归功于其中所含有的微量蜂毒。

(14)护齿:蜂蜜中含有一种酶,可以抑制损害牙齿、造成龋齿的细菌活动。

2. 怎样辨别蜂蜜质量?

蜂蜜作为一种老少皆宜的天然营养保健食品,已被越来越多的人认可。目前,国内市场上销售大多是勾兑蜜,纯蜂蜜较少,有的甚至是造假蜂蜜。蜂蜜造假的方式主要有以下几种:一是在蜂蜜生产期间用白糖或者糖浆直接喂养蜜蜂;二是往蜂蜜里掺糖浆等较低成本的糖类,甚至加入防腐剂、澄清剂、增稠剂等添加剂,使蜂蜜中含有大量的重金属和致病菌;三是在同为真蜂蜜的情况下把价格低的掺入到价格高的当中以次充好。如果长期食用造假蜂蜜,尤其是添加了有毒有害物质的造假蜂蜜,会危害人体健康,严重的可能致癌。因此,选购蜂蜜时最好到专营蜂产品的商店,应特别注意要选择信誉好的品牌。

(1)看色:用肉眼观看蜂蜜的颜色和光泽,以色浅、光亮透明、黏稠度高的为优质蜜;色呈暗褐或黑红,光泽暗淡,蜜液浑浊的为劣质品。不同植物来源的单花种蜂蜜色泽也不尽相同,如,紫云英、野桂花、洋槐等蜜种颜色浅白透明;荆条蜜、柑橘、荔枝等蜜种为浅琥珀色;桉树、乌桕、荞麦、油菜等蜜种色泽较深,但结晶后颜色会变浅。一般来说,掺入其他杂质的蜂蜜,颜色异常,色泽较差,如,掺蔗糖的蜂蜜透明度较差,不清亮;掺淀粉或玉米粉的蜂蜜色泽浑浊,常显云雾或团状。

(2)闻味:纯正、质量好的蜂蜜有特有的清香味,如槐花蜜有槐花香味,枣花蜜有枣花香味,混合蜜有纯正良好的气味;如果香气太浓郁,则有可能掺入香精;质量差的蜂蜜则带有苦味、涩味、酸味甚至臭味;而假蜜不仅没有所代表植物的芳香味,且具有较浓的蔗糖味、糖浆味或其他异味。

(3)品尝:取少许蜂蜜入口尝之,具清爽、细腻、甜味、喉感清润和余味清幽者为优质蜜;如入口绵润、味甜而腻、喉感麻辣或余味较重的,系质量较差的蜂蜜或掺假的蜂蜜。

(4)试手感:取少许蜂蜜,放在洁净干燥的手心上,用手指搓捻,通常来说纯正的蜂蜜触感柔软、无粗糙感;若结晶颗粒用手捻有粗糙感的,则有掺伪的可能。

(5)燃烧：蜂蜜主要成分为单糖，燃烧较为彻底，极少留灰粉；而蔗糖，糊精淀粉灰粉较多。

(6)暴晒：结晶蜜一晒易化，而假蜜则不易被晒化。

(7)看比重：蜂蜜的比重约为水的 1.5 倍，1 000 毫升的容器约装 1.5 千克的蜂蜜，如购得蜂蜜比重明显低于正常值，则说明此蜜含水量较高。此外，还可以用其他一些方法来检验蜂蜜的真伪。例如：将蜜与冷开水按 1∶4 的比例混合，搅匀，然后逐渐加入酒精，若出现白色絮状物则表明该蜂蜜掺入了饴糖；将少量蜂蜜放入杯中，加适量水，煮沸，冷却后加 2 滴碘酒摇匀，如出现蓝色或绿色，则表明掺了淀粉；将蜂蜜滴在白纸上或草纸上，如果蜂蜜逐渐渗开，则表明掺有蔗糖和水。

(8)看标签：只有标注"蜂蜜"标志的才是纯正的蜂蜜。凡配料表中写有"蔗糖"、"白糖"、"果葡糖浆"、"高果糖浆"等除蜂蜜以外其他成分的都不是纯蜂蜜。

3. 蜂蜜结晶是什么原因？

蜂蜜结晶是正常的自然现象，主要原因是其中含有易于结晶的葡萄糖。一般来说，在较低的温度条件下，放置一段时间，葡萄糖就会逐渐结晶。另外，结晶也与蜜种有关，如正常情况下椴树蜜较易结晶，洋槐蜜不易结晶。此外，结晶还与含水量高低有关。通常来讲，要求蜂蜜的含水量在 20%以下。在含水的条件下，如果葡萄糖含量比较高，在 13℃～14℃的温度条件下就会结晶。所以说，结晶蜂蜜的质量没有发生改变，其营养成分和口感也不会有任何变化。

4. 蜂蜜服用量以多少为宜？

蜂蜜本身含有糖类，主要是果糖，果糖是双糖。所以，服用蜂蜜应该适量，不能过多。如果长期大量食用蜂蜜，容易诱发糖尿病。临床研究表明，作为治疗或辅助治疗，成年人每日的摄入量一般为 100 克，最多不超过 200 克，分早、中、晚 3 次服用，儿童每日 30～50 克。用于治疗，以 2 个月为 1 个疗程；作为保健，服用量可酌情降低，一般成人每日 10～50 克。

5. 在什么时间服用蜂蜜为宜？

建议在饭前 1～1.5 小时或饭后 2～3 小时食用比较适宜。长时间空腹服用蜂蜜水容易使胃酸过多而得胃溃疡或十二指肠溃疡。对有胃肠道疾病的患者，则应根据病情确定食用时间，以利于发挥其作用。对于运动员和重体力劳动者，可在参加运动或劳动前后服用，以利提高血糖，增强体力或迅速消除疲劳。睡眠不佳者在每晚睡觉前食用蜂蜜，可以起到促进睡眠的作用。

6. 冲调蜂蜜时水温多高为宜？

冲服蜂蜜的水温宜为 40℃～50℃，不能超过 60℃，否则，会使蜂蜜中的维生素和酶类等营养物质遭到严重破坏，颜色变深，滋味改变，并使蜂蜜中的天然芳香气味大大减少，食之有不愉快的酸味。研究表明，在蜂蜜营养成分中，酶类尤其是淀粉酶对热极不稳定。所以，最好用温开水冲服蜂蜜。在炎热的夏季，可用凉开水冲饮蜂蜜，这是很好的清凉保健饮料，能起到消暑解热的作用。

7. 哪些人不宜食用蜂蜜？

(1)婴儿不宜食用蜂蜜。国外科学家发现，世界各地的土壤和灰尘中，往往含有一种被称为“肉毒杆菌”的细菌，而蜜蜂在采取花粉酿蜜的过程中常常把带菌的花粉和蜜带回蜂箱，使蜂蜜受到肉毒杆菌的污染，婴儿由于肠道微生物生态等平衡不够稳定，抗病能力差，易使食入的肉毒杆菌在肠道中繁殖，并产生毒素，而肝脏的解毒功能又差，因而引起肉毒杆菌性食物中毒。成人抵抗力强，食用蜂蜜后肉毒杆菌芽孢不会在体内繁殖发育成肉毒杆菌和产生肉毒毒素，不会发病。饮用蜂蜜中毒的婴儿可出现迟缓性瘫痪、哭声微弱、吸奶无力、呼吸困难等症状。另外，孩子比较小的时候，往往不能确定孩子体质是否过敏，是否对某些物质(如海鲜、花粉等)过敏。蜂蜜里含有花粉，如果孩子是过敏体质，给孩子喝蜂蜜就容易造成过敏，甚至引发过敏性皮炎、过敏性哮喘等疾病。因此，科学家们建议，为防患于未然，保证婴儿健康成长，以不喂食蜂蜜为宜。

(2)由于蜂蜜中糖分含量较高，所以肥胖者、糖尿病患者以及高血脂人群不宜食用。

(3)蜂蜜性偏凉，有增强胃肠蠕动的作用，可显著缩短排便时间，所以肠胃功能较差、腹胀或腹泻者慎用，以免加重病情。

8. 蜂蜜起泡是什么原因？

蜂蜜起泡有两个原因，一是蜂蜜上边有很细的类似奶油一样的泡沫，非常好吃的；二是发酵。

没有经过加工的蜂蜜在摇动时容易出现沫的原因有以下两点。

(1)天然成熟的蜂蜜中有4～7种蛋白质，通常以胶体物质的形式存在，它是蜂蜜中介于分子和悬浮颗粒之间不能用过滤方法除去的质粒，这种胶体物质在浅色蜂蜜中的含量为0.2%，如洋槐花蜂蜜；在深色蜂蜜中为1%左右，如枣花蜂蜜、百花蜂蜜、葵花蜂蜜等。它对蜂蜜的色泽和混浊度有一定的影响，胶体物质并能促成蜂蜜起泡，从而影响蜂蜜的感观度。

(2)未经过处理的高浓度蜂蜜有很强的抗菌能力，蜂蜜抗菌作用的原因，普遍认为是除了蜂蜜是糖的高浓度溶液和具有较低的pH值、能抑制微生物的繁殖外，更重要的是蜂蜜中葡萄糖在葡萄糖氧化酶的作用下产生的抗菌物质——过氧化氢的结果，过氧化氢在高温下易分解出氧气，从而使蜂蜜的表面有一层白色的泡沫。

以上就是导致没有经过加工的蜂蜜在夏天具有膨胀性的原因所在。

当然，上述情况与发酵有着一定的区别：发酵的蜂蜜除了有气泡外，还有酒精气味。未成熟的蜂蜜，含水量较高。通常蜜中含水量在21%以上，有利于酵母菌的生长繁殖。若蜜中含水量超过33%，酵母菌的活动则更频繁。如果温度适宜，酵母菌就会在蜜中大量繁殖，将蜜中糖分转化成酒精和二氧化碳，这就是蜂蜜的发酵。如果蜂蜜出现轻度发酵、变酸，可隔水加热至62℃左右并维持半小时，待酵母菌被杀死后即可食用。蜂蜜经过加热，其色、香、味等都会受到一定程度的影响，使其品质下降。如果是重度发酵、变酸，说明已经腐败变质，则不能食用。所以，要尽可能购买成熟蜜，并在保存中加强管理，避免与潮湿空气接触，以防发酵。

9. 秋后蜂蜜为什么不能直接食用?

自然界的植物可分为无毒和有毒两大类。无毒类的植物多在春天开花，花期较短，而有毒植物的花期则在入秋以后。秋季采制的蜂蜜多含有有毒物质——生物碱，因此直接食用这个时期现采现卖的生蜂蜜容易发生中毒，出现头晕头疼、恶心呕吐、腹泻腹痛、气喘、皮肤过敏等症状，并且会影响精神与情绪以及睡眠等。因此，秋后采制的蜂蜜一定要先熬成熟蜜后才能食用。

10. 吃香蕉蘸蜂蜜的减肥方法好吗?

香蕉和蜂蜜都有很强的通便作用。香蕉富含膳食纤维，可以刺激胃肠的蠕动，帮助排泄；蜂蜜可以促进肠胃蠕动，因此常吃香蕉蘸蜂蜜，不但摄入的热量低，而且可通便，的确可以达到快速减肥的效果。但是，应当注意的是，不能因为急于减肥而大量吃香蕉和蜂蜜，甚至以此代替主食。这是因为急速的减肥会导致身体出现功能紊乱，进而出现一系列不良反应。若是长期以香蕉为主食，不利于身体健康。

11. 蜂蜜和牛奶可以搭配食用吗?

蜂蜜和牛奶都是营养丰富的食品，但在国内却很少有人将它们搭配在一起吃。在德国，它们是必不可少的早餐食品，甚至德国总理施罗德曾向媒体透露，他的标准早餐就是：牛奶＋蜂蜜＋面包。

经常食用蜂蜜可以提高人体免疫力，并能够防止贫血、神经官能症、肝病、心脏病、肠胃病等。如果能将蜂蜜与牛奶搭配起来食用，会起到很好的互补效果。因为蜂蜜作为单糖，含有较高的热量，可直接被人体吸收;而牛奶尽管营养价值较高,但热量低,单独饮用无法维持人体正常的生命活动。如果用牛奶加蜂蜜做早餐,人体不仅能够吸收到足够的热量,所吸收的维生素、氨基酸、矿物质等营养物质也更加全面,所以使人一天都保持精力充沛的状态。

此外,牛奶和蜂蜜中都含有能够治疗贫血的铁等矿物质,而且二者的分子结构可以很好地结合,不会相互抑制,食用后能有效提高血红蛋白的数目,并产生酶来分解体内的有害菌,增强免疫力,起到活化细胞的作用。

12. 怎样贮存蜂蜜?

蜂蜜有吸收异味、吸湿及发酵等特性,如果贮藏不善,容易变质。为了保证蜂蜜在贮藏中的质量,在贮藏时应注意下列事项。

(1)分类贮存,不能将不同蜜源的蜂蜜放在同一容器内混合贮藏。

(2)注意使用合适的盛放容器。有的人不注意选择盛装蜂蜜的容器,有时会使用金属容器来盛装,这是不对的。这是因为,蜂蜜是一种带有弱酸性的液体,在与金属接触时容易和金属发生氧化反应,造成金属离子分离出来,而一些金属离子如铁、铅、铝等,进入蜂蜜中会导致蜂蜜营养成分被破坏,颜色也会变黑。人食用这种蜂蜜后,容易引发腹痛、腹泻、恶心、呕吐等不良反应,而且蜂蜜的营养也会大打折扣。因此,最好使用玻璃容器盛装蜂蜜。

(3)蜂蜜应贮存在阴凉干燥处。贮藏蜂蜜适宜的温度是5℃～10℃。

(4)防止蜂蜜混入杂质以及吸收水分和异味。蜂蜜最好用密封性好的瓷器盛装,置于干燥、通风的室内。

(5)防止蜂蜜发酵。蜂蜜内常有酵母菌存在,当温度、湿度适宜时,酵母菌便会生长繁殖,导致蜂蜜变酸,影响品质。水分含量较大的蜂蜜,在贮存前须加以处理。其方法是将蜜盛入大口容器内,敞开放在干燥、通风、温度在25℃以上的室内,静置数天,蒸发多余的水分,然后再行贮存。

如果保存得当,优质蜂蜜可以贮存3～5年甚至更长时间而不变质。

13. 蜂蜜久置后还能食用吗?

有些消费者选购蜂蜜后,由于种种原因而未能及时食用,时间一长可能就忘了,有时一忘就是几年。但是,蜂蜜看起来还是挺好的,只是已经过期了。这样的蜂蜜还能食用吗?

科学研究和实践证明,蜂蜜具有很强的抗菌能力,是不易腐败变质的食品。1913 年,美国考古学家在埃及古墓中发现了一坛蜂蜜,经鉴定这坛蜂蜜已经历时 3 300 多年了,但一点也没有变质,至今仍能食用。可见,真正成熟的蜂蜜久置后完全能食用,没有什么严格的保质期。但作为上市食品,在食品商标上应标注保质期。蜂蜜生产厂家一般把蜂蜜保质期定为 2 年。

需要指出的是,如果不是成熟的蜂蜜,或者是掺水等劣质蜂蜜产品,这些蜜在常温条件下久置后都会发酵冒泡,可能就会导致不能食用。

总之,不管是什么蜂蜜,也无论保存多久,只要未发生变质,就是可以食用的,不会对人体健康有害。只是久置的蜂蜜与新鲜的蜂蜜相比,营养价值可能会略差些。

14. 什么是蜂王浆?

蜂王浆,是哺育蜂舌腺和上颚腺的混合分泌物,是蜂王生命活动中的主要食物,呈乳白色或浅黄色,有酸涩、辛辣味,微甜并具有特殊香气,亦称之为皇浆、蜂乳、王乳等。蜂王浆的营养价值高于蜂蜜。蜂王浆中含水分高达 2/3,其余是蛋白质、氨基酸、无机盐和 B 族维生素,蜂王浆中还含有少量的核苷酸、激素、酶等生物活性物质。蜂王浆颜色淡黄、口感酸涩、回味微甜、有辛辣味。

蜂王浆可以通过调整机体代谢和加强机体对疾病的防御功能来改善新陈代谢,促进组织再生,治疗代谢障碍,调节人体免疫功能。蜂王浆可以防止人体出现头晕、恶心、食欲不振、便秘等不适症状,滋补神经系统;蜂王浆内含唾液腺素,可以促进人体各器官的发育成长,经常食用可以使肌肉、骨骼、牙齿等组织继续发育,保持年轻化和青春气息，尤其对活化脑和延缓衰老有明显作用；蜂王浆可以降低血脂，预防高血压、动脉硬化等疾病的出现。成年女性，尤其是在进入中年后，体内雌激素的含量会缓慢降低，可以通过服用适量的蜂王浆来补充机体流失的雌激素。但是，一些特殊人群，如低血压患者、胃肠功能紊乱者、糖尿病患者等，均不能服用蜂王浆。另外，因为蜂王浆中含有包括激素在内的许多特殊物质，所以为慎重起见，建议孕妇、青少年和儿童不要服用蜂王浆。如果儿童身体虚弱，可以根据医嘱，适量食用。

15. 怎样鉴别蜂王浆的质量？

好的蜂王浆应具有以下几个特点：①新鲜的蜂王浆的颜色以乳白色和淡黄色为上乘。②整瓶颜色应该均匀一致，有胶状粒子物，并有一定的光泽，且无气泡。③用手捏应有细腻感，用鼻闻具有特殊清香气味。④品尝时，应有明显的酸、涩、辛、辣味。

16. 怎样正确认识蜂王浆中的激素？

蜂王浆是一种非常好的保健品，但许多人在听到其中含有激素后，就心存疑虑，不敢再食用了。蜂王浆中确实含有一些激素，如睾酮、黄体酮、去甲肾上腺素、肾上腺皮质激素、类胰岛素等，但这些激素的含量极低，1 000 克蜂王浆中大约含有激素 8 毫克，并且它们在蜂王浆中的比例是协调、平衡的，同时又不同于人工合成的激素，是天然的，加之人们服用蜂王浆的量很少，所以说，通常情况下不足以对机体产生不良反应，以及出现生理功能失调的现象。现代科学研究表明，人体维持正常的激素水平，具有促进正常的新陈代谢和调解内分泌等多种作用。一旦缺乏必要的激素，就会引起人体内各种代谢的失调，内分泌的活动也会发生紊乱。

蜂王浆适合于成年人特别是中老年人服用。因为人在进入中老年后，各种生理功能减弱，垂体分泌激素的能力降低，这个年龄段的人群服用蜂王浆，可以起到促进新陈代谢、调解内分泌活动以及改善睡眠、增强记忆力、保持食欲、使精力旺盛等作用。成年女性，尤其是在进入中年后，体内雌激素的含量会缓慢降低，可以通过服用适量的蜂王浆来补充机体流失的雌激素。

一般来说，成人每日服用蜂王浆的量为 5 克。即使按每人每天服用蜂王浆 15 克计，1 个月共服用 450 克蜂王浆，只相当于摄入 3.6 毫克激素，对人体不会产生影响。所以，服用蜂王浆是安全的。

17. 怎样服用蜂王浆较好？

一般来说，蜂王浆宜在早、晚饭前空腹服用或睡前直接服用。成人每日可食 5 克左右，服用时，含于舌下或在口中停留 5～10 分钟，待完全溶化后和口中分泌的唾液缓缓一起吞下。由于蜂王浆的味道酸、涩、辛、辣，所以开始服用时，很多人不易接受。为改善口感，可与蜂蜜混合，一起服用，但忌用温度太高的水送服，以免破坏蜂王浆中的有效成分。另外，也可制成片剂、胶囊或口服液等剂型服用。

18. 为什么蜂王浆必须冷冻保存？

蜂王浆的化学成分比较复杂，除含有蛋白质、糖、氨基酸、脂肪等多种营养成分外，还含有维生素、核酸、激素和 R 物质等。新鲜蜂王浆中含有丰富的生物活性物质，具有多种生理活性，如增强机体免疫力、延缓衰老、抗疲劳、促进组织再生、抗菌、抗肿瘤、抗氧化等，是一种非常适宜人类保健的天然食品。但蜂王浆中的一些活性成分非常不稳定，极易受到温度、光照、空气和保存时间等因素的作用，因而蜂王浆对贮存条件的要求较高。若贮存温度过高或贮存时间过长(如在室温下贮藏 1 个月)，蜂王浆的品质就会发生变化，使其保健和滋补功能降低甚至丧失。可以说，蜂王浆的贮存条件是决定其品质的关键因素。因此，为了保持这些活性物质的稳定性，保持蜂王浆的功效，就需要采用必要的保鲜方法进行保鲜，常用的方法就是冷冻避光保存。为了蜂王浆的保鲜和食用方便，蜂王浆贮存温度一般以－5℃～－7℃为宜。实践证明，在这样的温度下存放 1 年，其成分和营养价值的变化都较小，在－18℃的条件下蜂王浆可存放 2～3 年而不变质。

19. 怎样识别掺假蜂王浆？

新鲜的蜂王浆的颜色以乳白色和淡黄色为上乘，整瓶颜色应该均匀一致，有胶状粒子物，并有一定的光泽，且无菌泡，用手捏应有细腻感，用鼻闻具有特殊清香气味，品尝时应有明显的酸、涩、辛、辣味。两种常见掺假蜂王浆的鉴别方法如下。

(1)掺淀粉蜂王浆的鉴别：将蜂王浆样品在常温下搅匀，加碘液，若蜂王浆变紫色，则表明样品中可能掺入淀粉(纯蜂王浆遇碘后呈浅黄色或橙黄色)。

(2)掺乳制品蜂王浆的鉴别：在常温下，向蜂王浆样品中加入少量食用碱面，搅匀，若全部溶解并呈浅黄色透明状，说明该样品是纯蜂王浆；若不溶解呈浑浊状，则说明该样品中掺有乳制品。

20. 为什么中老年人不宜在睡前服用人参蜂王浆？

这是因为中老年人血液大都处于高凝状态，而人参蜂王浆内含有大量葡萄糖、果糖，尤其是人参中也含有一定的刺激性物质。如果在服用人参蜂王浆后不久即入睡，会使心率减慢，加剧原有的血液黏稠度，出现局部血液动力异常，造成微循环障碍，易促发形成脑血栓。患有高血压、高血脂以及冠心病者，均不适宜在睡前服用人参蜂王浆。已患有缺血性心脑血管疾病的患者更应注意，应在睡前 4 小时服用。如果是白天服用人参蜂王浆，宜在早饭后 1 小时或午饭后 2 小时进行。

21. 哪些人不能服用蜂王浆？

(1)过敏体质者：由于蜂王浆中含有一些激素、酶及某些异性蛋白，所以，一些过敏体质的人不宜服用。

(2)低血压及低血糖患者：蜂王浆中含有两种类似乙酰胆碱的物质。据测算，1 毫克蜂王浆的降压作用，相当于 1 微克乙酰胆碱。另外，蜂王浆可增强人体内胰岛素的作用，产生低血糖反应，降低人体的血糖。

(3)腹泻及肠道功能紊乱者：蜂王浆可以诱发肠道功能紊乱，导致腹泻与便秘交替出现，影响肠道功能。

(4)手术初期病人及妊娠妇女：病人手术初期，患者失血过度，身体极度虚弱，不宜大补。妇女妊娠时，虽然应该加强营养，但蜂王浆可刺激子宫收缩，干扰胎儿在子宫内发育。

此外，凡肝阳亢盛及湿热阻滞者，如发高热、大吐血、黄疸时，均不宜服用蜂王浆。

22. 什么是蜂花粉？

蜂花粉是蜜蜂采集被子植物雄蕊或裸子小孢子囊内的花粉细胞，形成的团粒状物。蜂花粉是呈淡黄色或栗色，味微甜、略腥，营养丰富而全面，非常易于人体吸收，被营养学家誉为“完全的营养源”、“完美的保健食品”、“青春与健康的食品”和“浓缩的微型天然营养库”。蜂花粉的主要营养成分有蛋白质、氨基酸、糖类、脂类、酶类、维生素类和微量元素，其主要保健成分是维生素 A、维生素 C、维生素 D、维生素 E、牛磺酸、核酸和黄酮类化合物及微量元素等。

23. 蜂花粉有哪些保健作用？

早在 2000 多年前，我国最早的一部古药书《神农本草经》就将蜂花粉列为上品。现代科学研究表明，蜂花粉是一种完美的天然营养保健食品，对人体具有以下功效：①可以增强机体的免疫功能，延缓衰老。②调整胃肠功能，促进消化，增进食欲。③保护肝脏。④促进脑细胞的发育，增强中枢神经系统的功能。⑤软化毛细血管，增强毛细血管强度，防止动脉粥样硬化，阻止前列腺肥大和前列腺功能紊乱。⑥改善骨髓造血功能，防止贫血。⑦增强体力、耐力和爆发力。⑧美容养颜，是女性最佳的天然美容保健品。特种蜂花粉除具备上述蜂花粉的通常功能外，还因品种不同而在食疗中能体现出各种特殊的保健作用。蜂花粉自古至今都已作为食品加以应用，国内外都有各种花粉制成的保健品出售。从动物试验和人们食用蜂花粉的实践证明，蜂花粉食用是安全的，可以长期食用，无副作用。但是，对蜂花粉过敏者不宜服用。

24. 怎样鉴别蜂花粉质量的优劣？

通常来说，鉴别蜂花粉质量的优劣，主要采用看、嗅、尝等方法，即从蜂花粉外形、干燥度、气味、滋味、颜色、杂质等方面来鉴别其质量的优劣。

(1)外形：蜂花粉团颗粒为不规则扁圆形，颗粒整齐，无粉末，蜂花粉团颗粒大小一致，直径为 2.5～3.5 毫米，每个干重 10～17 毫克，带工蜂后肢嵌入蜂花粉的痕迹；无霉变、无虫蛀或鼠类毁坏的迹象。伪造蜂花粉大小不一，不易压碎，无工蜂后肢痕迹。

(2)颜色：不同的蜂花粉具有不同的颜色。单一蜂花粉颜色一致，表面光滑且有光泽。大多数蜂花粉呈黄色或褐色，也有黄绿色、黑色、橘红色等多种颜色，具体颜色可对照标准品，以区分真伪。常见的油菜、向日葵、玉米等蜂花粉呈黄色，紫云英、茶花、荷花等花粉呈橘红色，荞麦、荆条花粉呈灰绿色。

(3)干燥度：干燥的蜂花粉含水量在 8%以下，质量好的要求在 5%以下，将蜂花粉团攥在手里轻搓，有刷刷响声，有坚硬感。

(4)气味：蜂花粉鲜品具有浓郁芳香气味，无异味；而伪造花粉无此气味。

(5)滋味：新鲜蜂花粉味苦涩，略有甜味，无异味。

(6)杂质：蜂花粉中不能混有蜂尸、泥沙等杂质。检测时，称取 10 克蜂花粉放试管中，加入 30 毫升水，搅拌至蜂花粉团全部溶解，静置 30 分钟后，目测试管底部杂质沉淀量。此外，还可以将手洗净吹干后，插入盛装蜂花粉的袋内，弯曲手指缓慢从袋内抽出，看手指上有无沙粒、细土。

25. 怎样保存蜂花粉？

蜂花粉富含营养物质和生物活性物质，若贮存不好，则会导致生虫、发霉、变质，营养成分损失较大。因此，一定要科学、合理地贮存蜂花粉。贮存蜂花粉，一要防止蜂花粉生虫、变质，二要减少蜂花粉有效成分的损失。蜂花粉贮存的方法较多，日常生产中主要有以下几种方法。

(1)冷藏贮存法：将装袋密封的蜂花粉放入冷库贮存，贮存温度－1℃～－5℃，即可起到理想的效果。低温贮存效果会更好，新鲜蜂花粉在－18℃～－20℃的冷库、冰箱或低温冰柜中，可保存几年的时间不会变质，与刚采收的新鲜蜂花粉效果基本相同。

(2)常温贮存法：如果没有冷藏贮存条件只能常温下贮存时，一定要将蜂花粉干燥好。在贮存前每 50 千克蜂花粉喷洒 95％乙醇 1 千克，然后立即用较厚的塑料袋扎口密封，在通风良好干燥条件下贮存；将干燥蜂花粉装入已消毒的有色玻璃瓶内，瓶口用蜂蜡封严，避光可保存 6～12 个月；将蜂花粉装在布袋内，用 1～3 层塑料袋装好，可保存 2～6 个月。

(3)加糖贮存法：加糖贮存，就是将蜂花粉和白糖按 2：1 混合，装入容器(铁桶或瓷缸)内捣实，然后表面再撒上 10～15 厘米厚的白糖覆盖，加盖(或用双层塑料布)密封容器口，使其不与空气接触，在常温下可保存 1～2 年不会变质。

(4)除氧剂贮存法：除氧剂是一种新型食品保鲜剂，它可以把已贮存蜂花粉的贮存器具或包装袋中的氧气除掉，使微生物不能生存和活动，从而达到保鲜的目的。在化工商店均能买到除氧剂，使用方法可参照说明。

26. 怎样服用蜂花粉?

(1)服用方法：一是直接服用，即将蜂花粉直接入口食用，然后用不高于 40℃的温开水送服。这种方法可能开始有些不习惯，食用几次后便可适应，这是最方便、最简单的方法。二是混合服用，即将蜂花粉与蜂蜜(或白砂糖浓水)按 1：1～2 搅拌均匀，以减少原蜂花粉的异味，使口感变好，再用温开水送服。混合时，可用以下几种方法：①将蜂花粉与预热的蜂蜜按 2：1 的比例混合搅拌，使蜂花粉充分润湿、浸透，然后研磨调匀装瓶，放在冰箱的冷藏室或低温阴凉处保存，以备随时服用。②用固体颗粒粉碎器将蜂花粉粉碎成细面，再与蜂蜜混合研磨调匀。可将制备好的花粉蜜放置一段时间，让其充分陈酿，并有些轻微的发酵，类似于蜂群中蜂粮的性质，不仅口感好，而且还能达到脱敏、破壁的目的，有利于营养成分的吸收，也不易发生胃肠不适或疼痛现象。③因为蜂花粉是蜜蜂露天采集加工的，可能会混有一些微量泥沙，所以可在服用前用温开水将蜂花粉泡开，待泥沙沉淀后再服用。用牛奶（煮沸后降温至 45℃以下）或温蜂蜜水等泡服，效果更佳。

（2）服用量：蜂花粉的服用量应根据服用者的体质状况及服用目的的不同而异。正常情况下，成年人以保健为目的，一般每日服用 10～15 克，强体力劳动者以增强体质为目的（如运动员）或治疗疾病（如前列腺炎），每日用量可增加至 20～30 克。3～5 岁儿童每日用量 5～8 克，6～10 岁每日用量 8～12 克。由于蜂花粉是天然的营养品，酌情适量多用一点对人体健康无碍。

（3）服用时间：实践表明，宜在每日早、晚餐前 15～30 分钟空腹服用蜂花粉，因为空腹容易吸收。治疗剂量应适当加大，分 2～3 次食用，第一次在早餐前，第二、第三次在午餐或晚餐前 15～30 分钟食用，也可在临睡前服用一次。

（4）服用周期：根据国内外实践观察，用于治疗，最少也得食用 1～2 周，一般应持续食用 15～30 天为一个疗程，才能收到较好效果，因为蜂花粉食疗作用比较慢，不可能立竿见影。有些疑难病或慢性病甚至要持续食用几个月或更长的时间。如果作为一般的强身健体，增强身体素质，就不必严格按上述的要求，可以经常食用，只是食用量少些而已。开始服用后，不可间断，否则效果会打折扣。

27. 什么是蜂胶？

蜂胶是蜜蜂将采自植物的枝条、叶芽及愈伤组织等的分泌物与上颚腺、蜡腺等的分泌物同少量花粉混合后所形成的黏性物质。蜂胶是一种具有芳香气味黏性的天然固体胶状物，味微苦涩，带辛辣味。在低于 15℃时，蜂胶变脆变硬，可粉碎；当达到 36℃后开始软化；当温度上升至 60℃后，蜂胶会熔化成为黏稠的流体。蜂胶的质量和产量与蜜蜂的种类密切相关。蜜蜂用蜂胶来填补蜂巢的缝隙，抵御外来病毒、细菌和其他微生物对蜂巢的侵袭，确保蜜蜂家族能够生存和不断繁衍。蜂胶使阴暗潮湿的蜂巢呈现无菌状态，蜂花粉、蜂蜜、蜂王浆不会腐败，故人们称其为“天然抗生素”。蜂胶产量极其有限，一般情况下，一箱蜜蜂有五六万只之多，但一年只能产约 300 克左右的蜂胶。因为产量少，所以蜂胶素有“紫色黄金”的美誉。

28. 蜂胶有哪些保健作用？

蜂胶中含有不下数百种生药成分，其医疗保健作用很多。目前，根据国内外研究和临床证实，可以将蜂胶的主要作用概括为六抗、四降、一增、一清、一美、一促。六抗，即抗感染、抗病毒、抗肿瘤、抗氧化、抗疲劳、抗辐射；四降，即降血脂、降血糖、降血压、降胆固醇；一增，即增强免疫；一清，即清除自由基；一美，即美容；一促，即促进组织再生。

蜂胶适合一般性人群服用，尤其是糖尿病、心脑血管疾病、胃肠道疾病和各种炎症患者以及机体免疫力差、体质虚弱者更适宜服用蜂胶。

29. 哪些人不能服用蜂胶？

(1)体质严重过敏者慎用：由于个性差异，约万分之三的患者使用蜂胶液有不同程度的过敏现象(不会产生生命危险)。内服不必试敏，外用者，启用 1 周内，每天 1 滴涂抹患处试敏。

(2)孕妇禁服：蜂胶中的功效成分，有可能影响婴儿免疫系统正常发育。孕妇食用蜂胶后，会刺激子宫，引起宫缩，干扰胎儿正常的生长发育。

(3)婴幼儿慎用：1 周岁以下的婴幼儿不宜服用，即使确需服用时用量一定要极小。婴幼儿皮肤细嫩，用蜂胶外用治疗皮肤病时，也应将其稀释后再用。

如果出现轻微瘙痒、皮肤红疹、患部肿胀，则可服用本海拉明等脱敏药，过敏现象即可消失。待过敏现象消失后，可转为内服，同样可以收到良好的效果。

30. 怎样鉴别蜂胶质量的优劣?

首先,要查看产品标志。看清卫生部颁发的保健品批文,产品的包装或者标签上方必须有一个特殊的“蓝帽子”标志,“蓝帽子”下面有保健食品四个字。现在蜂胶只能作为保健品,不能作为食品销售,所以没有保健品的批文和“蓝帽子”标志垫片都是假的保健品。同时,我国对蜂胶的批准功能有三项:调节血脂、调节血糖、调节免疫。目前市场上大部分蜂胶具备了其中的一项或两项功能,只有少数蜂胶才能同时具备这三项功能,这样的蜂胶最珍贵。购买前,可到国家食品药品监督管理局官方网站上查找一下该产品是否通过国家的GMP认证,进口蜂胶有没有《进口保健食品批准证书》。此外,还要看黄酮含量和黄酮化合物的含量。蜂胶的作用具有保健效果,最主要的因素是因为其含有黄酮成分,而这也是消费者选购时的“最主要”标准。一些商家刻意夸大黄酮的含量,或者人工加入黄酮。黄酮在蜂胶中的天然配比是5%～7.8%,超过7.8%,就说明蜂胶掺假。而黄酮化合物的含量每100克蜂胶中不应超过1.5克。

然后,就是通过感官来判断。大致来讲,有以下几个步骤。

(1)嚼开尝,好的蜂胶在嚼服入口的那一瞬间,虽然会感到辛辣,但是一下子便会自然消失,随之而来的是清爽的感觉;而劣质蜂胶在嚼开后则会让人有想呕吐的感觉。

(2)滴一滴蜂胶内容物在白纸上,搁置数分钟后,观察其变化:内容物不易渗开,则含胶量较高;扩散较大,圆周成锯齿状,表示含胶量较低;颜色黄略带绿色,没有杂质,表示品质好;深棕偏黑,手感颗粒粗大,则表明杂质较多;品质好的蜂胶于干燥后呈金黄色膏装物,有光泽;高品质蜂胶,有特殊的芳香味,闻之有置身于新绿之中的清爽感。

(3)将蜂胶产品放入1/3杯的冷开水中,观察其溶解性和是否含有杂质,看水溶液的浓度、颜色和纯度,并品尝其口感。

水溶解性和杂质:优质的蜂胶产品应完全溶解于水,没有任何杂质;但一般蜂胶片和硬胶囊都很难被水溶解;软胶囊中有多半也不完全溶解于水，成糊状；劣质蜂胶液会有许多物质粘在杯壁上。这是由于蜂胶液中含有大量可能对人体有害的蜂蜡的缘故。

浓度、颜色和纯度：好蜂胶在水中应呈金黄色，这是珍贵的类黄酮的本色。浓度越高，蜂胶的含量也就越高。但在注意浓度的同时，还需观察水溶液的纯度。一些蜂胶在制作中添加了如乳化剂之类的物质，水溶液看上去浓度也很高，颜色也很金黄，但其溶液纯度不高，有浑浊感，且往往杯底有沉淀。将其放置1～2天，如发现水溶液变成橘红色，则表明厂商在蜂胶液中添加了乳化剂等物质。

口味：如果通过以上的观察，没有发现蜂胶产品的明显问题，那最后一步就是品尝水溶液。真正的蜂胶入口有很淡的苦味，但下咽时咽喉部会有辛辣感。辛辣感越强，蜂胶的品质越高。这是蜂胶品质鉴别中最关键的一步。几乎所有看似品质不错的蜂胶产品，都会在这一过程中显原形。绝大多数蜂胶产品的缺陷都能通过以上几个步骤被发现。以后购买蜂胶产品时，可要求商家将其产品置入水中，以便判断其品质。

31. 怎样服用蜂胶液?

市场上销售的绝大多数的蜂胶液，都需要消费者首先将蜂胶液灌入空心胶囊中，然后用温水吞服。为什么需要将蜂胶液灌入空心胶囊中呢？这是因为绝大多数的蜂胶液中都含有一定量的蜂蜡，蜂蜡是不溶于水的，如果将蜂胶液滴入水中，蜂胶液中的许多有效物质就会和蜂蜡一起粘在杯壁上，这样就会造成浪费。

如果蜂胶液经过完全脱蜡，则可将蜂胶液直接滴入温水中服用，如糖尿病、高血脂、胃肠疾病、胃窦炎、慢性肠炎等疾病患者以及免疫力低下者，可取蜂胶液5～10滴加20毫升温水，少许蜂蜜内服，每日2～3次。同时，这样还会起到以下效果：①治愈口腔各种炎症，减少或去除口臭，保持呼吸清新。②消除牙齿炎症，改善牙龈炎和牙龈出血的状况，对牙床起到很好的保护作用。③治疗咽炎。④对上呼吸道和上消化道起到保护作用。

32. 蜂胶能否与药物一起服用？

蜂胶与中药一起服用，可以帮助中药发挥更好的作用。但是，蜂胶不能与西药一起服用。这是因为蜂胶在加强西药药效作用的同时，也可能会使西药的不良反应得到加强，因此对人体健康产生不良影响。所以，蜂胶还是与西药分开服用较好，一般需间隔半小时以上。

33. 各种蜂产品能否一起服用？

蜂蜜、蜂王浆、蜂花粉、蜂胶四种产品的成分、功效不尽相同，各有各的特点，它们既可以单独食用也可以按比例混合在一起食用。混合后，它们的成分、功效会起到相辅相成的效果，更能发挥祛病强身、营养保健的作用。

八、其　他

1. 鹿茸有哪些营养作用?

雄鹿的嫩角没有长成硬骨时,带茸毛,含血液,叫做鹿茸。我国和新西兰、加拿大及俄罗斯等地都有出产,其中以我国吉林省出产的梅花鹿质量为最优。鹿茸是一种贵重的中药,用作滋补强壮剂,对虚弱、神经衰弱等有疗效。鹿茸为常用中药,《神农本草经》将其列为中品。现代医学研究证明,鹿茸内含有多种氨基酸、三磷腺苷、胆固醇、雌酮、脂溶性维生素、卵磷脂、脑磷脂等。这些物质,除能促进人体的生长发育、壮阳外,还能增强人体的免疫功能。由于原动物不同,分为花鹿茸(黄毛茸)和马鹿茸(青毛茸)两种;由于采收方法不同又分为砍茸与锯茸两种;由于枝叉多少及老嫩不同,又可分为鞍子、二杠、挂角、三岔、花砍茸、莲花等多种。挑选时,应注意以茸体饱满、圆润、质嫩、毛细、皮色红棕、体轻、底部无棱角者为佳,而细、瘦、底部起筋、毛粗糙、体重者为次;鹿茸片以毛孔嫩细、红色小片为佳。

鹿茸性温而不燥,具有振奋和提高机体功能,对全身虚弱、久病之后患者,有较好的保健作用。鹿茸可以提高机体的细胞免疫和体液免疫功能,促进淋巴细胞的转化,具有免疫促进剂的作用。它能增加机体对外界的防御能力,调节体内的免疫平衡而避免疾病发生和促进创伤愈合、病体康复,从而起到强壮身体、抵抗衰老的作用。在我国的北方地区,长期以来一直有用酒来泡制鹿茸的习惯。除泡酒外,也可将鹿茸与人参同时使用做成糖羹、药粥或菜肴,或将鹿茸研成粉,直接用开水冲服。

服用鹿茸时需注意以下几点:外感疾病者不宜服用,如发热、头痛、关节疼痛以及阴虚火旺、经常出鼻血或女性经量过多;有高血压、肝炎和肝功能不全者应当谨遵医嘱,谨慎服用;若是做药膳食用,最好用文火隔水炖，以免破坏促细胞生长因子和表皮生长因子等成分；服用时宜从小量开始，缓慢增加，不宜骤用大量，以免阳升风动，或伤阴动血；服用时以空腹为宜，尽量不喝茶，不食用萝卜、猪血及生冷食品等，否则会使鹿茸中的营养成分与茶、萝卜等相冲，造成营养成分的流失。

2. 为什么不能生吃蛇胆？

蛇胆，是蛇体内贮存胆汁的胆囊。大多数蛇胆，都可入药，具有清热解毒、祛风祛湿、明目清心等诸多功效，特别是金环蛇、银环蛇、眼镜蛇、眼镜王蛇、五步蛇、蝮蛇的胆，更是蛇胆中的上品。现代医学研究表明，蛇胆中含有丰富的微量元素铜、铁、钙、镁、维生素 C 和维生素 E 等，它们在维护人体内激素和延缓机体衰老等生命活动中，起着重要作用。经常服用蛇胆，可通过调整人体内环境，改善机体循环，增强机体免疫力，达到外病内治的目的。目前，在我国以蛇胆为主配制成的中成药有十多种，如蛇胆川贝液、蛇胆川贝枇杷膏、蛇胆川贝散、蛇胆半夏散和蛇胆陈皮散等都很受消费者欢迎。但是，药用蛇胆的来源、炮制方式、使用方法和用量都有严格的规定。通常来说，可在蒸熟后服用，或配制成蛇胆酒饮用。

在日常生活中，常有生吞蛇胆的现象，这样做是不科学的。有研究表明，蛇胆内可能含有鞭节舌虫和沙门氏菌等致病源。鞭节舌虫是蛇体内的一种常见寄生虫病，而蛇胆又是鞭节舌虫依附的主体。生吞蛇胆，可使鞭节舌虫在肠黏膜下寄生。大量鞭节舌虫会吸食人体营养，时间一长，会因黏膜损害而出现腹痛、腹泻、持续性发热等症状，引起急性胃肠炎、伤寒、副伤寒、寄生虫感染等多种疾病。因此，蛇胆切不可生吞。

3. 吃野味有滋补作用吗？

很多人都喜欢吃野味，认为野味不但味道鲜美，而且常吃野味能滋阴补肾、强健身体。其实，这是缺乏科学根据的。

大多数野生动物身上都携带着大量的病毒和寄生虫，卫生检疫部门对此难以进行有效监控。再加上有些病毒、寄生虫生在动物的肌肉、血液和内脏里，即使煎、炒、烹、炸、煮，有时也难以完全杀灭。这些病原体进入人体后能引起多种疾病，如狂犬病、结核病、鼠疫、炭疽、甲肝等。一旦染上这些病毒，食用者身上就将出现脓疱、水肿和痈，而且病毒还会侵入人的肺或肠胃等器官，严重者可致人死亡。因此，为了身体健康和生命安全，请远离野生动物。而且，大部分野生动物的蛋白质与家禽的相似，其营养价值与家禽、家畜并无太大区别，因此根本没必要置身体健康与生命安全于不顾，一味地靠吃野生动物来进补。

4. 野生青蛙肉可以食用吗？

近些年来，不少人把野生青蛙当成美味佳肴，肆意捕杀。殊不知，食用野生青蛙对人体健康有着很大的危害。这主要是因为在野生青蛙体内有一种双槽蚴寄生虫，这种寄生虫不易被高温杀死。如果人吃了野生青蛙肉，双槽蚴就会在人的腹部、手腕、腿肚、眼睛、肾脏周围等部位寄生。寄生下来的双槽蚴会使寄生部位周围的人体细胞组织产生一种黏液，使人出现面部水肿，严重的出现脓肿。如果双槽蚴一旦侵入人的眼球里，还会引起各种炎症，导致角膜溃疡、视力减退，严重的甚至造成双目失明，带来终身痛苦。此外，野生青蛙长期生活在农田里，由于目前农业生产中频繁使用高效农药杀灭害虫，野生青蛙吃了受到农药污染的害虫后，会使其体内积累高浓度的农药。人若吃了野生青蛙，其体内残存的农药，也会被人体吸收，使人体形成慢性农药中毒，甚至会导致各种癌变。另外，从减少农药使用量、提高农作物品质、维护生态环境等角度来说，也是不应该吃野生青蛙的，我国部分省份已经把野生青蛙列为省级重点保护水生野生动物来加以保护。因此，野生青蛙不能吃。

同样道理，野生蟾蜍也不可食用。而且，蟾蜍皮肤分泌出来的黏液有剧毒，对人体心脏、消化道及中枢神经会产生严重损害，严重的会出现昏迷，呼吸、循环衰竭而死亡。

5. 哪些"发物"要忌口？

"发物"是民间俗称，即某些食物可能使某些疾病复发或加重，因而也就有了"忌口"的食物要求。但哪些是"发物"，则应因人因病而论，一般可归纳为以下五类。

（1）生冷类：如生梨、生藕、柿子、生拌各种凉菜、冰冻瓜果等，其性寒冷，虚寒怕冷体质及慢性虚寒性胃炎、消化道溃疡、水肿、性欲低下、痛经、腹泻等患者，应忌食或少食，以免发病或加重疾病。

（2）油腻类：包括各种含动物性脂肪较多的食物和油炸食物，其性腻滞难化，不仅使血脂增高，而且影响消化。凡患有冠心病、高血压、脑动脉硬化、各种消化系统疾病及肥胖者均应少食或忌食。

（3）海产类：如海虾、海蟹、海鱼等，常含有某些异性蛋白，对某些过敏性疾病如湿疹、荨麻疹、哮喘、气管炎、慢性鼻炎等可引起局部或全身的变态反应。

（4）调味料：如糖、盐、醋等在食物中的比重太多，也会成为"发物"，诱使一些慢性病发作或加重。如有糖尿病、肥胖、痤疮、消化不良者等不宜多吃糖和甜食，慢性肾炎、高血压、哮喘患者等不宜常吃较咸的食品，消化性溃疡、龋齿患者等宜少吃醋。

（5）辛辣类：如大葱、蒜、辣椒、生姜、韭菜以及酒等，其性温燥辛热，阴虚火旺、内有郁热的病人（如发热、咽病、便秘、痔疮出血、口腔溃疡、咯血、失眠、外科创伤、消化性溃疡以及病毒感染等）不宜食用，否则很易发病或加重症状。

6. 怎样防止食用蚕蛹时发生中毒？

蚕蛹的营养丰富，尤其是蛋白质含量较高，所以蚕蛹是餐桌上的美食。适量食用蚕蛹，还对高血压、高血脂、慢性肝炎及营养不良患者，有较好的辅助治疗作用。此外，蚕蛹中含有一种广谱免疫物质，对癌症有特殊疗效。据报道，日本等国已经利用蚕蛹生产出了 α-干扰素，临床用于抗癌治疗。但是，由于蚕蛹的成分较为复杂，如果处理不当，食用后就会造成中毒。造成食用蚕蛹中毒的原因有以下几点:一是蚕蛹放置时间过久,蚕蛹体内有杂菌污染、繁殖、发酵、霉变,从而产生毒素。二是有些蚕蛹中有"微粒子"病,这是一种由蚕卵、蚕粪传播的变形虫病,这种蚕蛹也可使食用者中毒。三是蚕蛹虽然经过处理,仍然带有恶臭,说明蚕蛹中已有霉菌、细菌、寄生虫等生长繁殖,从而造成蚕茧内蛹体蛋白变性,分解产生毒素。某些人对毒素敏感性强,就餐前空腹,对毒素吸收得多,就会造成中毒。边吃蚕蛹边喝酒,中毒将更严重。

预防蚕蛹中毒的发生必须注意以下几点:一是蚕蛹未经处理加工,不可食用,更不可直接凉拌、盐渍即食;二是蚕蛹不新鲜、变色发黑、呈粉红色、有麻味或辣感的均不可食用;三是蚕蛹发生异味、恶臭,不可食用;四是蚕蛹放置过久,冷天超过 1 周,热天超过 20 小时,不可食用;五是有鱼、虾等食物过敏史的人,不可食用。

中毒者在进食蚕蛹 1 小时后就会突然发病,患者恶心、呕吐、眩晕,逐渐昏迷。有人会出现狂躁、说胡话、产生幻觉、眼睛斜视等症状,其中眼阵挛是最突出的症状。同时,还伴有面部、颈部、躯干部、四肢肌肉阵发性抽搐。病人站立不稳,眩晕呈醉酒状,或视物旋转,或自身感觉旋转,呕吐频繁,严重者往往神志不清。还有人食用蚕蛹后全身皮肤会出现荨麻疹,甚至发生过敏性休克。如发现食用者中毒,应迅速将其送往医院治疗。

7. 为什么生、熟食品不能混放?

生菜、生肉、生鱼等常常带有大量的细菌、病毒,甚至是致病微生物以及寄生虫虫卵等。烤熟煮透的食品,这些病原微生物等基本上都能够被杀死。但是,如果将生、熟食品混放,或者用装过生食品的容器盛放熟食和用切过生食品的刀、砧板再切熟食,就会使熟食受到污染,人若吃了这种交叉污染的食品,就很可能引起肠道类疾病。所以,生、熟食品不能混放,要分开放置。此外,盛放食品的碗、盘以及砧板、刀等也要做到生、熟分开使用。

8."围边菜"可以吃吗?

"围边菜"是指用来点缀菜肴的精美花边或装饰品。由于它们色泽鲜艳,图案美观,能刺激人们的食欲,有些人会忍不住吃上几口。事实上,这种"围边菜"虽然好看,但最好别吃。不少饭店为了控制原料成本和配菜制作时间,往往对"围边菜"进行大批量集中加工,为保证色泽和美观,"围边菜"还要放到冰箱或淡盐水中存放,时间一长势必造成新鲜程度降低。据调查,七成以上的"围边菜"都是在切配生菜的场地制作的,所用的砧板还要经常用来切配鱼,肉等动物性食品,因而极易受到沙门氏菌等致病菌的污染。此外,"围边菜"本来就是用于装饰主菜而不是让客人食用的,所以原料在清洗后切配、装盘的过程中很少做消毒处理,容易滋生细菌,人吃后很可能诱发疾病。

9. 速冻食品存在哪些问题?

速冻食品是通过急速低温(−18℃以下)加工出来的食品,食物组织中的水分、汁液不会流失,而且在这样的低温下,微生物基本上不会繁殖,食品的安全有了保证。

但是,目前速冻食品也存在一些问题,主要表现为夹杂异物、变质、变味、包装和标签不规范等;散装速冻食品更是存在较大安全隐患,与空气接触面积大,会造成水分蒸发、产品干裂、油脂氧化和变质等现象。甚至有些商家将过期的袋装产品去包装后变成散装食品卖,消费者只知道品名、价格,却看不到生产日期、保质期等。

10. 在选购速冻食品时应注意哪些事项?

(1)看生产日期:大多数速冻食品要保证质量,贮藏、运输和销售必须在−18℃以下的环境中进行。在销售过程中,由于顾客在挑选时将速冻商品不断拿出、放入,冷柜温度难以保持在−18℃以下,导致在保质期内的产品也可能因为温度无法保证而变质。因此,要挑选新近时期出厂的商品。

（2）看商品状态：新鲜的速冻鱼、肉、虾、饺子或蔬菜等商品，质地是均匀的，每一块之间是松散的，包装内没有冰块和冰晶。在温度忽高忽低的状态下贮存一段时间，就会有水分的转移和大冰晶的形成，里面的商品可能发生粘连，出现越来越多的冰晶冰块。这时候的商品品质已经明显降低，口感风味将大打折扣。如果继续存放下去，饺子、馄饨等还可能出现表面开裂的现象，含脂肪的内部馅料接触氧气，可能发生明显的氧化变味。挑选时，可以直接拿放在冷柜下部的产品，因为那里的温度比较稳定。

（3）看商品包装：要选择包装密封完好、无破损的商品。认真检查商品标签、标志是否清晰、明确，商品名称、生产日期和保质期、生产厂家和地址、配料表等是否齐全及是否标明保存条件和食用方法等。

此外，在购买散装速冻食品时，应当查看商家是否在散装速冻食品的容器、外包装上标明食品的名称、生产日期、保质期、生产者名称及联系方式等内容。如无标明则不要购买。另外，速冻食品解冻后，不宜存放，要尽快食用完，尤其不要再冻、再化。

11. 卤味越久越好吗？

中国人爱吃卤味，不少美食以卤水烹调，像人们常吃的鸭舌、卤肉饭等，不少中餐馆更以“陈年卤汁”来招揽顾客。不过，“卤得越久”却未必越好。据美国科学家的研究发现，卤肉加热时间愈长，产生的致癌物——胆固醇氧化物（COPs）也愈多。专家建议，卤味加热时间应少于 3 小时。有动物试验证明，COPs 具有致癌性。因一般烹煮食物时产生数量极少，各国都没有安全限量。但若反复卤煮，或数十年不换卤水汁，就可能产生过量的 COPs。同时，研究还发现，若在卤汁中加入酱油和冰糖，则会产生抗氧化物降低 COPs，加入红萝卜亦有相同功效。

此外，还有以下两点需要注意：①食物卤煮太久也会使营养素流失，且卤制品通常太油太咸，多吃易患心血管疾病及增加肾脏负荷。②食物经高温加热会有氧化现象，时间太久会产生过氧化物，破坏血管、细胞膜及 DNA 等，危害健康。

12. 腌制品放在冰箱里好吗?

许多家庭都会制作或买些腌制食品。为了延长贮存的时间,有人就将腌制品放入冰箱,以为这样就可以延长保质期。其实,这样做适得其反。因为腌制品在制作过程中均加入了一定量的食盐,盐的高渗透作用使绝大部分细菌死亡,从而使腌制食品有更长的保存时间。若将腌制食品放入冰箱,尤其是脂肪含量高的肉类腌制品,由于冰箱内温度较低,而腌制品中残留的水分极易冻结成冰,这样就促进了脂肪的氧化,而这种氧化具有自催化性质,氧化的速度加快,脂肪会很快酸败,致使腌制品质量明显下降,反而缩短了贮存期。

13. 炒菜时爆炒和小火炒哪种方法可取?

相对而言,爆炒能够最大限度地保留菜品中的营养成分。但是,爆炒也并非是一种十全十美的烹饪方法。这是因为爆炒虽然大火高温,但毕竟时间极短,一些致病菌仍不能完全被杀死,从而危害食用者的健康。尤其是一些肉类,往往含有大量的病菌,如果爆炒时间过短,甚至不熟,是难以杀灭的。食用这样的菜肴,容易感染一些人兽共患病,如痢疾、布鲁氏菌病、结核等。因此,爆炒时一定注意掌握好火候,时间不可过短。

不少人认为大火炒菜会破坏蔬菜的营养成分,使其中的营养流失,因此比较推崇用小火慢炒。其实恰恰相反,相比大火急炒来说,小火慢炒更容易使菜肴的营养流失。

因为蔬菜营养成分被破坏,是与烹炒时间的长短成正比的,即烹炒时间越长,蔬菜中的水分损失越严重,而蔬菜的营养成分大部分都存在于水分中,由于小火慢炒耗时长,从而会造成蔬菜营养的大量流失。据试验测定,小火慢炒 5 分钟,蔬菜中的维生素含量损失率可达 40%~60%,而大火快炒的损失量则远远小于慢炒。其次,小火慢炒极易造成菜肴粘锅、煳锅,或者是炒焦、炒烂,这样不但会破坏菜肴的口感和美观,更为严重的是,焦化的蔬菜会产生对人体有害的物质,危害人体健康。时鲜蔬菜以速炒、爆炒为宜,以最大限度地保存其中的营养物质。同时，适当颠锅，使蔬菜均匀受热，防止局部不熟或煳锅。

14. 食用油包括哪些种类？

食用油也称为食油，是指在制作食品过程中使用的，动物或者植物油脂，其中大部分常温下为液态。由于原料来源、加工工艺以及品质等原因，常见的食用油多为植物油脂，包括粟米油、花生油、橄榄油、山茶油、芥花籽油、葵花籽油、大豆油、芝麻油，核桃油等。从油脂的来源讲，可分为陆地动物油脂、海洋动物油脂、植物油脂、乳脂和微生物油脂。其中，草本植物油包括大豆油、花生油、菜籽油、葵花籽油、棉籽油等，木本植物油包括油茶籽油、核桃油、苹果油、橄榄油等，陆地动物油包括猪油、牛油、羊油、鸡油、鸭油等，海洋动物油包括鲸油、深海鱼油等。只要符合国家卫生和质量标准的产品，品质就有保证，都是安全的食用油。

15. 重植物油、轻动物油的消费观点是否科学？

在近 30 年的时间里，媒体大力宣传多食植物油、少吃动物油。许多消费者就由此认为，吃动物油易引发冠心病、肥胖症、糖尿病等疾病，而植物油能抑制动脉血栓的形成，可以预防心肌梗死。因此，一些消费者就长期食用植物油，完全拒绝动物油。然而，近年的研究发现，并非植物油中所有的不饱和脂肪酸都是对人体有益处，有些过量食用还会有害。在动物油中也含有对心血管有益的多烯酸、脂蛋白等，可改善颅内动脉营养与结构，起到抗高血压和预防脑中风的作用。比如猪油，虽然含有过多的饱和脂肪，但也含有能够降血脂、防止胆固醇堆积的四烯酸，这一作用就是植物油所没有的。再者，动物油味道较香，可以增进人的食欲。植物油中以维生素 E 为主，但缺乏维生素 A、维生素 D、维生素 K；动物油含维生素 A、维生素 D、维生素 B_6、维生素 B_{12} 较多。另外，动物油中的胆固醇还是人体组织细胞的重要组成成分，是合成胆汁和某些激素的重要原料。因此，关于某些动物油脂对人体有益而无害，或者光有害而无益的说法都是片面的。正确的做法是植物油、动物油搭配或交替食用，既要吃植物油，也不要拒绝食用动物油。

16. 怎样选用不同的油来烹饪？

炒菜时如果想少产生油烟，可以使用一级油。这是因为，炒菜时温度骤然升高，如果用精炼程度低的油炒菜，会在短时间内产生大量油烟。一级油经过几度压榨，冒烟点高，不容易出油烟。一级油中，花生油、豆油和菜籽油等比较适宜炒菜。如果不喜欢豆油的豆腥味，可以选用一级豆油，因为它精炼程度高，在加工过程中就能完全脱掉豆腥。

其次，在凉拌菜时，可选用橄榄油或芝麻油。橄榄油中微量物质属多酚类，在高温条件下容易被破坏，会降低其营养特性。而且，橄榄油还富含油酸等单不饱和脂肪酸，加热到冒烟后容易变成不健康的反式脂肪酸。因此，用橄榄油凉拌菜更能保持其营养。芝麻油因不饱和脂肪酸含量较高，所以不适于加热。芝麻油用于凉拌能为人体提供芝麻木酚素，它具有抗氧化功能，可清除体内自由基。

此外，一般家庭还习惯在煲汤后滴一点油，以增加汤的口感。通常来说，芝麻油和花生油比较适合给汤提味。

17. 为什么烹饪时忌用油过多？

很多人认为烹饪时多用油，菜肴就会好吃。其实，这是错误的。首先，油的主要成分是脂肪，脂肪食用过量，对人体健康有害无益，可引发肥胖症、高血压，冠心病等疾病。其次，菜肴里用油过多，会在食材外部形成一层脂肪，食后肠胃里的消化液不能完全与食物接触，不利于食物的消化吸收，影响人体所需营养素的供应，还会引起腹泻，同时也会促使胆汁和胰液的大量分泌，诱发胆囊炎等疾病的发生。因此，烹饪时用油一定要适量，这样才有利于人体健康。

18. 炸过食物的油营养价值会有哪些变化？

炸过食物的油营养价值会大大降低。其原因主要有以下几点：

一是反复炸过的油，其热能的利用率，只有正常油脂的 1/3 左右；二是反复炸过的油中的维生素及脂肪酸等营养成分均遭到严重破坏；三是油脂中的不饱和脂肪经过长时间加热，会产生各种有害物质，对人体健康有害。另外，还有两点需要注意，一是注意尽快用完，存放时间不宜过长，通常以 1 周为限；二是炸过食物的油不能再用于煎炸食物，可将其用于炖煮。

19. 怎样存放食用油？

如果食用油保管不当，很容易酸败变质。这是因为油脂中的不饱和脂肪酸很容易发生氧化，氧化物易分解成短链的醛、酮、酸。这些物质具有刺激性气味，俗称“哈喇味”。这就是油脂的酸败。酸败的油脂口味差，营养价值降低，食用后对人的肠胃有强烈的刺激作用，甚至会引起中毒和诱发癌症。食用油酸败产生的一种中间产物——过氧化脂质，还会使人产生溶血症，破坏血液循环系统，加速人体衰老。为了防止食用油变质，可采取以下措施。

(1)选择适合的容器：宜选用陶瓷容器或不透光的深色玻璃容器，并尽量减小瓶口口径。油装满后，应密封瓶口，使油和空气隔绝。有条件的话，最好用瓦罐盛装。人们往往习惯用塑料瓶(桶)盛装食用油，实际上这是不科学的，因为塑料中的增塑剂，能加速食用油的酸败变质。由于可口可乐、百事可乐和雪碧等饮料的塑料包装瓶不易破损、重量轻，许多家庭都用这类容器盛装食用油。这类塑料瓶的主要原料是聚丙烯塑料，本身无毒，盛装饮料对人体健康无影响，但这种聚丙烯属乙烯类高分子化合物，含少量乙烯单体，如用它长期存放食用油，瓶子中的乙烯单体会被脂溶性有机物溶解析出。这样不仅会使食用油加快氧化酸败变质，还会造成聚丙烯的碳链断裂，产生更多的乙烯单体。此外，也不宜在金属容器内存放。试验证明，铁、铜、锰、镍、铝等都具有加速油质氧化酸败的作用，尤其是铜对促进油脂酸败作用最强。

(2)避光防水：由于阳光中的紫外线和红外线能促使油脂的氧化和加速有害物质的形成，所以贮存时应尽量减少与空气、阳光的接触。食用油内不能混入水分，否则容易使油脂乳化，浑浊变质。

(3)防止高温：一般来说，氧化速度随温度的上升而加快，高温可促进氢过氧化物的分解与聚合。所以，应将食用油放在远离炉灶、暖气管道和高温电器的地方。贮存温度以10℃～15℃为宜，一般不应超过25℃。夏季不宜长期贮存，应边购边用，经常食用新鲜油。

(4)避免与空气接触：使用后要把瓶盖拧紧，减少与空气接触时间。买回桶装食用油一旦开启瓶盖后，最好要进行分装使用，建议用500～600毫升的棕色玻璃瓶。每次用完后要把瓶盖拧紧，以减少食用油与空气的接触时间。很多人为了方便，油瓶中的油用完后再倒入新油长期反复使用。在油瓶的盖子和瓶口处残存的油，在反复使用的过程中已经部分氧化。如果老是用同一个瓶子，就会影响新倒入油的品质，大大加速了新油的氧化酸败。

(5)新旧油勿混：用过的油和存放时间过久的油不要与“新”油混合，这是因为“老油”会催化“新”油的氧化变质。用过的油最好单独倒入一个容器中存放。

(6)注意保质期：日常生活中，一定要注意食用油的保质期。各种食用油的保质期如下：动物油，1年；菜籽油、花生油、棉籽油、芝麻油、葵花籽油，1.5年；大豆油、玉米胚油，2年；橄榄油、茶籽油，2.5～3年。开封的油最好在3个月内吃完。如很少做饭短时间吃不完，可选择小瓶装的油。使用有盖油壶，从大桶中倒出大约1周的用量。其他的用盖子拧紧。另外，不要长期用一个油瓶放油，要常换新油瓶，或者买小包装的油品以缩短存放时间等。

(7)添加抗氧化剂：食用油中的维生素E很容易被阳光中的紫外线破坏，而维生素E又是保证食用油不变坏的主要成分，所以若家中食用油较多，如果需要贮存较长时间，可选用花椒、茴香、桂皮、丁香、维生素E等抗氧化剂少许加入油中，以防止其氧化变质。

20. 为什么“哈喇味”食用油不能食用？

食用油久置，特别是残余的粗制油，含有较多的植物残渣，可出现油脂的酸败，俗称有“哈喇味”。油脂及其残渣在空气、水、光、热微生物的作用下，发生氧化、水解一系列反应，生成具有特殊气味的小分子醛、酮类及羧酸等氧化物、过氧化物及其他分解产物。油脂酸败后，加热时烟大、呛人，其中含分解物环氧丙醛等，食用后易中毒。油脂酸败物质的急性中毒毒性作用可归纳为三个方面：①对胃肠道的直接刺激作用，即进食后，相继出现恶心、呕吐、腹痛、腹泻等。②可产生“肠源性青紫”（高铁血红蛋白症）。变质油脂产生的过氧化物等有毒物质使血红蛋白二价铁转变为血红蛋白三价铁，其毒性作用使血红蛋白失去携氧功能，造成机体缺氧，而出现黏膜、皮肤发绀。③对中枢神经系统等直接损害作用。酸败物质的氧化物对机体酶系中的琥珀酸氧化酶、细胞色素氧化酶等重要酶系有直接破坏作用，干扰细胞内的三羧循环、氧化磷酸化，使细胞内能量代谢发生障碍，产生细胞内窒息。而使患者出现急性呼吸、循环功能衰竭现象。

所以，食用油一定要注意保质期。对于过期油脂或浑浊、沉淀或有“哈喇味”的食用油不得食用，变“哈喇味”的油炸方便面以及一切变腐败的含油脂食品，如核桃、花生、点心等，也都应弃之不食。凡进食后出现恶心、呕吐、皮肤青紫，应想到食用变质油中毒的可能，要及时就医，以进行早期洗胃、导泻等对症治疗。

21. 为什么熬猪油忌用大火?

日常饮食中用的动物油（也称荤油）大都是用猪网油、板油和肥膘熬制而成。有的人在熬猪油时用大火熬，认为这样出油快，这是不对的，大火熬出的油对人体健康不利。用大火熬猪油，会因高温而损害猪油中的营养物质，产生对人体健康有害的物质。猪油中的脂肪易被酸、碱、空气、阳光和人体内有关酶水解而产生甘油和脂肪酸。用大火熬猪油，油温可达 230℃，会使其发生化学变化而产生丙烯醛等对人体健康有毒有害的物质。用大火熬油产生焦臭味，会刺激口腔、食管、气管及鼻黏膜，导致咳嗽、眩晕、呼吸困难和双目灼热、结膜炎、喉炎、支气管炎等。因此，熬猪油不宜用大火，一般火候以油从周围向里翻动、油面不冒青烟为宜。

22. 炒菜时等油冒烟时下菜好吗?

一般烹调者在烧菜时习惯等到锅中油冒烟时才放入菜肴原料，

甚至用“过火”炒菜。认为这样炒出来的菜才会香、入味，其实，这是一种误区，有很多危害。油锅一旦冒烟，表明油温已超过200℃，在这样的温度下，油中的脂溶性维生素破坏殆尽，人体各种必需的脂肪酸也大都被氧化，食油的营养价值也会大大降低。当食材与高温油接触后，食材中的各种维生素，特别是维生素C也会大量损失。同时，食油在高温条件下还会产生丙烯醛等对人体健康有毒有害的物质。如果长时间食用高温食油烹制的菜肴，可使人体某些代谢酶系统受损，导致人体未老先衰，危害身体健康。另外，高温油烹调也会进一步加重厨房内空气污染程度，加剧对烹饪者机体的肺脏毒性、免疫毒性、遗传毒性和潜在致癌性。因此，烹调时，油的温度不可过高，不能让油锅冒烟，更不可“过火”，少用煎炸烹调方式。同时，注意厨房通风，以降低室内空气的污染程度。

23. 为什么饺子馅不宜用生豆油拌？

豆油中含有苯和多环芳烃等对人体有害的物质。这些物质只有在200℃的高温下，才能挥发掉。现在榨油多采轻汽油清抽法提取豆油，而轻汽油沸点只有70℃～90℃，所以苯、多环芳烃等物质仍会残存在油中。这样的豆油生食后，食用者会出现头痛、眩晕、眼球震颤、睡眠不安、食饮不振以及贫血等慢性中毒症状。因此，拌饺子馅不宜用生豆油，应把油烧开后再放入馅中。

24. 为什么晚餐不宜太油腻？

不少人由于工作原因，习惯于早、中餐简单就食，到晚饭时，家人团聚，鱼、肉、蛋、蔬菜十分丰富。其实，这种安排并不合理。生理学家研究证明，早餐应摄入高热能，晚餐则宜少食而清淡。人体内的各种生物功能，代谢变化，都有内在的生理节奏。一到傍晚，血液中胰岛素的含量就上升到高峰，而胰岛素可使血脂转化成脂肪贮存在腹壁之下，使人日益肥胖而大腹便便。晚餐太油腻，会造成血脂量猛然升高，加上睡眠时，人的血流速度明显减慢，大量血脂便易沉积在血管壁上，造成动脉粥样硬化，引起高血压、冠心病。我国古代《东谷赘言·饮食篇》中指出:"晚餐多食者五患:一患消化不良,二患扰睡眠,三患身重不堪修业,四患大便数,五患小便数。"因此,早餐应该丰盛些,最好摄入全天所需热量的30%左右;晚餐应少食,清淡,摄入热量不超过全天的30%。

25. 什么是地沟油?

地沟油泛指在生活中存在的各类劣质油,如回收的食用油、反复使用的炸油等。通俗地讲,地沟油可分为以下几类:一是狭义的地沟油,即将下水道中的油腻漂浮物或者将宾馆、酒楼的剩饭、剩菜(通称泔水)经过简单加工、提炼出的油;二是用各类肉及肉制品加工废弃物等非食品原料,包括用不符合食用卫生要求的猪、牛、羊、鸡、鸭、鹅等动物内脏、下水等加工提炼的油;三是用于油炸食品的油使用次数超过规定要求后,再被重复使用或往其中添加一些新油后重新使用的油。虽然地沟油的主要成分仍是甘油三酯,但其中含有砷、铅、黄曲霉菌素、苯并芘及醛等多种对人体健康有毒害作用的物质。长期食用地沟油对人体健康的危害极大,如消化不良、发育障碍、易患肠炎,并有肝、心和肾肿大以及脂肪肝等病变,甚至诱发癌症。而地沟油中的主要危害物之一黄曲霉菌素是一种强烈的致癌物质,其毒性是砒霜的100倍。

对地沟油经过脱色、脱臭、脱酸等一系列加工处理后,是很难通过简单的视觉和嗅觉等方法来鉴别的,需要通过相当繁琐的实验室检测方能准确鉴别。因此,从当前形势而言,需要国家加大执法力度,从行政措施和价格杠杆等方面入手,管住地沟油的来源,让餐饮业的废油剩菜不再倒入地沟,避免造成环境的污染和构成食品安全隐患,同时建立正常、顺畅的回收渠道,使其变成燃料油、化工用品和生物肥料,实现废物资源的有效利用。

26. 油炸食品的危害性主要有哪些?

很多商贩为了节约成本将油反复高温加热使用,增加了食品中致癌物及其他有害物质的含量,有的街头摊贩甚至使用地沟油。而且，食品在高温油炸时还可能生成对人体健康有毒有害的物质，如大部分油炸、烤制食品，尤其是炸薯条等淀粉类食品中含有高浓度的丙烯酰胺，俗称丙毒，是一种致癌物质。

不少人早餐时经常食用油条、油饼。这些食品中加入了明矾作为疏松剂，使铝含量严重超标。过量摄入铝会对人体健康有害，可影响儿童智力发育，导致老年性痴呆症等。另外，做油条的面团经过明矾处理后，还会使维生素 B_1 受到破坏。

食品经高温油炸后，其中的蛋白质和维生素等各种营养素被严重破坏，营养价值大大降低，所以长期食用，会导致营养缺乏。油炸食品脂肪含量多，不易消化，食后出现恶心、腹泻、食欲不振等症状，长期食用会导致消化不良。常吃油炸食品的人，容易上火、便秘。另外，因油炸食品是高脂肪食品，所以长期食用还会导致肥胖，并引发一系列健康问题。

综上所述，油炸食品不宜常吃，更不宜多吃。

27. 食用食盐时有哪些注意事项？

“百味之王”——食盐，主要成分是氯化钠，是人类生存最重要的物质之一，也是烹饪中最常用的调味料，其中含有的钠离子是人体新陈代谢过程中的必需元素。在食用食盐时有以下注意事项。

(1)科学选购：购买时，注意查看外包装上的标签是否标注了产品名称、配料表、净含量、制造商或经销商的名称和地址、生产日期、贮藏方法、质量等级等内容，同时查看产品色泽、均匀度等状态，并可根据需要选购低钠、富硒、高锌或加碘等种类盐。若烹饪菜肴用，应选购细盐；在腌制食品时可选用大粒盐。切记，绝不能选购和食用工业用盐，因其中存在的大量亚硝酸盐及铅、砷、汞等有害物质会对人体健康造成极大危害，甚至危及生命。

(2)适量食用：成人每日食盐摄入量应不超过 6 克。但盐的摄入量常常是由味觉、风味和饮食习惯等因素决定的，在我国素有“南甜北咸”的说法，一直以来北方人吃盐偏多，这是不健康的饮食习惯。胃病、肾病和高血压患者，对食盐尤为敏感，过多摄入会引起一系列问题。所以，在日常生活中，应多吃清淡饮食，不吃或少吃盐腌食品，注意适量摄入食盐。另外，还需注意，婴儿忌食食盐，否则会使其养成口味偏重的习惯，或引起心肌、全身肌肉衰弱，甚至可能对其肾脏造成终生性损害。

(3)适时入菜：根据菜肴的原材料等特点适时放入食盐。烹饪蔬菜时，如果早放盐，会使菜芽、芹菜、韭菜等含水量较高的茎叶类菜肴出水，影响口感，并造成营养成分的过多流失；烹饪猪、牛、羊等家畜肉时，过早放盐，会使肉中的蛋白质发生凝固，不易熟烂，且不易入味，影响菜肴的口感。所以，在烹饪时不宜早放盐。在各种食用盐中，尤其应注意碘盐遇高温会分解挥发，烹饪时需在出锅前放盐，避免用碘盐爆锅、久炖、久煮，以减少碘的损失(馅料除外)。

(4)科学存放：食盐具有吸湿性、腐蚀性，尤其是碘盐中的碘酸钾在热、光、风、湿条件下会分解挥发。所以，应少量购买，吃完再买，并做到避光存贮，放在密封较好的瓦罐里，不用金属器皿盛放，避免腐蚀金属器皿并使食盐受到污染。

28. 食用鸡精时有哪些注意事项？

鸡精是以新鲜鸡肉、鸡骨、鸡蛋为原料制成的复合增鲜、增香的调味料。可以用于使用味精的所有场合，适量加入菜肴、汤羹、面食中均能达到效果。鸡精中除含有谷氨酸钠外，更含有多种氨基酸。它是既能增加人们的食欲，又能提供一定营养的家常调味品。鸡精可以用于菜肴、汤食等食品中，尤其在汤菜中的作用较为明显。使用鸡精时，应注意以下几个方面：①由于鸡精中含有一定量的食盐，故使用鸡精调味时应注意少加盐。②因为鸡精中含有味精，所以加鸡精后就不必再使用味精了。③鸡精所含核苷酸的代谢产物是尿酸，所以痛风患者也应少食。另外，还需注意，并非所有的菜肴适合添加鸡精，炖煮鸡、鱼、牛肉、排骨等本身就具有鲜味的食物时，再加入鸡精反而会让食物走味，影响菜肴的味道。

29. 食用味精时有哪些注意事项？

味精又称味素，是调味料的一种，主要成分是谷氨酸钠，通常含

90%左右。谷氨酸是人体必不可少的一种氨基酸，对改进和维持丘脑的功能十分重要，尤其对于智力发育很有帮助。谷氨酸钠有强烈的肉类鲜味，溶于2 000～3 000倍的水中，仍然能被感觉出来。所以，在烹制菜肴过程中，适量地放点味精，可以使菜肴味道鲜美，促进食欲。但是，食用味精时应注意以下几点。

(1)适量食用：如果味精食入过多，会限制人体对钙、镁等离子的利用，并可使人产生头痛、恶心、发热甚至高血糖等症状。如果婴儿食品中味精过多，会影响血液中锌的利用。所以，每天食用的味精不能过多。成年人每天的摄入量以不超过5克为宜，孕妇、老年人及患有高血压、肾炎、水肿等疾病的人群需谨慎食用。

(2)避免高温：水温在70℃～90℃时，味精的溶解度最高。当达到120℃以上时，味精中的谷氨酸钠就会变成焦化谷氨酸钠，不但失去鲜味，而且还具有一定毒性。所以，蒸、煮(炖)以及急火快炒的菜不宜先放味精，应在菜临出锅时放味精，这样既能充分发挥味精的鲜味，又可避免其因温度高而产生毒性。如果需要勾芡的话，味精投放应在勾芡之前。另外，还需切记，做馅料时勿放味精，这是因为蒸、煮、炸等高温过程会使味精变性，失去调味的作用。世界卫生组织规定1岁以内婴儿禁用，我国规定不用于12岁以下儿童食品。

(3)宜在中性食物中添加：味精添加在pH值为6.5～7的中性菜肴中味道最佳，过酸或过碱都会影响味精提鲜的效果。在碱性条件下，味精容易发生化学反应，产生一种具有不良气味的谷氨酸二钠，失去调味作用；在遇酸性条件下又不易溶解，酸性越大，溶解度越低，加入味精基本不起作用，有时甚至还会发生吡咯烷酮化，变成焦谷氨酸，不仅降低鲜味，而且还对人体有害。

(4)用咸不用甜：味精的鲜味宜用在咸味的菜肴和羹汤中，而甜味食品中却绝不能放味精，否则不但没有鲜味的效果，而且还会产生异味，让人们吃起来不舒服。另外，还需注意一点，太咸的菜肴或羹汤中放味精，还有可能吃不出预想的鲜味。

(5)鸡、鱼等菜肴中不能用：如鸡、鱼、虾等，本来就有浓郁的自然香味，如果再放味精，反而会破坏其原有的鲜味。另外，在鸡蛋中本身就含有多量的谷氨酸及一定量的氯化钠，加温后这两种物质会生成一种新的物质——谷氨酸钠，即味精的主要成分，炒鸡蛋时若加入味精，会使鸡蛋本身的鲜味被掩盖。所以，炒鸡蛋时也不宜加入味精。

(6)凉拌菜中不宜用：这是因为凉拌菜温度较低，味精不易溶化，不能起到调味的作用。

30. 葱姜蒜椒各适合烹饪哪些食物?

日常做菜时，调味品应用有多有少，除盐以外，葱、姜、蒜、花椒这四样用得最为广泛，因此也被誉为"厨房四君子"。很多人无论做什么菜，都要先后把这四样全放上一些。殊不知，针对不同的食物，它们的调味作用也是不同的，烹调时应有所侧重。

(1)葱适合烹调贝类食品：大葱性温，味辛平，且营养丰富，有发汗解表、散寒通阳、解毒散凝之功效。大葱不仅能缓解贝类(如螺、蚌、蟹等)的寒性，而且还能够抑制食用贝类后产生的咳嗽、腹痛等过敏症状。小葱更适合烹制水产品、蛋类和动物内脏，可以很好地去除其中的腥膻味。

(2)姜适合烹调鱼类：姜性温味辣，含有姜醇等油性挥发物，还有姜辣素、维生素、姜油酚、树脂、淀粉、纤维以及少量矿物质。能增强血液循环、刺激胃液分泌、兴奋肠道、促进消化、健胃增进食欲。鱼类不仅腥味重，而且性寒，生姜则性温，既可缓解鱼的寒性，又可解腥，增加鱼的鲜味。但在烹调带鱼、鳍鱼等温性鱼类时要少放。一般来说，老姜适宜切片，用于炖、焖、烧、煮、扒等做法中；新姜辣味淡，适宜切丝，可做凉菜的配料。但是，有一点需要注意忌食烂姜。有人说，烂姜不烂味，这是错误的。腐烂的生姜会产生一种毒性很强的物质——黄樟素，可使肝细胞变性坏死，诱发肝癌、食管癌等。另外，凡患热性病时，应忌食生姜，以免使热症加重。

(3)蒜适合烹调禽肉：大蒜性温味辛，含有蛋白质、脂肪、糖类、B族维生素、维生素C等营养成分，还有硫、硒有机化合物(大蒜素)以及多种活性酶，此外其钙、磷、铁等元素的含量也很丰富。大蒜适合烹调鸡、鸭等禽肉，因其能提味，可使禽肉的香味发挥得更充分。此外，大蒜的杀菌、解毒作用对于禽肉中的细菌或病毒能起到一定的抑制效果，并可避免因消化不良而发生腹泻。

(4)花椒适合烹调肉食：花椒属温性食物，有健胃、除湿、解腥、去毒等功效，可除去各种肉类的腥臊臭气，并且促进唾液分泌，增进食欲。烹调时，花椒的使用方法很多，可以在腌制肉类时加入，也可以在炒菜时煸炸，使其散发出特有的麻香味，还可以使用花椒粉、花椒盐、花椒油等。不过，花椒性温，烹调羊肉、狗肉时应少放一些。

31. 烹饪时可以用白酒代替料酒吗？

料酒是专门用于烹饪调味的酒。在我国的应用已有上千年的历史，日本、美国、欧洲的某些国家也有使用料酒的习惯。从理论上来说，啤酒、白酒、黄酒、葡萄酒、威士忌都可用作料酒，但以黄酒烹饪为最佳。

烹饪菜肴时，加入适量的料酒，能够使菜肴香气浓郁。同时，料酒中还含有氨基酸、糖、有机酸和多种维生素，因此是烹调中不可缺少的调味品之一。但是很多人做菜时喜欢用白酒代替料酒，以为效果一样，其实这是不科学的。

料酒之所以能起到增香提味的作用，其原因有二：一是因为其中低浓度的乙醇(15%左右)的挥发作用，去除了肉的膻味，同时不会破坏肉中的蛋白质和脂类等营养成分；二是因为料酒中含有较多的糖分和氨基酸，它们都能够起到增香提味的作用。

白酒的酒精度数普遍都比料酒高很多，一般为38%～60%。过高含量的乙醇往往在去除了鱼、肉腥味的同时，对肉中的蛋白质也会起到破坏作用。而且，白酒中的糖分、氨基酸含量比料酒中的低，提味的作用明显不如料酒。所以，不论从营养还有味道上讲，白酒是不能代替料酒的。

此外，料酒在烹调过程中使用的时间，还应根据菜肴的原料的不同而有所不同。如，烧鱼应在鱼煎好后即放料酒，炒虾仁、炒肉丝应在主料炒熟后放料酒，做汤应在汤开后再放入料酒。

32. 什么是食物过敏？

食物过敏也称为食物变态反应或消化系统变态反应、过敏性胃肠炎等，是由于某种食物或食品添加剂等引起的免疫球蛋白介导和非免疫球蛋白介导的免疫反应，而导致消化系统内或全身性的变态反应。食物过敏临床表现的严重程度，与食物中变应原性的强弱和宿主的易感性有关。

食物的种类成千上万，其中只有一部分容易引起过敏。同族的食物常具有类似的致敏性，尤以植物性食品更为明显，如对花生过敏的患者对其他豆科类植物也会有不同程度的过敏。各国家、各地区的饮食习惯不同，机体对食物的适应性也就有相应的差异，因而致敏的食物也不同，比如西方人认为羊肉极少引起过敏，但在我国羊肉比猪肉的致敏性高；西方人对巧克力、草莓、无花果等过敏较多，在我国则极少见到。根据西方的资料，易引起过敏的食物为牛奶、鸡蛋、巧克力、小麦、玉米、坚果类、花生、橘子、柠檬、草莓、洋葱、猪肉，某些海产及鱼类，蛤蚌、火鸡及鸡等。在我国，容易引起过敏的食物主要有以下几类：

(1)富含蛋白质的食物，如牛奶、鸡蛋。

(2)海产类，如鱼、虾、蟹、海贝、海带。

(3)有特殊气味的食物，如洋葱、蒜、葱、韭菜、香菜、羊肉。

(4)有刺激性的食物，如辣椒、胡椒、酒、芥末、姜。

(5)某些生食的食物，如生番茄、生花生、生栗子、生核桃、桃、葡萄、柿子等。

(6)某些富含细菌的食物，如死的鱼、虾、蟹，不新鲜的肉类。

(7)某些含有真菌的食物，如蘑菇、酒糟、米醋。

(8)富含蛋白质而不易消化的食物，如蛤蚌类、鱿鱼、乌贼。

(9)种子类食物，如各种豆类、花生、芝麻。

(10)一些外来而不常吃的食物。

食物过敏的症状通常是慢慢产生的，但有些人在吃过某种食物后会立即产生反应。在大部分的案例中，禁食那些过敏性食物60～90天后，这些食物能再引回饮食中而没有任何不良反应。痤疮(尤其是长在下巴或嘴巴附近的青春痘)、关节炎、失眠、哮喘、小肠毛病、结肠炎、体重过重、忧郁症、窦部毛病、疲倦、溃疡、头痛等是常见的食物过敏症状。

33. 什么是保健食品?

保健食品,也称功能性食品。按我国《保健食品管理办法》的定义,保健食品是指具有特定保健功能的食品,适宜于特定人群食用,具有调节机体功能,不以治疗为目的,并且对人体不产生任何急性、亚急性或者慢性危害的食品。这类食品除了具有一般食品必备的营养和感官功能(色、香、味、形)以外,还具有一般食品所没有的或不强调的食品的第三种功能,即调节生理活动的功能。保健食品在国外的称谓不尽相同,日本称之为功能性食品,在欧美一些国家称之为健康食品、营养食品、改善食品等。

我国《保健食品管理办法》规定,保健食品必须符合下列要求:

(1)经必要的动物和/或人群功能试验,证明其具有明确、稳定的保健作用;

(2)各种原料及其产品必须符合食品卫生要求,对人体不产生任何急性、亚急性或慢性危害;

(3)配方的组成及用量必须具有科学依据,具有明确的功效成分。如在现有技术条件下不能明确功效成分,应确定与保健功能有关的主要原料名称;

(4)标签、说明书及广告不得宣传疗效作用。

保健食品标志

我国现有的保健食品,经卫生部批准的保健功能有 22 项,即免疫调节、延缓衰老、改善记忆、促进生长发育、抗疲劳、减肥、耐缺氧、抗辐射、抗突变、调节血脂、调节血糖、改善肠胃功能、改善睡眠、改善营养性贫血、促进泌乳、美容、改善视力、促进排铅、清咽润喉、调节血压、改善骨质疏松和对化学性损伤有保护作用等。以上这些保健功能按其应用范围和服务对象不同,通常可分为以下三类:一是营养保健食品,即以增进健康和各项体能为主要目的的保健食品,食用对象可以是一般健康人群或是亚健康人群,如螺旋藻、灵芝、双歧杆菌等;二是专用保健食品,即以特殊生理需要或特殊工种需要的人群为食用对象的保健食品，如DHA、锌、卵磷脂等；三是防病保健食品，即主要供给健康异常人食用的保健食品，以防病抗病为目的。因此，不同年龄、性别以及不同健康状况的消费者，在选用保健食品时，应当根据自己的健康状况并在医生指导下，合理选购与食用有针对性的保健食品，才能起到增强机体的防御功能，达到保健康复的目的。

保健食品标志为天蓝色图案，下有“保健食品”字样。国家工商局和卫生部在有关通知中规定，在影视、报刊、印刷品、店堂、户外广告等可视广告中，保健食品标志所占面积不得小于全部广告面积的1/36。其中报刊、印刷品广告中的保健食品标志，直径不得小于1厘米，影视、户外显示屏广告中的保健食品标志，须不间断地出现。在广播广告中，应以清晰的语言表明其为保健食品。

34. 什么是特膳食品？

特膳食品，是特殊膳食用食品的简称，是针对特殊人群的定向性营养食品。《预包装特殊膳食用食品标签通则》规定，特膳食品是指为满足某些特殊人群的生理需要，或某些疾病患者的营养需要，按特殊配方专门加工的食品。标准规定，该类食品应在外包装上明确标示其有别于普通食品的特殊适用人群、针对性的特殊配方、特殊的生理和营养成分及明确的含量。特膳食品在专业上称之为特殊适应性食品。特殊人群饮食调控的科学本质是：控制常规饮食，补充特殊膳食，强化针对营养，减少代谢负担，促进身体健康。

35. 什么是酸性食品和碱性食品？

在营养学上，一般将食品分成酸性食品和碱性食品两大类。判定一种食品是酸性食品还是碱性食品，与其本身的口感无关（味道是酸的食品不一定是酸性食品），而主要是由食品经过消化、吸收、代谢后，最后在人体内变成酸性或碱性的物质来界定。粮食、肉类、蛋类、鱼类和油类等富含蛋白质、脂肪、糖类等多种营养素的食物，在人体内分解的最终产物都是二氧化碳和水，二氧化碳和水结合成碳酸，呈酸性，故这类食物称为酸性食物。蔬菜、水果、豆类、奶、醋、茶等最终代谢产物呈碱性，称为碱性食物。

碱性食品进入人体后与二氧化碳反应生成碳酸盐，随尿液排出体外，酸性食品则在肾脏中与其他物质结合以铵盐的形式排出体外，从而维持血液的正常 pH 值。正常人的血液 pH 值为 7.35，呈弱碱性。

如果过多食用酸性食品，致使体内酸碱不平衡，体内的钙、钾、镁等金属离子就会大量消耗，导致血液色泽加深，黏度、血压升高，从而发生酸毒症，年幼者还会诱发皮肤病、神经衰弱、胃酸过多、便秘、蛀牙等，中老年者易患高血压、动脉硬化、脑出血、胃溃疡等症。所以，不能偏食酸性食物，应多吃蔬菜和水果，保持体内酸碱的平衡。

在理论上碱性中毒也会发生，但人类碱性中毒的现象并不常见，因为人体内有大量的胃酸可以将其中和。

36. 什么是新资源食品？

在我国新研制、新发现、新引进的无食用习惯的，符合食品基本要求的物品称新资源食品。《新资源食品管理办法》规定新资源食品具有以下特点：

(1)在我国无食用习惯的动物、植物和微生物。

(2)从动物、植物、微生物中分离的在我国无食用习惯的食品原料。

(3)在食品加工过程中使用的微生物新品种。

(4)因采用新工艺生产导致原有成分或者结构发生改变的食品原料。

新资源食品应当符合有关法规、规章、标准的规定，对人体不得产生任何急性、亚急性、慢性或其他潜在性健康危害。

国家鼓励对新资源食品的科学研究和开发。

37. 什么是转基因食品？

转基因食品，就是指利用现代分子生物技术，将某些生物的基因转移到另一些生物物种中去，使其出现原物种不具有的对人类有用的性状和品质。简而言之，转基因食品就是移动动植物的基因并加以改变，制造出具备新特征的食品种类。

转基因食品最早出现于20世纪80年代初，如今各国试种的转基因植物品种已超过4 500种，其中已批准商业化种植的近90种，常见的转基因作物有玉米、黄豆、番茄、油菜等。也有将有用的基因转入动物体内，例如将人的白蛋白基因（清蛋白）转入奶牛体内，它所产出的奶里就可以提炼出人体白蛋白。目前，美国是世界上最大的转基因食品生产国，转基因食品的种类高达4 000多种，转基因食品已成为美国居民日常生活中的普通商品。我国自20世纪80年代起，开始研究转基因技术，相继在水稻、黄豆、番茄等作物上试验成功，现已有20多种。一些转基因作物已投入商业化生产，如转基因棉花已进入大规模商业化生产。2002年3月，农业部颁布了《农业转基因生物标识管理办法》，确定第一批标志管理的农业转基因生物：大豆种子、大豆、大豆粉、大豆油、豆粕、玉米种子、玉米、玉米油、玉米粉、油菜种子、油菜籽油、油菜籽粕、棉花种子、鲜番茄和番茄酱。目前，我国已成为世界转基因农作物田间试验和商品化生产面积的第四大国。

根据原料的来源，可以把转基因食品分为植物性转基因食品、动物性转基因食品、转基因微生物食品、转基因特殊食品等种类；而按照功能又可以分为增产型、控熟型、高营养型、保健型、新品种型和加工型等种类。

转基因食品的安全性一直是人们争论的焦点问题，这也是近几年来广大消费者所关注的焦点问题。但是，目前全球的科学家们还无法为转基因食品的安全性下一个定论。我国《农业转基因生物标识管理办法》规定：凡是列入标识管理目录并用于销售的农业转基因生物，应当进行标识；未标识和不按规定标识的，不得进口和销售。这也就是说，商家有告知的义务，而消费者也享有知情权。

38. 什么是食源性疾病？

食源性疾病，也称食源性疾患，是指食品中致病因素进入人体引起的感染性、中毒性等疾病。一般来说，食源性疾病可分为感染性疾病和中毒性疾病，包括常见的食物中毒、肠道传染病、人兽共患传染病、寄生虫病以及化学性有毒有害物质所引起的疾病。食源性疾患的发病率居各类疾病总发病率的前列，是当前世界上最突出的卫生问题。

39. 什么是食物中毒？

食物中毒，指食用了被有毒有害物质污染的食品或者食用了含有毒有害物质的食品后出现的急性、亚急性疾病。从致病因素上来看，食物中毒可分为细菌性食物中毒（如沙门氏菌属食物中毒、副溶血性弧菌食物中毒、致病性大肠杆菌属食物中毒）、真菌毒素性食物中毒（如毒蘑菇中毒）、动物性食物中毒（如河豚中毒）、植物性食物中毒（如木薯中毒、发芽马铃薯中毒）和化学性食物中毒（如砷、甲醇、农药的中毒）。通常来讲，食物中毒具有以下几个特点：

（1）在相近时间内均食用过某种相同的可疑中毒食物后引起中毒病症，未食用者不发生中毒，停止食用该食物后，发病很快停止。

（2）潜伏期较短而集中，呈现出一定的暴发性，一般多在24～48小时发生。

（3）无人与人之间的直接传染。

（4）所有中毒者的临床表现基本相似，一般表现为急性胃肠炎症状，如恶心、腹痛、腹泻、呕吐等。

40. 怎样预防食物中毒的发生？

（1）把好选购关：购买肉菜瓜果，要注意新鲜干净，要买经过工商管理部门检验合格允许上市的农产品。

（2）把好贮藏关：生熟食要分开存放，不要混放；不食超过保质期的食品；严防食品发霉、腐烂、变质；防止食品被老鼠、苍蝇、蟑螂等咬食污染；防止食品被消毒剂、灭鼠药等污染。

（3）把好个人卫生关：炊事员需经过体检合格后方可上岗，凡患有消化道、呼吸道传染病（如乙肝、痢疾、结核等）及有皮肤病者均暂不能做炊事员工作；饭前、便后要洗手。

(4)把好烹调关：饭菜要充分加热煮熟后方能食用；做生熟食的刀、砧板、容器要分开使用，不可混用；买回的蔬菜要经过充分浸泡再反复清洗干净后，才能烹调食用；凡腐烂、发霉、变质的食品，不可食用。

(5)把好餐具消毒关：锅、碗、盆、碟、筷、勺等用前要经过烫煮等方式消毒后再用；集体用餐要实行分餐制或用公筷；要定期清洗消毒碗柜、冰箱、冰柜、微波炉等与食具有关的容器。

41. 食物中毒后应怎样处置？

(1)呼救：立即向急救中心120呼救，将中毒者送往医院进行洗胃、导泻、灌肠。

(2)催吐：用手指或钝物刺激中毒者咽弓及咽后壁，使其呕吐。但要注意，避免呕吐时因误吸而发生窒息。

(3)防止脱水：轻度中毒者应多饮淡盐水、茶水或姜糖水、稀米汤等。重度中毒者要禁食8～12小时，可静脉输液，待病情好转后，再进食些米汤、稀粥等易消化食物。

(4)妥善处理可疑食物：对可疑有毒的食物，及时送到医院等相关部门进行分析，确认无毒后方可再食用；若是有毒，则应将其与中毒者的呕吐物、排泄物等一起做好深埋等处理工作。

42. 有哈喇味的食物可以食用吗？

日常生活中，肉、油等食物存放时间久了，就会产生一股又苦又麻、刺鼻难闻的味道，俗称"哈喇味"。虽然有些难闻，但因食物表面没有变质的迹象，有些人因为怕浪费，可能会食用这些食物。

通常来说，含油脂较多的油类、糕点、鱼肉类的干腌制品、核桃、花生、瓜子等食物都很容易产生哈喇味，哈喇味是由这些食物中的油脂变质产生的。含油脂的食物若贮存时间太长，在日光、空气、水及高温的作用下，就会被氧化分解、酸败，从而产生异味。

有哈喇味的食物不仅难闻、难吃，更会影响身体健康。据日本媒体报道，一家快餐店曾出现过集体中毒事件，原因就是人们吃了有哈喇味的油炸食物。吃了有哈喇味的食品，可能会出现恶心、呕吐、腹痛、腹泻等消化系统症状，甚至引起高热、脱水，长期食用还可能诱发消化道溃疡、脂肪肝等疾病。此外，油脂变质时产生的过氧化脂自由基还会破坏人体内的酶类，使人体新陈代谢发生紊乱，表现为食欲不振、失眠健忘等。

近来有科学研究发现，食用有哈喇味的食物可以诱发癌症。美国研究人员曾用出现酸败的食用油喂养动物，结果这些动物不仅出现了消化道肿瘤，还产生了严重的肝脏病变。分析发现，酸败的食物中会产生一种叫丙二醛的致癌物质，该物质会破坏正常细胞，使之衰老、癌变。

有哈喇味的食物，不论直接吃还是烹调再加工后吃，都有可能引起食物中毒或损害食用者的健康。

因此，食物一旦出现哈喇味就不能再吃了。平时要避免油炸食品和含油多的食品存放时间过长，最好密封低温保存。

43. 饲料和饲料添加剂与畜产品的品质有什么关系？

畜产品品质与动物的品种、饲料营养、添加剂质量、饲养管理方式、饲养时间等多种因素有关。饲料和饲料添加剂是生产畜产品的主要原料，是影响畜产品品质的一个重要因素。饲料是动物摄取营养和营养物质在体内代谢转化成动物产品的基础，对畜产品品质能够产生正负两方面的影响。有些饲料原料和饲料添加剂具有改善畜产品营养价值和商品价值的功能，但也有一些饲料成分和饲料添加剂会给畜产品品质带来负面甚至是食品安全方面的影响。用饲料养殖的动物产品因饲料营养较为全面，动物的生长发育会相对快一些，口感可能比用传统饲养方法养殖的生长慢、产量低的动物产品稍差，但并不影响动物产品的营养价值和安全性。饲料添加剂使用不当，在饲喂过程中蓄积在动物体内的有毒有害物质对环境造成的污染或在人体蓄积所造成的影响是长期的。因此，饲料和饲料添加剂的质量安全、合理使用是动物源性食品安全的基础和前提，直接影响环境友好型畜牧业的发展。

44. 饲料中滥用抗生素对人体健康有哪些危害？

抗生素，是由微生物（包括细菌、真菌、放线菌属）产生、能抑制或杀灭其他微生物的物质，如青霉素、链霉素、氯霉素、四环素、金霉素、庆大霉素等。抗生素分为天然品和人工合成品，前者由微生物产生，后者是对天然抗生素进行结构改造获得的部分合成产品。在饲料中添加抗生素，其目的是保障动物健康、促进动物生长与生产和提高饲料利用率。

在养殖过程中合理使用抗生素可以给养殖业带来良好的经济效益和社会效益，但是滥用抗生素就会造成抗生素残留。抗生素残留，也称抗微生物类药物的残留，是指动物在接受抗生素治疗或食入抗生素添加剂后，抗生素及其代谢物在动物的组织及器官内的蓄积及储存。抗生素残留能够给人体健康带来一系列危害作用：一是使人体内的病原菌产生一定的耐药性，不利于今后疾病的治疗；二是可使人体产生不同程度的致敏反应，如皮炎、耳聋等；三是破坏人体内正常菌群的平衡状态，使菌群失控，重症患者可能致突变、致畸、致癌甚至是致死。同时，也能使人类赖以生存的自然环境受到污染，造成一定的生态问题，最终也会危及人类的健康。

为了加强养殖生产过程中包括抗生素在内的兽药的使用管理，保证动物性产品质量安全，根据《兽药管理条例》的规定，我国农业部于 2003 年发布了《第 278 号公告——兽药国家标准和部分品种的停药期规定》，其中规定了部分药品的停药期，并确定了部分不需制定停药期规定的药品。

45. 什么是二噁英？

二噁英（Dioxin），无色针状晶体，是一类有毒的含氯有机化合物，共有 210 种化合物。其化学结构稳定，亲脂性高，不易发生生物降解，具有很高的环境滞留性。二噁英具有致癌、致畸和致突变毒性，对环境和人类自身健康都有着极大的危害。二噁英可能引起发育初期胎儿的死亡、器官结构的破坏以及对器官的永久性伤害，或发育迟缓、生殖缺陷；它可以通过干扰生殖系统和内分泌系统的激素分泌，造成男性的精子数减少、精子质量下降、睾丸发育中断、永久性性功能障碍、性别的自我认知障碍等；可造成女性子宫癌变畸形、乳腺癌等；可造成儿童的免疫能力、智力和运动能力的永久性障碍，比如多动症、痴呆、免疫功能低下等。二噁英是目前已经认识的环境激素中毒性最大的一种。环境激素是指那些干扰人体正常激素功能的外因性化学物质，具有与内分泌激素类似的结构，能引起生物内分泌紊乱。环境激素通过环境介质和食物链进入人体或野生动物体内，干扰其内分泌系统和生殖功能系统，影响后代的生存和繁衍。一旦进入生物体内就很难分解或排出，会随食物链不断传递和积累放大。人类处于食物链的顶端，是此类污染的最后集结地。二噁英进入人体的主要途径是饮食，尤其是受污染的肉类和乳制品。此外，还可经皮肤、呼吸道等进入体内。二噁英进入动物体或人体后，易在体内蓄积，难以排出，在人体内排除一半所用时间（半衰期）平均为七年，完全降解和排泄则可能需要上百年。因此，国际癌症研究中心已将其列为人类一级致癌物。

在焚烧塑料、橡胶、秸秆和木材等固体垃圾，含氯化合物的合成与使用，纸浆漂白，汽车尾气排放，金属冶炼，以及城市废水处理等过程中都可能产生二噁英。

“二噁英”污染饲料在欧洲的一些国家曾经发生过。被污染的饲料饲喂给动物，“二噁英”可残留在肉、蛋、奶、鱼等动物产品中，通过食物链危害人类健康。在饲料生产中按规定使用合格的油脂原料，是完全可以避免“二噁英”污染饲料。近些年来，在我国的饲料检测中从未发现“二噁英”毒素。

46. 什么是人兽共患病？

人兽共患病是指由同一种病原体引起，流行病学上相互关联，在人类和动物之间自然传播的疫病。其病原包括病毒、细菌、支原体、螺旋体、立克次氏体、衣原体、真菌、寄生虫等。人兽共患病分布广泛，可源于与人类密切接触的家畜、家禽和宠物，还可源于远离人类的野生动物。世界上已证实的人兽共患病约有 200 种，较重要的有

89种(细菌病20种、病毒病27种、立克次氏体病10种、原虫病和真菌病5种、寄生虫病22种、其他疾病5种),其中炭疽、狂犬病、结核病和布鲁氏菌病就是重要的人兽共患病。常见的人兽共患病主要有流行性乙型脑炎、禽流感、口蹄疫、链球菌病、炭疽、布鲁氏菌病、结核病、破伤风、狂犬病、肉毒梭菌中毒病、猪丹毒、李氏杆菌病、钩端螺旋体病、血吸虫病、肝片吸虫病等。在人类传染病中约有60%来源于动物,而50%的动物传染病又可以传染给人类。人兽共患病主要有群发性、职业性、区域性、季节性和周期性五大特征。总的来讲,可以根据病原、流行环节、分布范围、防控策略等需要将人兽共患病进行分类。按病原的不同,通常可将其分为三类:病毒性人兽共患病,如口蹄疫、狂犬病等;细菌性人兽共患病,如布鲁氏菌病、结核病等;寄生虫性人兽共患病,如血吸虫病等。人兽共患病的传染源主要有病畜、病禽等患病动物、带菌动物和病人。其中,绝大部分以动物为传染源。人作为其传染源的病很少,主要的有结核、炭疽等。人兽共患病可对人类健康、畜牧业安全生产、畜产品安全和公共卫生造成重大危害,甚至影响社会稳定。当前,人兽共患病已经成为人类社会必须面对的重大安全问题。

47. 人兽共患病的传播途径主要有哪些?

人兽共患病主要是通过呼吸道、消化道、皮肤接触和节肢动物传播,如通过飞沫、飞沫核或气溶胶的形式传播结核、布鲁氏菌病等,通过污染的饮水和食品可以传播链球菌病、钩端螺旋体病等,通过接触污染的土壤可以感染破伤风、炭疽等,通过蚊、蝇、蟑螂、蜱、虻、虱和蚤等节肢动物的叮咬可以传播流行性乙型脑炎等。

48. 人与家畜对人兽共患病的易感性有哪些不同?

人兽共患病对人和家畜都有侵袭力。但是,人和家畜有不同程度的易感性,感染后所表现的临床特征也不同。有相当多的人兽共患病,动物感染后仅呈隐性感染,而人则不然,常表现出明显的临床症状。易感性的高低与病原体的种类、毒力强弱和易感机体的免疫状态等因素有关。

49. 预防人兽共患病的关键措施有哪些?

(1)搞好环境卫生,根除动物传染源:人兽共患病的预防,首先就是要坚持科学的饲养和卫生防疫制度,采取免疫和净化等措施,消灭动物传染源,预防动物疫病的发生。

(2)严格动物检疫,切断传播途径:许多人兽共患病疫情的暴发,都是由于患病动物或产品的流动引起的。因此,要加强检疫工作,加强病害动物及其产品的无害化处理,控制疫病的传播。

(3)加强环境管理,提高公共卫生水平:主要是整治好环境,消除有利于老鼠、臭虫、苍蝇和蚊子等滋生的环境条件。

(4)注意个人卫生,提高防护能力:个人应该养成良好的卫生习惯,避免接触地表水,防止蚊、蝇叮咬,保证饮水清洁和食品卫生,提高抗病力。对患者应及时进行隔离和治疗。

50. 畜产品在贮存管理时应注意哪些事项?

(1)包装完毕的产品,应及时做好标志,入库、冷藏库温度保持在-18℃以下且稳定,不能忽高忽低,以免影响其品质。冷藏库每季度除霜、消毒 1 次,每天清扫 1 次。

(2)仓库保持整洁,无异物,贮存物品不得直接放在地面上,按生产日期、批次分别存放,离地面 10 厘米,离墙不小于 30 厘米,做好入库后的标志。

(3)仓库中货物每半年进行一次全面清理,发现异常情况及时上报处理,包装破坏或长时间贮存品质有变化的,重新检验,做出处理。

(4)冷库内不得存放其他有异味或裸装的食品。

51. 怎样运输畜产品?

(1)成品采用集装箱或可降温的制冷车运输。

(2)运输车装运货物前进行清洗消毒,防止污染食物。

(3)每批成品经过严格检验,确定符合所规定的品质、安全、卫生要求后,方可出货。

(4)成品的仓储、运输有详细的仓储记录、温度记录、监装记录,内容包括批号、出货时间、天气、车号、集装箱号、数量、规格、品质状况、产品温度、运输工具卫生状况,以便发现问题时可迅速回收或查找原因。

(5)产品的仓储运输必须坚持先进先出的原则。

52. 与食品相关的产品有哪些?

(1)直接接触食品的材料和制品,如食品包装用的容器加工设备等。

(2)食品添加剂。

(3)食品用化工产品,即食品生产加工和食用过程中可能影响食品安全的化工产品,如洗涤剂、消毒剂、食品包装的印刷油墨和胶粘剂等。

在生产和生活中,食品的安全实际上不仅仅是食品本身的问题,与食品直接接触的各类包装材料的质量有时也与食品的安全密切相关,甚至是罪魁祸首,如PVC保鲜膜致癌事件、用回收的废旧光盘制作婴儿奶瓶事件、牛奶包装袋上的油墨渗透到牛奶中的油墨污染事件等。

53. 在使用保鲜膜时有哪些注意事项?

保鲜膜及保鲜袋是人们常用的一类保鲜食品的塑料包装制品,现在有很多家庭都离不开它们,包括用于微波炉食物加热和在冰箱里存放食物等。使用保鲜膜主要可起到防止蔬菜或菜肴中的水分散失和免受污染等作用。使用保鲜膜时,应注意以下事项。

(1)熟食、热食、含油脂的食物,特别是肉类食品,不能用保鲜膜。含有油脂和肉的食物使用保鲜膜时,应避免保鲜膜与食物的直接接触。这是因为在与油脂接触的情况下,保鲜膜中含有的塑化剂等对人体健康有害的物质会溶解到油脂中。

(2)高温使用时,应严格按照品牌上面标注的说明合理选用保鲜膜。加热食物时,盖器皿的保鲜膜上扎几个小孔,以免爆炸,并防止高温水蒸气从保鲜膜落到食品上。切记,不能用于高温环境中的保鲜膜,在高温条件下会释放出氯气、二噁英等有毒有害物质。

此外,对于馒头、点心类食物,可选择安全材质的保鲜袋或保鲜盒来替代保鲜膜。

54. 怎样鉴别无毒塑料袋和有毒塑料袋?

塑料袋是用塑料薄膜制成的,用它盛装食品或其他日用品,非常方便。塑料袋主要有两种,一种是无毒的,用聚乙烯、聚丙烯和密胺等原料制成的,可以用来盛装食品;另一种是有毒的,由聚氯乙烯制成的,只能作一般包装使用,如用其包装食物就有中毒的危险。通常来讲,可以使用以下几种方法鉴别。

(1)观色法:无毒的塑料袋呈乳白色、半透明或无色透明,有韧性,摸上去有润滑感,表面好像有蜡;而有毒塑料袋颜色浑浊或呈淡黄色,手感发黏。

(2)沉水法:把塑料袋按进水中,稍停片刻,松手,浮出水面的是无毒塑料袋,沉在水底的是有毒塑料袋。

(3)抖动法:用手抓住塑料袋的一端用力抖,发出清脆响声的是无毒的,声音响而闷的是有毒的。

(4)火烧法:无毒塑料袋易燃,燃烧时像蜡烛油一样滴落,火焰呈蓝色,有石蜡味,烟少;有毒塑料袋不易燃,火焰呈黄色,离火即灭,软化后能拉出丝,有盐酸的刺激性气味。

(5)闻味法:一般来说,无毒塑料袋大多无异常气味;而有毒塑料袋多具有刺激性和产生使人感觉恶心的气味,或可能因增塑剂以及其他添加剂的过量使用而质量较差。

另外,如果塑料包装袋外包装要有中文标志,标注厂名、厂址、产品名称、执行标准、材质等信息及"QS"标志,并在明显处注明"食品用"字样,以及附有产品检验合格证,这样的塑料袋大多是无毒的,可放心使用。

55. 选购和使用筷子时有哪些注意事项?

筷子的发明和使用在我国已有几千年的历史了,并且在人类历史上是独一无二的,国人也一直以此为荣。但是,对于筷子选购和使用我们又知道多少呢?

首先,涂油漆的筷子不要购买和使用。这是因为油漆生产过程中加入的颜料、填料等含有对人体健康有害甚至致癌作用的铬、镉、铅、汞等重金属和苯、甲苯、二甲苯、甲醛等有机物。有些家庭喜欢给孩子使用颜色亮丽的彩漆筷子,孩子对铅、苯等的承受力很低,更容易诱发一些疾病的发生。

其次,塑料筷子质感较脆,受热后容易变形、熔化,产生对人体有害的物质;骨筷质感好,但容易变色,而且价格也比较昂贵;银质、不锈钢等金属筷子较重,手感不好,而且导热性强,进食过热的食物时,容易烫伤嘴。所以,这几种筷子也不宜购买和使用。

最后,再说说一次性筷子。一次性筷子的大量使用,不但严重浪费和损耗森林资源,带来了极大的负面效应,而且一些非法加工厂在生产加工过程中使用的原料大多含有致癌物质,不符合当前倡导的绿色、生态、环保理念,故也不宜选购和使用。另外,雕刻的竹筷或木筷看似漂亮,因其藏污纳垢,不易清洗,易滋生细菌、病毒等病原微生物,故也不宜购买和使用。

综上所述,建议购买和使用天然材质的筷子。其中,竹筷是首选,它无毒无害,而且非常环保,质优价廉。此外,还可以选择本色的木筷。但是,由于材质的原因,竹筷、木筷不易清洗,会被病原微生物污染,所以应注意经常消毒,保持清洁,并定期更换。

56. 购买瓷质餐具时应注意哪些事项?

瓷质餐具危害健康的罪魁祸首是重金属。在制作工艺中,瓷质餐具分为釉上彩、釉中彩、釉下彩 3 种。釉上彩是釉上施彩,也就是在烧好的白瓷表面贴花纸后烤制而成,釉下彩是釉下施彩,花色被釉层覆盖,釉中彩是色彩夹杂其中。由于彩釉颜料含有铅、镉等有害金属，因此相比来看，釉上彩制作成本较低，釉下彩更安全一些。长期使用釉上彩工艺制作的餐具盛放醋、蔬菜等有机酸含量高的食物，重金属会随之一起进入人体，久而久之会引发慢性重金属中毒、免疫能力下降，及血液系统疾病等。

购买陶瓷餐具时，首先要注意餐具上是否标明厂名、执行标准等；其次要用手摸一摸，看内壁是否光洁，是否有开裂、凸凹不平等情况；另外，闻一闻是否有异味。需要注意的是，不要选色彩鲜艳和颜色深的餐具，里面带花的最好也不要买。

买回瓷质餐具后，建议先用沸水把餐具煮上5分钟，开水可以起到杀菌的作用，然后再放到常温的食醋里浸泡1～2小时，因为陶瓷在遇到酸性物质时，会析出一些有毒物。对不放心的餐具，可用食醋浸泡几小时，若发现颜色变化明显，应弃之不用。

清洗陶瓷餐具时，要用柔软的抹布，而百洁布、去污粉等易擦划餐具表面，更易受污染，最好不要选用。同时，在使用过程中尽量不要长时间盛放酸性、油性、碱性食物，特别不要将盛有含油较多食物的瓷质餐具放在微波炉中加热，以防析出有毒物质。如果要放入微波炉中，应避免有金属装饰，如带金边、银边或用金花纸、金属丝、金属丝镶嵌图案的瓷质餐具。

57. 使用铁锅时应注意哪些事项？

铁锅是我国烹饪食物的传统厨具，一般不含其他化学物质，不会氧化。在炒菜、煮食过程中，铁锅很少有溶出物，即使铁物质溶出，对人体也是有好处的。世界卫生组织专家认为，用铁锅烹饪是最直接的补铁方法。营养学家认为，用铁锅烹调，对特别需要补充铁的孩子、少男少女和月经期女子是有好处的。

(1)新买的铁锅在使用前应进行“开锅养护”，即在加热的同时用带有肥肉的猪皮在锅内壁反复擦拭，直至猪皮不再变黑为止，最后用热水将锅刷净即可。

(2)炒完一道菜刷一次锅。每次饭菜做完必须洗净锅内壁并擦干，以免生锈。

(3)尽量不用铁锅煮汤，特别是不能熬中药和煮绿豆。

(4)铁锅在酸性条件下可溶出铁,破坏维生素 C。所以,不能用铁锅煮山楂、海棠等酸性水果。

(5)普通铁锅容易生锈,人体吸收过多氧化铁,即锈迹,就会对肝脏有伤害。因此,应注意务必将铁锅上的铁锈清除干净。当有轻微的锈迹时,可用醋来清洗。严重生锈、掉黑渣、起黑皮的铁锅,不可再用。

(6)患血色素沉着症患者,不宜使用铁锅烹饪。

58. 为什么类风湿性关节炎患者不能用铁锅炖菜?

英国医生发现,由于寄生虫感染引起的缺铁性贫血的病人中,严重的类风湿性关节炎很少见;而习惯用铁锅炖菜的类风湿性关节炎病人,却很容易旧病复发,发病后血清中的铁下降。这是因为,人体内较多的铁与蛋白质结合而形成一种物质,这种物质再与铁分子结合,可形成铁蛋白蓄积于关节的黏液之中。每一个铁蛋白分子含有4 500 个铁原子,如再与铁结合就达到饱和。饱和的铁蛋白具有毒性,它和游离的铁能促进类风湿性关节炎的发作。因此,关节炎患者不要用铁锅炖菜,最好是选用不锈钢锅。

59. 使用铜锅时应注意哪些事项?

(1)注意铜锈:铜锅停用一段时间后,可能会产生铜锈,如果刷洗不净,就会使铜离子进入人体,大量蓄积导致重金属中毒。所以,铜锅在使用前一定要彻底洗刷干净,可用布蘸食醋再加点盐擦拭,务必将铜锈除尽后再用。

(2)注意内层:专门用于烹调的铜炊具一般在锅内有一层不锈钢内层,也有少数有锡内层。不锈钢内层可以防止铜接触到食物或和食物起反应。绝对不要用没有内层,或者怀疑内层已有损坏的铜锅来烹调或盛装食物。

(3)不能滥用:不能使用铜锅油炸食物,也不能用其来熬中药。慎用来自旅游地的铜器,因其大多只是装饰品,不能用来烹制食物。

60. 使用不粘锅时有哪些注意事项?

(1)不宜高温煎炸:不粘锅的不粘涂层其实是一层薄膜,厚度在0.2毫米左右,如果干烧或油温达到300℃左右,这层薄膜就可能受到破坏,一些重金属成分就会释出,对人体有害。锅的温度超过260℃,很容易导致有害成分分解。

(2)不能烹制酸性食品:在烹饪肉类、番茄、山楂、柠檬、草莓、菠萝、蛋、白糖、大米等酸性物质会使金属受到腐蚀,裸露部位一旦被腐蚀就会膨胀,从而导致周边部位涂层脱落。

(3)破损严重时不要使用:有少许划破或刻痕的不粘锅仍然可以继续使用,但是当其发生大的碎裂而致其性能受影响时则不能再继续使用。

(4)不能用铁铲:用不粘锅炒菜,不要用铁铲,而应用竹铲或木铲,以防破坏不粘涂层。

61. 使用沙锅时有哪些注意事项?

沙锅,是用黏土烧制而成的。使用沙锅烹饪菜肴具有以下优点:①沙锅烧菜便于人体消化吸收。沙锅的最大优点在于受热、散热均匀,可长时间保温,适合需要用小火煨、焖、炖的,质地较老的食品。因为沙锅易将食物中的大分子营养物质分解成小分子,比如把蛋白质分解为氨基酸,脂肪转化为脂肪酸,碳水化合物变成糊精等,使之容易被人体消化吸收。②炖煮膳食纤维含量较高的食物时,沙锅能让食材充分软化,使之更易消化,且不会刺激肠胃。③沙锅做菜还能更好地保护食材中有保健功能的酚类物质。食物中有一大类具有抗氧化、抗衰老保健功效的物质,统称为酚类物质。如果用铁锅、不锈钢锅等金属材质的锅烹调,酚类物质会与金属离子形成复合物,保健功能随之大打折扣。但优质的沙锅中没有任何金属离子,因此能避免这个麻烦。④沙锅可以完全突出食材的特点,保证菜肴的原汁原味不被破坏。用沙锅烹调还能省油,不管是炖菜还是煲汤;不管是做白菜豆腐,还是牛羊猪肉,都只用放很少的油,在保证健康的同时,还获得了汤浓味鲜的口感。另外，也是因为没有金属离子，沙锅做菜更能保护食材本来的色泽，这就是为什么用沙锅熬绿豆汤的原因。

使用沙锅时应注意以下事项。

(1)选购优质沙锅。因为普通沙锅是以黏土为主，加入长石、石英，经过高温烧制而成，大多经过涂釉抛光等工序的加工，其中含有的铅、砷等物质，会在长期的烧煮过程中，反复加热而析出，而且长石、石英等无机物也时常会脱落，如果长时间食用这类沙锅烹饪的菜肴，会在体内引起慢性中毒。

(2)因为沙锅易碎易裂，所以在使用前要先用水泡1天左右，且内外面都要充分接触清水，可防止干裂；然后用4%食醋水浸泡煮沸，这样可以提前溶出大部分有害物质。煮制食物时，要先往沙锅里放水，再把沙锅置于火上，先用文火，再用旺火，不要骤然在大火上烧，以免胀裂；不可急冷，如需加水，也要加入热水，以免冷热冲击，减少其使用寿命；同时注意不可干烧，干烧易导致沙锅胀裂；食物烹饪好后，沙锅离火时，可用木片把锅架起来，或用铁圈将其支起，使其均匀散热，缓慢冷却，以免缩裂。使用时应当轻拿轻放，避免磕碰。

(3)沙锅不能用来炒菜和熬制黏稠的膏滋食品。熬过中药的沙锅不宜用于炖菜、熬汤，同样，凡用于炖、熬食品的沙锅也不要用来熬中药。此外，因为陶土是碱性的，陶土中还可能含有重金属成分，盛装酸性食物的时候，陶器会被腐蚀，重金属成分可能会进入食物之中。所以，没有釉质的沙锅，或者表面釉质破裂的陶瓷容器，不适合装酸性食物。

(4)沙锅炖菜时长时间高温烹煮，会使蔬菜、肉类中的营养物质受损，所以沙锅不适合烹调绿叶菜和水果等质地较嫩、需要短时快炒的食材。

62. 为什么不宜经常食用沙锅菜？

首先，使用沙锅炖制的菜肴，由于加热时间过长，动物性食用原料蛋白质降解，水的化解能力减弱，凝胶液体大量析出，使其韧性增加，食用时口感差，不利于人体的消化吸收。其次，用沙锅炖菜，还会使原料中的蛋白质、维生素等营养物质的损失率增高。再次，由于密封较严，原料中异味物质也难逸出，部分戊酸及低脂肪还存于原料及汤汁中，在热反应中生成对人体健康有害的物质。

63. 使用不锈钢餐具、厨具时有哪些注意事项？

不锈钢是由铁铬合金再掺入其他一些微量元素而制成的。由于其金属性能良好，并且制成的器皿美观耐用，因此越来越多地被用来制造餐具，并逐渐进入广大家庭。但是如果使用不当，不锈钢厨具和厨具中的有害金属元素就会在人体中慢慢累积，当达到某一限度时，就会危害身体健康。使用不锈钢餐具、厨具时要注意以下几点。

(1)不可长时间盛放盐、酱油、醋、菜汤等。这是因为这些食品中含有多种电解质，如果长时间盛放，不锈钢会与电解质发生化学反应，使有害的金属元素被溶解出来。

(2)切忌用不锈钢锅熬中药。因为中药含有多种生物碱、有机酸等成分，特别是在加热条件下，极易发生化学反应，而使药物失效，甚至生成某些具有毒性的络合物。

(3)切勿用强碱性或强氧化性的化学药剂如小苏打、漂白粉、次氯酸钠等进行洗涤。因为这些物质都是强电解质，同样会与不锈钢起电化学反应。

(4)不能空烧。不锈钢炊具较铁制品、铝制品导热系数低，传热时间慢，空烧会造成炊具表面镀铬层的老化、脱落。

(5)要保持炊具的清洁，经常擦洗，特别是存放过醋、酱油等调味品后要及时洗净，保持炊具干燥。但是要注意尽量少用洗涤剂，以免对产品产生腐蚀。

此外，还需注意，劣质的不要购买。因为这样的不锈钢餐具原料低劣，制作粗糙，含有多种有害人体健康的重金属元素，尤其是含有铅、铝、汞和镉等。

64. 连续炒菜不刷锅有哪些危害？

做完一道菜后不刷锅，接着做下一道菜，不但会影响下一道菜的味道和色泽，而且更为严重的是，炒完一道菜后，锅底就会有一些黄棕色或黑褐色的黏滞物。菜肴的原材料一般是含脂肪、蛋白质较多的有机物，加之还有食油、味精、食盐、酱油等，烧焦后极易产生苯并芘等致癌物质。当锅底上的黏滞物被连续加热，这些有害物质的含量就会不断增高，尤其烹调鱼、肉之类的菜肴时更为严重，对人体健康极其不利。因此，炒菜应养成“炒一道菜，刷一次锅”的卫生习惯，注意彻底刷净锅底中的残留物。同样道理，也不宜用锅内余油炒饭。

65. 为什么不能用铝制器皿长时间盛放食物？

在一些家庭中，常使用铝锅烧肉、熬汤，或者在一顿饭吃完后，顺便放在铝锅里了，下次再热也很方便，尤其是炖肉，直到吃完后再刷锅。其实，这样的做法很不科学，会损害人体健康。

铝的化学性质很活泼，它在空气里容易被氧化，生成氧化铝薄膜。氧化铝薄膜虽然不溶于水，却能溶解于酸性和碱性溶液。另外，盐也能破坏氧化铝薄膜。咸的菜汤类食物，如果长时间放在铝制品中，不但会毁坏铝制品，而且汤菜里也会溶进很多的铝离子。这些铝离子会和食物发生化学反应，生成铝的化合物。人如果长期吃含有大量铝化物的食物，就会破坏体内钙、磷的正常比例，影响人骨骼、牙齿的生长发育，同时还会影响某些消化酶的活性，使胃的消化功能减退，并且还会导致老年痴呆、早衰、贫血等疾病的发生。因此，不能用铝制品长时间地盛放食物，尤其是老年人不宜长期使用铝制炊具。

基于上述原因，还需注意，使用铝锅时不宜高温及用铁铲炒菜。用铝锅高温煎炒菜，或使用金属铲，与铝锅碰撞、摩擦，可能使铝成分在一定程度上释放出来。另外，因长时间用铝锅烹饪，有碍人体健康，所以建议少用或不用。

66. 选用什么材质的菜板较好？

有调查显示，塑料菜板上的细菌存活率在各类菜板中是最高的。沙门氏菌、大肠杆菌、葡萄球菌以及里斯特菌，在塑料菜板上的生长繁殖相当迅速，几乎没有自灭现象。这说明塑料菜板对于这些细菌是一个很适应生存的环境。

另外，塑料菜板的清洗又受到限制。因为材料的问题，它不能通过高温消毒，而只能用水清洗。这样也会给细菌存活和繁殖带来机会。所以，用塑料菜板切菜不利于健康。而且，一些颜色较深的塑料菜板，可能是用回收的废塑料制成的，对健康更有危害。

木质菜板比较耐用，而且相比塑料菜板来说，其抗菌作用也要更强，因此很多家庭用的都是木制的菜板。但是，木质菜板也有很多种类，消费者在购买时要仔细识别，尤其是要记住不能购买用乌柏木做的菜板。这是因为乌柏木本身很有毒性，而且会散发出一种异味，会污染食物，造成口感上的不佳，并会引起呕吐、腹痛、头昏等症状。另外，还有一些木质比较疏松的菜板，表面容易产生刀痕，如果清洁不彻底的话，很容易藏污纳垢，滋生细菌，污染食物。

因此，民间制作菜板的首选木料是白果木、皂角木、桦木和柳木等。买回新菜板后，可在菜板上下两面及周边涂上食用油，待油吸干后再涂三四遍，油干后即可使用，这样菜板便会经久耐用。

此外，利用现代工艺制作的竹菜板经高温高压处理，具有不开裂、不变形、耐磨、坚硬、韧性好等优点，使用起来轻便、卫生、气味清香。从中医角度看，竹子属于甘淡、寒性，具有一定的抑制细菌繁殖作用。所以，切熟食时，竹菜板也是比较理想的选择。

在选购竹菜板时，不要买那种颜色特别白的，最好先闻一下菜板的气味，如果有股酸酸的味道，很可能是用硫磺熏蒸漂白过的，或是黏合的，而黏合的胶水中含有害物质。最好选择无胶水黏合的，即完全采取用螺栓紧固工艺或竹签连接加固的竹菜板。

67. 餐具洗涤剂对人体健康有危害吗?

餐具洗涤剂的主要成分是直链烷基苯磺酸钠、十二烷基硫酸钠、烯烃磺酸钠、脂肪醇聚氧乙烯醚硫酸钠、烷基醇酰胺、烷基糖苷、烷基甜菜碱等。无论何种洗涤剂长期或大量进入人体后，可使人舌头表面粗糙，味觉功能减弱，同时还会进入人体中枢神经系统使人患抑郁症或痴呆症。另外，化学合成洗涤剂还能使人和动物致泻、体重下降，久而久之造成呆滞、脾脏缩小，并可导致癌症的发生或生殖功能的丧失。因此，餐后如果用洗涤剂清洗餐具一定要注意将洗涤剂冲洗干净，并建议用流水冲洗。同时，注意对手的防护。餐具洗涤剂对手部皮肤的影响还和洗涤频率、洗涤剂浓度、水质和洗涤温度等多种因素有关。一般来说，洗涤次数多、洗涤剂浓度高、水质差、水过冷过热都会加剧皮肤的干燥感。但是一般家庭一日三餐的洗涤对皮肤基本无影响。在干燥的冬天，如洗后有粗糙感，可涂一些护手霜，而餐厅、饭馆的洗碗工最好能够戴塑胶手套清洗碗碟。另外，消费者在选购餐具洗涤剂时应到正规商店购买信誉好的合格产品。

68. 能否用洗衣粉清洗餐具？

洗衣粉是由烷基苯磺酸钠添加增白剂、荧光剂等物质组成的化学合成物质，其中的许多成分均具有毒性，有的甚至有致癌作用。这些有毒物质可破坏红细胞膜，引起肝、脾肿大和胆囊扩大，导致人体的免疫力下降，甚至致癌。洗衣粉的表面活性剂吸附性较强，接触餐具之后不易冲洗干净，并会在一些餐具的裂损处残留。经过长时间积累，便可导致人体出现慢性中毒。而用洗衣粉洗直接入口的瓜果、蔬菜就更不安全，这是因为擦抹在上面的洗衣粉，会随水溶液渗入果菜内部，而渗入内部的毒性成分用水无法冲洗掉，对人体健康非常不利。另外，人体皮肤长期直接接触碱性洗衣粉后，皮肤表面的弱酸环境就会遭到破坏，其抑制细菌生长的作用也会消失，容易导致皮肤瘙痒，甚至引起过敏性皮炎等症状或在皮肤上留下色素沉着。所以，绝不能用洗衣粉来清洗餐具，也不能用其洗头发或长期接触皮肤。

附录　饮食禁忌

附表1　肉、蛋类

肉、蛋	禁　忌
猪肉	患高血压或偏瘫(中风)病者及肠胃虚寒、虚肥身体、痰湿盛、宿食不化者应慎食或少食脂肪肉及猪油;刚刚宰杀的猪肉不宜立即食用;湿热偏重、痰湿偏盛、舌苔厚腻者忌食
羊肉	暑热天少食;烹调时应少用辣椒、胡椒、生姜、丁香、小茴香等温辛燥热的调味品;肝炎患者忌食;水肿、骨蒸、疟疾、外感、牙痛患者禁食;阴虚火旺、咳嗽痰多、消化不良、关节炎、湿疹及发热者禁食;素体有热者慎食
牛肉	患有疮毒、湿疹、瘙痒症等皮肤病症者忌食;皮肤病、高血压、糖尿病、肝炎、肾炎患者慎食;老人、幼儿及消化力弱的人不宜多食
驴肉	脾胃虚寒、慢性肠炎、腹泻者忌食;忌与金针菇同食
狗肉	阳虚内热、脾胃温热及高血压患者应慎食或禁食;不宜与花椒、辣椒、干姜、蒜等同食;忌与绿豆、黄鳝、鲤鱼同食
鸡肉	胃溃疡、胃酸过多或胃出血患者及胆囊炎和胆石症经常发作者不宜喝鸡汤;多龄鸡头、鸡臀尖忌食;不宜与芝麻、菊花、芥末、糯米、李子、大蒜、鲤鱼、鳖肉、虾、兔肉、铁制剂同食;忌与左旋多巴同食
鸭肉	体质虚寒、受凉、胃部冷痛、腹泻、腰痛、感冒、慢性肠炎及寒性痛经者不宜食用;不宜与鳖肉同食;忌与鸡蛋同食
鹅肉	痈、疮患者忌食;不宜与梨同食;忌与鸡蛋、茄子同食
鸽肉	孕妇忌食;年轻女性慎食
鸡蛋	高热、肾脏疾病患者及蛋白质过敏者慎食;不宜多食;忌与豆浆、兔肉同食;宿食积滞者不宜食用
鸭蛋	凡脾阳不足、寒湿下痢及食后气滞痞闷者忌食;生病期间不宜食用;肾炎病人忌食皮蛋;癌症患者忌食;高血压、高血脂、动脉硬化及脂肪肝患者忌食;儿童、老年人适量食用;不宜与鳖鱼、李子、桑葚同食
鲤鱼	恶性肿瘤、淋巴结核、红斑性狼疮、支气管哮喘、小儿痄腮、血栓闭塞性脉管炎、痈疽疔疮、荨麻疹、皮肤湿疹等疾病患者忌食;素体阳亢及疮疡者慎食;忌与绿豆、芋头、牛羊油、猪肝、鸡肉、荆芥、甘草、南瓜、咸菜和狗肉同食;忌与朱砂同食

附表2 水产类

水产品	禁忌
青鱼	脾胃蕴热者不宜食用;瘙痒性皮肤病、内热、荨麻疹、癣病患者忌食
鳝鱼	青色鳝鱼有毒,黄色无毒;有毒鳝鱼一次食250克,可致死;瘙痒性皮肤病、支气管哮喘、癌症、红斑性狼疮、高血压、中风后遗症、甲状腺功能亢进、活动性肺结核以及急性炎症患者不宜食用 易上火者忌食
鲶鱼	痼疾、疮疡患者慎食
草鱼	患有臃肿疥疮者忌食;虚热或热症初愈、痢疾、腹胀者不宜食用
带鱼	患有疥疮、湿疹等皮肤病或淋巴结核、支气管哮喘、癌症等病症者以及皮肤过敏患者忌食;忌与甘草、荆芥同食
鱿鱼	脾胃虚寒者少食;高血脂、高胆固醇血症、动脉硬化等心血管病及肝病患者慎食;湿疹、荨麻疹等疾病患者忌食
蟹	不宜单食,食用时宜蘸姜末、醋汁以祛寒;不可食用螃蟹的鳃及胃、肠等脏器;不能食用死蟹、生蟹;醉蟹或腌蟹等未熟透的蟹不宜食用;存放过久的熟蟹也不宜食用;食蟹时和食蟹后1小时内忌饮茶水;忌与柿子、梨同食;伤风、发热胃痛以及腹泻、消化道炎症或溃疡胆囊炎、胆结石症、肝炎活动期患者均不宜食用;冠心病、高血压、动脉硬化、高血脂患者应少食或不食;体质过敏者不宜食用;月经过多、痛经者忌食;孕妇忌食,尤其是蟹爪,有明显的堕胎作用
虾	对海鲜过敏史及患有过敏性疾病(过敏性鼻炎、过敏性皮炎、过敏性紫癜等)者慎食;宜在去除虾线后食用;宿疾者、正值上火之时不宜食用;皮肤疥癣患者忌食;乙肝患者不宜多食
海参	患急性肠炎、菌痢、感冒、咳痰、气喘及大便溏薄、出血兼有淤滞及湿邪阻滞者忌食;忌与醋、甘草酸、葡萄、柿子、山楂、石榴、青果同食;肝病、肾病患者不宜多食
甲鱼	肝病患者忌食;肠胃炎、胃溃疡、胆囊炎等消化系统疾病患者不宜食用;失眠、孕妇及产后腹泻者不宜食用;一次不宜多食;甲鱼血、胆汁、酒同食易罹患严重贫血或中毒;儿童忌用其大补
蛤蜊	宿疾者慎食;脾胃虚寒者不宜多食;忌与田螺、橙子、芹菜同食
鲍鱼	痛风患者及尿酸高者不宜食用;感冒发热或阴虚喉痛者不宜食用;素有顽癣痼疾者忌食;忌与野猪肉、牛肝同食
海参	患急性肠炎、菌痢、感冒、咳痰、气喘及大便溏薄、出血兼有淤滞及湿邪阻滞者忌食;不宜与甘草酸、醋同食;不能与葡萄、柿子、山楂、石榴、青果等水果同食
鱼肚	胃滞痰多、舌苔厚腻者忌食;感冒未愈者忌食;食欲不振和痰湿盛者忌食

续附表 2

水产品	禁　　忌
海带	不宜多食；脾胃虚寒者不慎食；脾胃虚寒、甲亢中碘过盛者忌食；孕妇和哺乳期妇女不宜多食
紫菜	腹痛便溏者禁食；胃肠消化功能较弱者少食；食用前应用清水浸泡，并换水清洗；乳腺小叶增生以及各类肿瘤患者慎食

注：治疗抑郁症的苯乙肼、异唑肼、异丙肼、苯环丙胺、吗氯贝胺、溴法罗明、尼亚拉胺、托洛沙酮、德弗罗沙酮，治疗帕金森病的司立吉兰，治疗高血压的优降宁，抗菌药物呋喃唑酮、灰黄霉素，抗结核药异烟肼，抗肿瘤药物甲基苄肼，复方药物益康宁等，鲭鱼、金枪鱼、鲐鱼、马鲛鱼等品种，不可与水产品同食；忌用牛油或羊油煎炸

附表3 常见病患者不宜食物

疾病	不宜食物
肝病	羊肉、牛肉、狗肉、麻雀肉、皮蛋、蛋黄、罐头、猪肝、猪脑、高脂食物、蛋、蘑菇、油炸、煎炸类、烧烤类、酒、辣椒、葱、蒜、生姜、芥末、桂皮、韭菜、芹菜、竹笋、豆芽、菠菜、甲鱼
腹泻	蒜、花生、豆腐、果汁、油腻食品、韭菜、白菜、辣椒、酒、生梨、香蕉、鸡蛋、牛奶、桑葚、无花果、粗纤维、生冷食品
便秘	糖、酒、咖啡、浓茶、辣椒、生姜、蒜、韭菜、狗肉、羊肉、鸡肉、香菜、乳制品、鱼类、虾皮、豆类、紫菜、莲子、糯米、高粱、生香蕉、山药、萝卜、苹果、山楂、柿子
痔疮	辣椒、胡椒、葱、蒜、芥末、姜、榴莲、荔枝、龙眼、石榴
胰腺病	牛奶、瘦肉、鱼虾、禽类、酒、生冷食品、韭菜、豆类、甘薯、奶油蛋糕、蛋黄、油炸食品、肉松、坚果类、羊肉、姜、辣椒、菠菜、水果、酸梅汤、雪糕
糖尿病	香蕉、葡萄、火龙果、榴莲、芒果、山竹、枣、荔枝、红果、菠萝、甘蔗、白糖、红糖、冰糖、葡萄糖、麦芽糖、蜂蜜、巧克力、蜜饯、水果罐头、甜饼干、蛋糕、果酱、淀粉、大米、肥肉、油炸食品、酒、土豆、栗子、粉条、藕粉
心血管疾病	狗肉、人参、鹌鹑蛋、烈性酒、螃蟹、鱼、咖啡、浓茶、鸡汤、巧克力、辛辣食物、油条、肥肉等高脂肪高热量食物
高血压	酒、浓茶、狗肉、辛辣食物、动物肝脏、蛋类、巧克力、油炸食品、肥肉、鸡汤
呼吸道疾病	海虾、梭子蟹、带鱼、蚌肉、河鳗、海鳗、肥肉、油炸食品、姜、蒜、辣椒、胡椒、雪糕、糖、羊肉、狗肉、鹿肉、公鸡、荔枝、柑、樱桃、椰子、食盐、酒、牛奶、花生、奶油、蛋糕
胃肠病	花生、瓜子、胡桃、油煎饼、炸猪排、炸鹌鹑、烤羊肉、土豆、黄豆、蚕豆、芋艿、辣椒、胡椒、醋、酸菜、咖啡、酒、生冷食品、鸡汤、虾汤、茶、橘子、柠檬、青果、糖、韭菜、丁香、牛奶
猩红热	狗肉、羊肉、公鸡、麻雀、黑鱼、鲫鱼、海鳗、虾、蟹、香菜、南瓜、辛辣食物、冷饮、生梨、西瓜、鲜橙、香蕉、荸荠、浓茶、咖啡、巧克力、糖、咸鱼、咸菜、竹笋、豆苗、菠萝、洋葱、雪里红
感冒	辣椒、葱、蒜、肥肉、猪肠、火腿、羊肉、鸭肉、鸡蛋、油炸食品、咸菜、酒、咖啡、茶、冷饮、蜂蜜、胡椒、芥末、鳝鱼、糯米、黄豆、沙参粥
胆囊病	醋、杨梅、山楂、柠檬、冰淇淋、冰咖啡、糖、酒、茶、辣椒、胡椒、花椒、芥末、动物肝脏、猪腰、蟹黄、鲫鱼、皮蛋、咸鸭蛋、鸡蛋黄、大豆制品、韭菜、芹菜、蒜苗、蚕豆、土豆
乳腺病	韭菜、辣椒、葱、蒜、胡椒、花椒、生姜、芥末、酒、黑鱼、鲤鱼、鲫鱼、鳝鱼、海鳗、虾、蟹、带鱼、乌贼、猪油、黄油、鸡汤、鹿肉、狗肉、羊肉、公鸡、咖啡、茶

续附表 3

疾病	不宜食物
神经衰弱	咖啡、茶、酒、葱、蒜、辣椒、辣酱、辣油、姜、肥肉、烧烤食品、牛鞭、鹿茸、海马
头痛	酒、奶酪、熏鱼、辣椒、姜、咖喱、芥末、胡椒、茶、海产品、火腿、蛋类、牛奶、巧克力、咖啡、啤酒、橘子、西红柿
贫血	蚕豆、蒜、荞麦、高粱、炸羊排、炸鸡、炸油饼、瓜子、核桃、杏仁、韭菜、洋葱、竹笋、奶油、海蜇、毛蚶、食盐、牛奶
泌尿系统疾病	菠菜、糖、啤酒、芹菜、萝卜、豆类及其制品、鸡汤、鱼汤、鸭汤、香蕉、鸡蛋、植物蛋白、豆腐、豆浆、豆芽、哈密瓜
关节炎	海鱼、海参、海草、紫菜、动物内脏、凤尾鱼、鲫鱼子、蟹黄、蛋类、鱼肝油、猪油、奶油、油条、花生、白糖、白酒、鸡鸭鱼肉、醋
烧伤	狗肉、羊肉、猪头肉、橘子、樱桃、荔枝、杏、花生、雀蛋、雀肉、鹿肉、老母猪肉、鲫鱼、南瓜、香菜、韭菜、辣椒、榨菜、八角、桂皮、茴香、白酒、啤酒
皮肤病	油炸食品、肥肉、牛肉、糕点、奶油、辣椒、胡椒、生葱、生蒜、鸡蛋、酒、含糖食品(巧克力、糖果等)